普通高等教育应用技术型“十三五”规划系列教材

电机与拖动基础

主　编　陈　媛
副主编　韩彩霞　蔡晓燕　张晓丹　刘　静
主　审　陈三宝

华中科技大学出版社
中国·武汉

内容简介

本书主要包括直流电机、直流电动机的电力拖动、变压器、三相异步电动机、三相异步电动机的电力拖动、同步电动机和电动机的选择等内容。每章安排有例题与习题，书后附有相关习题的参考答案，供读者学习和复习用。

本书可作为应用型普通高等学校自动化、电气自动化、机电一体化等专业的教材或参考书，也可作为相关工程技术人员的参考书。本书除适合全日制高等院校学生使用外，还适合各类成人学校和函授学校学生使用。

图书在版编目(CIP)数据

电机与拖动基础/陈媛主编. —武汉：华中科技大学出版社，2015.1（2024.1重印）
ISBN 978-7-5680-0580-7

Ⅰ.①电…　Ⅱ.①陈…　Ⅲ.①电机　②电力传动　Ⅳ.①TM3　②TM921

中国版本图书馆 CIP 数据核字(2015)第 022580 号

电机与拖动基础　　　陈　媛　主编

策划编辑：范　莹
责任编辑：谢　婧
封面设计：刘　卉
责任校对：张　琳
责任监印：周治超
出版发行：华中科技大学出版社（中国・武汉）　　电话：(027)81321913
　　　　　武汉市东湖新技术开发区华工科技园　　邮编：430223
录　　排：武汉楚海文化传播有限公司
印　　刷：广东虎彩云印刷有限公司
开　　本：787mm×1092mm　1/16
印　　张：10.5
字　　数：264 千字
版　　次：2024 年1月第 1 版第 4 次印刷
定　　价：24.80 元

前　言

随着我国高等教育规模的不断扩大，高等教育由精英教育逐步向大众教育方向转变。教育对象的特点发生了较大的变化，应用型人才的培养已经成为一批院校的培养目标。为了更好地适应当前我国高等教育跨越式发展的需要，满足社会对高校应用型人才培养的需求，全面提高应用型人才培养的质量，编写适应应用型人才培养需要的专业教材，有其积极的作用和使用价值。

“电机与拖动基础”是自动化专业领域内各专业方向的一门重要的专业基础课。为适应应用型人才培养需要，专业理论课的学时数大幅缩减，课程内容与学时之间的矛盾更显突出，这就要求课程的教材在篇幅上作必要精简、在内容上作必要调整。目前适用于应用型人才培养的本门课程的教材较少，大部分国家级教材面向普通高等院校，这类教材对于培养应用型人才院校来说，起点较高、难度较大、内容较多，难以适应教学需要。

本书正是出于上述考虑而编写的。根据应用型人才培养目标和教学要求，基本理论够用即可，重点突出基础理论的实际应用。在本书的编写过程中，编者对相关内容做了删减与调整，比如对于电机原理部分，遵循“少而精”的原则，适当删减部分理论性强又较为抽象的内容，增强教学内容的针对性和实用性；对于拖动基础部分，重点突出电动机的机械特性以及启动、调速和制动，结合工程实际，分析其原理及特点。

本书由陈三宝教授主审，武汉科技大学城市学院陈媛老师主编。陈媛老师负责全书的结构设计、统稿、修改和定稿工作。武汉科技大学城市学院的蔡晓燕、华中科技大学文华学院的张晓丹老师、江汉大学文理学院的韩彩霞老师、武昌工学院刘静老师任副主编，参与了本书的编写工作。

本书参考了国内相关院校的教材和专著，在此谨向有关作者致以衷心的感谢！

由于编者水平有限，编写时间仓促，书中难免有错误和疏漏之处，恳请广大读者批评指正。

编者

2014 年 10 月

目　　录

第 0 章　绪论 ……………………………………………………………… (1)
0.1　电机及电力拖动系统概述 …………………………………………… (1)
0.2　本课程的性质和任务 ………………………………………………… (2)
0.3　常用基本电磁量和电磁定律 ………………………………………… (2)
第 1 章　直流电机 …………………………………………………………… (6)
1.1　直流电机的工作原理和结构 ………………………………………… (6)
1.2　直流电机的电枢绕组基本知识 ……………………………………… (12)
1.3　直流电机的励磁方式及磁场 ………………………………………… (14)
1.4　直流电机的电枢电动势和电磁转矩 ………………………………… (18)
1.5　直流电动机 …………………………………………………………… (20)
1.6　直流发电机 …………………………………………………………… (23)
思考题与习题 …………………………………………………………… (27)
第 2 章　直流电动机的电力拖动 ……………………………………………… (28)
2.1　电力拖动系统的运动方程式和负载转矩特性 ……………………… (28)
2.2　他励直流电动机的机械特性 ………………………………………… (31)
2.3　他励直流电动机的启动 ……………………………………………… (34)
2.4　他励直流电动机的调速 ……………………………………………… (38)
2.5　他励直流电动机的制动 ……………………………………………… (44)
思考题与习题 …………………………………………………………… (52)
第 3 章　变压器 ……………………………………………………………… (54)
3.1　变压器的工作原理和结构 …………………………………………… (54)
3.2　单相变压器的空载运行 ……………………………………………… (59)
3.3　单相变压器的负载运行 ……………………………………………… (63)
3.4　变压器参数的测定 …………………………………………………… (69)
3.5　三相变压器 …………………………………………………………… (73)
3.6　自耦变压器 …………………………………………………………… (77)
思考题与习题 …………………………………………………………… (80)
第 4 章　三相异步电动机 ……………………………………………………… (82)
4.1　三相异步电动机的工作原理与基本结构 …………………………… (82)
4.2　交流电机的绕组 ……………………………………………………… (90)
4.3　交流电机绕组的感应电动势 ………………………………………… (94)
4.4　交流电机绕组的磁动势 ……………………………………………… (97)

4.5 三相异步电动机的空载运行 …… (100)
4.6 三相异步电动机的负载运行 …… (102)
4.7 三相异步电动机的功率和转矩 …… (107)
4.8 三相异步电动机的工作特性 …… (111)
思考题与习题 …… (112)
第5章 三相异步电动机的电力拖动 …… (113)
5.1 三相异步电动机的机械特性 …… (113)
5.2 三相异步电动机的启动 …… (120)
5.3 三相异步电动机的调速 …… (127)
5.4 三相异步电动机的制动 …… (130)
思考题与习题 …… (133)
第6章 同步电动机 …… (135)
6.1 同步电动机的基本结构与工作原理 …… (135)
6.2 同步电动机的电磁关系 …… (137)
6.3 同步电动机的功率关系及功角特性与矩角特性 …… (140)
6.4 同步电动机的功率因数调节 …… (143)
思考题与习题 …… (145)
第7章 电动机的选择 …… (146)
7.1 电动机的发热和冷却 …… (146)
7.2 电动机的工作制 …… (148)
7.3 电动机类型、电压和转速的选择 …… (150)
7.4 电动机额定功率的选择 …… (152)
思考题与习题 …… (157)
部分习题参考答案 …… (158)
参考文献 …… (160)

第0章　绪　　论

本章主要介绍电机的定义及分类、电力拖动系统的组成、本课程的性质与任务，以及回顾学习本课程所必需的基本电磁量和电磁定律知识，为后续学习打好基础。

0.1　电机及电力拖动系统概述

人类的生存和社会的发展都离不开能源。能源有多种形式，如热能、光能、化学能、机械能、电能和原子能等。其中，电能是最重要的能源之一，它易于转换、传输、分配和控制，在工农业生产、交通运输、科学技术研究、信息传输、国防建设以及日常生活等各个领域获得了极为广泛的应用。

电机是以电磁感应和电磁力定律为基本工作原理进行电能传递或机电能量转换的机械装置，它用途广泛，种类繁多。常用的分类方法主要有三种：①从能量转换的角度，电机可分为发电机、电动机、变压器和控制电机等四大类。发电机的功能是将机械能转换为电能；电动机的功能是将电能转换为机械能，是国民经济各部门应用最多的动力机械；变压器的作用是将一种电压等级的电能转换为另一种电压等级的电能；控制电机是一种在自动控制、自动调节、随动系统、远距离测量及计算装置中作为执行元件、检测元件的小型电机，主要用于信号的变换与传递。②从旋转与否的角度，电机可分为旋转电机和静止电机等两类。发电机和电动机均为旋转电机，变压器为静止电机。③从电能的性质，电机可分为直流电机和交流电机等两类。

电力拖动系统是指以各种电动机为原动机，拖动各种生产机械（如起重机的大车和小车、龙门刨床的工作台等）完成一定生产任务的系统。简单的电力拖动系统由电源、电动机、传动机构、生产机械和自动控制装置等部分组成，如图0-1所示。电源提供电动机和自动控制装置所需的电能；电动机完成电能向机械能的转换；传动机构把电动机的运动经过中间变速或变换运动方式后，再传给生产机械以拖动其工作（有些情况下，电动机直接拖动生产机械，而不需要传动机构）；自动控制装置则控制电动机拖动生产机械按照设定的工作方式运行，完成规定的生产任务。

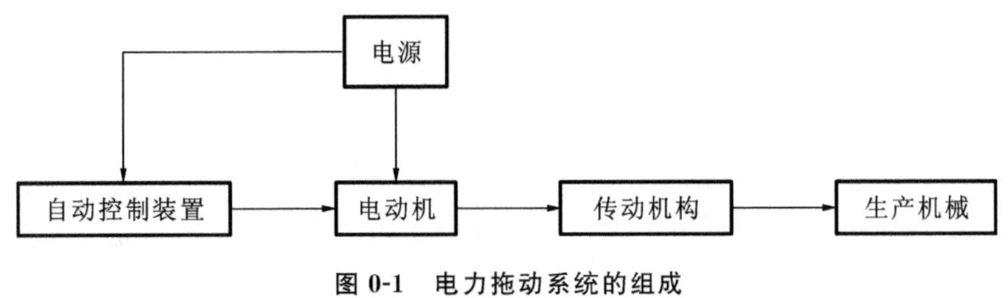

图0-1　电力拖动系统的组成

0.2 本课程的性质和任务

本课程是工业自动化、电气工程及其自动化等专业的一门重要的专业基础课或技术基础课，在整个专业教学计划中起着承前启后的作用，是后续“自动控制原理”“电力电子技术”“电力拖动自动控制系统”等课程的重要基础。它主要研究电机拖动系统的基本理论，分析研究直流电动机、变压器、异步电动机和同步电动机的简单结构、原理、基本电磁关系和运行特性；并联系生产实际，从生产机械工作的要求出发，重点介绍交直流拖动系统的动静态运行特性。因此，该课程既具有较强的基础性，又兼具专业性。

本课程的任务是使学生掌握电机的基本理论、基本知识，以及电力拖动系统的运行性能、分析计算、电动机选择及实验方法，为学习后续专业课准备必要的基础知识，从而提高学生分析问题和解决问题的能力，也为今后从事自动化及电气工程技术等相关工作奠定初步基础。

0.3 常用基本电磁量和电磁定律

由于电机是利用电磁感应和电磁力原理来进行能量传递和转换的，因此有必要复习几个常用基本电磁量和电磁定律的相关概念。

0.3.1 常用基本电磁量

1. 磁感应强度

描述磁场强弱及方向的物理量是磁感应强度 $\boldsymbol{B}$。磁场通常采用磁力线来形象地描绘，磁感应强度 $\boldsymbol{B}$ 的大小可用磁力线的疏密程度来体现，磁感应强度 $\boldsymbol{B}$ 的方向即为磁力线在磁场中某点的切线方向。磁场是由电流产生的，磁感应强度 $\boldsymbol{B}$ 与产生它的电流之间的关系用毕奥-萨伐尔定律描述，磁力线方向与产生该磁场的电流方向满足右手螺旋关系。

2. 磁通量

磁通量简称磁通，用 $\boldsymbol{\Phi}$ 表示，它是指穿过某一截面 A 的磁感应强度 $\boldsymbol{B}$ 的通量，通常用穿过某截面 A 的磁力线的数目来表示磁通的大小。其磁通与磁感应强度之间的关系可用下式表示

$$\boldsymbol{\Phi} = \int_A \boldsymbol{B} \cdot \mathrm{d}A \tag{0-1}$$

若磁场均匀，且截面与磁力线方向垂直，则上式可简化为

$$\boldsymbol{\Phi} = B \cdot A \tag{0-2}$$

式中：$\boldsymbol{B}$ 为单位截面积上的磁通，也称为磁通密度。

在国际单位制中，Φ 的单位名称为韦[伯]，单位符号 Wb；B 的单位名称为特[斯拉]，单位符号 T，1 T=1 Wb/m^2。

3. 磁场强度

在充满均匀磁介质的情况下，包括介质因磁化而产生的磁场在内的磁场，用磁感应强度 $\boldsymbol{B}$ 表示；单独由电流或者运动电荷所引起的磁场（不包括介质磁化而产生的磁场时），则用磁场强

度 $\boldsymbol{H}$ 表示，它与 $\boldsymbol{B}$ 的关系为

$$\boldsymbol{B}=\mu\boldsymbol{H} \tag{0-3}$$

式中：μ 为导磁物质的磁导率。

磁导率 μ 越大的介质，其导磁性能越好。真空的磁导率为 μ_0，国际单位制中，$\mu_0=4\pi\times10^{-7}$ H/m，铁磁材料的磁导率 $\mu_{Fe}\gg\mu_0$，例如，各种硅钢片的磁导率为 μ_0 的 6000～7000 倍。在国际单位制中，磁场强度 H 的单位为 A/m（安[培]每米）。

0.3.2　磁路的概念

如同电流的路径称为电路一样，磁通所通过的路径称为磁路。不同的是磁通的路径可以是铁磁物质，也可以是非磁体。图 0-2 所示的为两种常见的磁路。

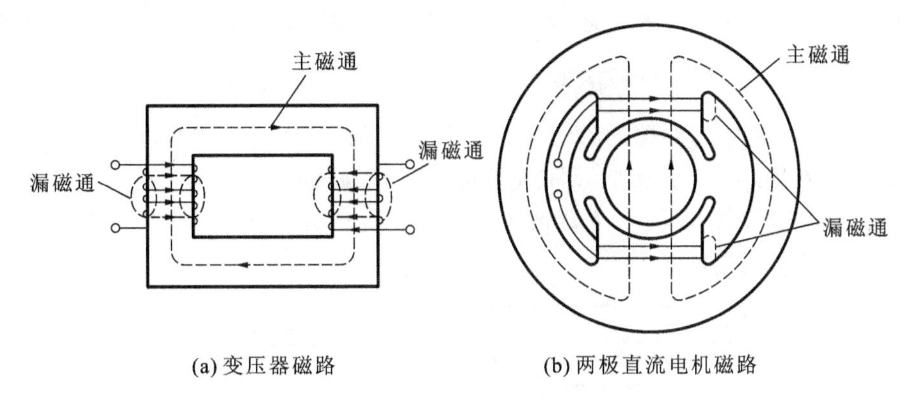

(a) 变压器磁路　　(b) 两极直流电机磁路

图 0-2　两种常见的磁路

在电机和变压器里，常把线圈套装在铁芯上，当有电流通过线圈时，在线圈周围的空间里（包括铁芯内、外）就会形成磁场。由于铁芯的导磁性能比空气要强得多，所以绝大部分磁通将在铁芯内通过，这部分磁通称为主磁通，用来进行能量转换或传递。围绕载流线圈，在部分铁芯和铁芯周围的空间，还存在少量分散的磁通，这部分磁通称为漏磁通，漏磁通不参加能量转换或传递。主磁通和漏磁通所通过的路径分别构成主磁路和漏磁路。

0.3.3　常用基本电磁定律

1. 全电流定律

在磁场中，沿任意一个闭合有向回路的磁场强度的线积分等于该回路所包围的所有电流的代数和，即

$$\oint_l \boldsymbol{H}\cdot \mathrm{d}l=\Sigma i \tag{0-4}$$

式(0-4)也称为安培环路定律。一般情况下，如果电流的参考方向与回路方向满足右手螺旋关系，则电流前取正号，否则取负号。例如，在图 0-3 所示电路中，i_2 取正号，i_1 和 i_3 取负号，则有 $\oint_l \boldsymbol{H}\cdot \mathrm{d}l=-i_1+i_2-i_3$。

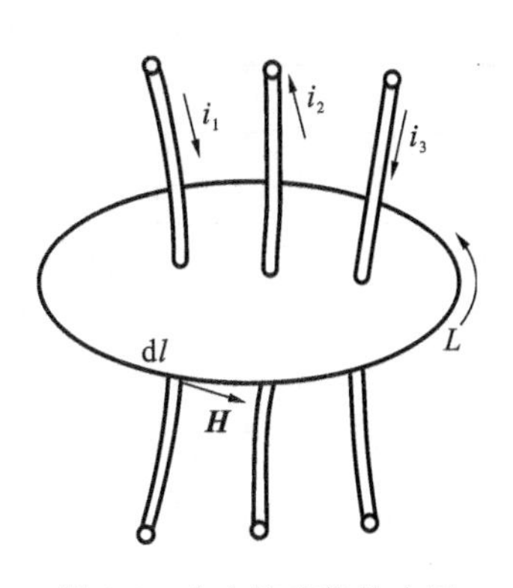

图 0-3　全电流定律的应用

若沿着回线 L，磁场强度的大小 H 处处相等（均匀磁场），

且闭合回线所包围的总电流是由通有电流 i 的 N 匝线圈所提供的，则式(0-4)可简写成

$$\boldsymbol{H}l=Ni \tag{0-5}$$

2. 磁路的欧姆定律

图 0-4(a)所示的是一个等截面无分支的铁芯磁路，铁芯上有励磁线圈 N 匝，线圈中通有电流 i；铁芯截面积为 A，磁路的平均长度为 l，μ 为材料的磁导率。若不计漏磁通，并认为各截面上磁通密度均匀，且垂直于各截面，则式(0-5)可改写为

$$Ni=\boldsymbol{H}l=\frac{l\boldsymbol{B}}{\mu}=\frac{l\boldsymbol{\Phi}}{\mu A}=R_{\mathrm{m}}\boldsymbol{\Phi} \tag{0-6}$$

或

$$F=Ni=R_{\mathrm{m}}\boldsymbol{\Phi} \tag{0-7}$$

式中：F 为作用在铁芯磁路上的安匝数，称为磁路的磁动势，单位为 A；R_{m} 为磁路的磁阻，$R_{\mathrm{m}}=\frac{l}{\mu A}$，它取决于磁路的尺寸和磁路所用材料的磁导率，单位为 H^{-1}。

式(0-7)表明，作用在磁路上的磁动势 F 等于磁路内的磁通量 Φ 乘以磁阻 R_{m}，此关系与电路中的欧姆定律在形式上十分相似，因此式(0-7)称为磁路的欧姆定律。这里，把磁路中的磁动势 F 类比于电路中的电动势 E，磁通量 Φ 类比于电流 I，磁阻 R_{m} 类比于电阻 R。图 0-4(b)所示的为相应的模拟电路图。

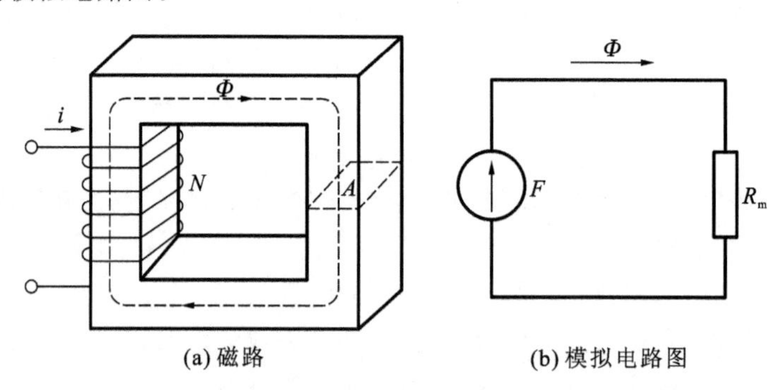

图 0-4　无分支铁芯磁路

为了便于理解和记忆，列出电路与磁路的基本物理量的对应关系，如表 0-1 所示。

表 0-1　电路与磁路基本物理量对照表

电　　路	磁　　路
电流 I	磁通 Φ
电动势 E	磁动势 F
电阻 R	磁阻 R_{m}
$I=\frac{E}{R}$	$\Phi=\frac{F}{R_{\mathrm{m}}}$
$R=\rho\frac{l}{s}$	$R_{\mathrm{m}}=\frac{l}{\mu A}$

3. 电磁感应定律

变化的磁场会产生电场，使导体中产生感应电动势，这就是电磁感应现象。在电机中电磁感应现象有两种形式：①导体与磁场有相对运动，导体切割磁力线时，导体内产生感应电势，称为切割电动势；②交链线圈的磁通发生变化时，线圈内产生感应电动势，称为变压器电动势。

1）切割电动势

若长度为 l 的导体与磁场有相对运动，其切割磁力线的速度为 v，导体所在处的磁感应强度为 $\boldsymbol{B}$，且导体、磁感应强度 $\boldsymbol{B}$ 和相对切割速度 $\boldsymbol{v}$ 三者之间互相垂直，则导体中感应电动势 e 为

$$\boldsymbol{e}=\boldsymbol{B}l\boldsymbol{v} \tag{0-8}$$

习惯上用右手定则来判定电动势 $\boldsymbol{e}$ 的方向，即伸开右手手掌，大拇指与其他四指垂直成90°，磁力线指向手心，大拇指指向导体切割磁力线的方向，其他四指的指向就是导体中感应电动势的方向。

2）变压器电动势

与线圈交链的磁通发生变化时，线圈内将产生感应电动势，其方向可由楞次定律判定。若感应电动势的正方向与磁通的正方向符合右手螺旋定则，则感应电动势 e 的表达式为

$$\boldsymbol{e}=-\frac{\mathrm{d}\boldsymbol{\Psi}}{\mathrm{d}t}=-N\frac{\mathrm{d}\boldsymbol{\Phi}}{\mathrm{d}t} \tag{0-9}$$

式中：Ψ 为磁通链；Φ 为磁通；N 为线圈匝数。

4. 电磁力定律

通电导体受到的磁场对它的作用力称为电磁力，也称安培力。若长度为 l 的导体中流过的电流为 i，其所在的磁场为均匀磁场，磁感应强度为 $\boldsymbol{B}$，且导体与磁感应强度 $\boldsymbol{B}$ 的方向垂直，则导体受到的电磁力 $\boldsymbol{f}$ 为

$$f=\boldsymbol{B}li \tag{0-10}$$

式中：$\boldsymbol{f}$ 为电磁力，其方向由左手定则来判定，即把左手伸开，大拇指与其他四指垂直成90°，磁力线指向手心，其他四指指向导体中电流的方向，大拇指所指方向就是导体所受电磁力的方向。

第1章　直流电机

直流电机是一种能进行机电能量转换的电磁装置，将直流电能转换为机械能的称为直流电动机，将机械能转换为直流电能的称为直流发电机。

直流电动机的主要优点是，启动性能和调速性能好、过载能力强、易于控制，因此常应用于对启动和调速性能要求较高的生产机械，如电力机车、轧钢机、矿井卷扬机、纺织机械等都广泛采用直流电动机作为原动机。直流发电机主要用做直流电源，为直流电动机、电解、电镀等提供所需的直流电能。

本章主要分析直流电机的原理、结构和特性。

1.1　直流电机的工作原理和结构

1.1.1　直流电机的工作原理

1. 直流电机的模型结构

图1-1所示的为直流电机的物理模型。图中N和S是一对固定的磁极（一般是电磁铁，也可以是永久磁铁）。磁极之间有一个可以转动的铁质圆柱体，称为电枢铁芯。铁芯表面固定一个用绝缘导体构成的电枢线圈abcd，线圈的两端分别接到相互绝缘的两个半圆形的弧形铜片上，弧形铜片称为换向片，由两个弧形铜片构成的组合体称为换向器。在换向器上放置固定不动而与换向片滑动接触的电刷A和B，线圈abcd通过换向器和电刷接通外电路。电枢铁芯、电枢线圈和换向器构成的整体称为电枢。磁极和电枢间有间隙存在，称为空气气隙，简称气隙。

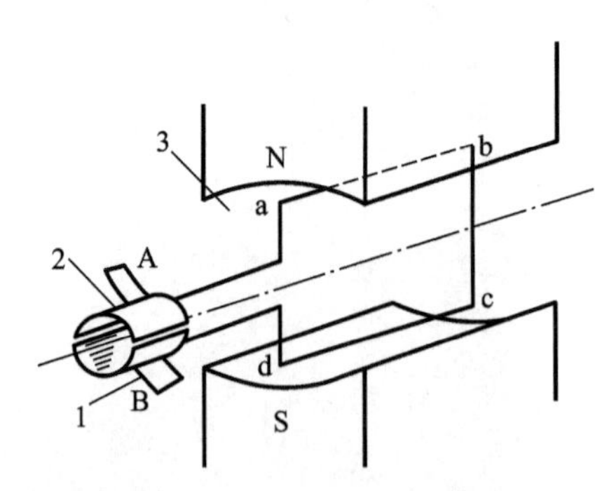

图1-1　直流电机的物理模型

1—电刷；2—换向器；3—气隙

2. 直流电动机的工作原理

直流电机的物理模型作为直流电动机运行时，可将电源正极接电刷A，电源负极接电刷

B,则线圈abcd中流过电流I_a。在导体ab中,电流由a流向b,在导体cd中,电流由c流向d,如图1-2(a)所示。载流导体ab和cd均处于N极和S极之间的磁场当中,受到电磁力的作用。电磁力的方向由左手定则确定,载流导体ab受到的电磁力f的方向向左,载流导体cd受到的电磁力f的方向向右,这一对电磁力形成一个转矩,称为电磁转矩,其方向为逆时针方向,使整个电枢逆时针方向旋转。当电枢旋转180°时,导体ab和cd交换位置,如图1-2(b)所示。由于电流仍从电刷A流入,使cd中的电流变为由d流向c,而ab中的电流由b流向a,再从电刷B流出。用左手定则判别可知,电磁转矩的方向仍是逆时针方向,使电枢继续沿逆时针方向旋转。

由此可见,加于直流电动机的直流电流,由于换向器和电刷的作用,变为导体中的交变电流,但N极下的导体受力方向和S极下导体的受力方向并未发生变化,因此电枢产生的电磁转矩方向始终是不变的,从而确保直流电动机朝确定的方向连续旋转。这就是直流电动机的基本工作原理。

同时应该注意到,一旦电枢旋转起来,电枢导体就会切割磁力线,产生感应电动势。在图1-2(a)所示时刻,根据右手定则可判断出导体ab中的感应电动势方向由b指向a,而此时导体ab中电流由a流向b,因此,直流电动机导体中的电流与感应电动势方向相反。

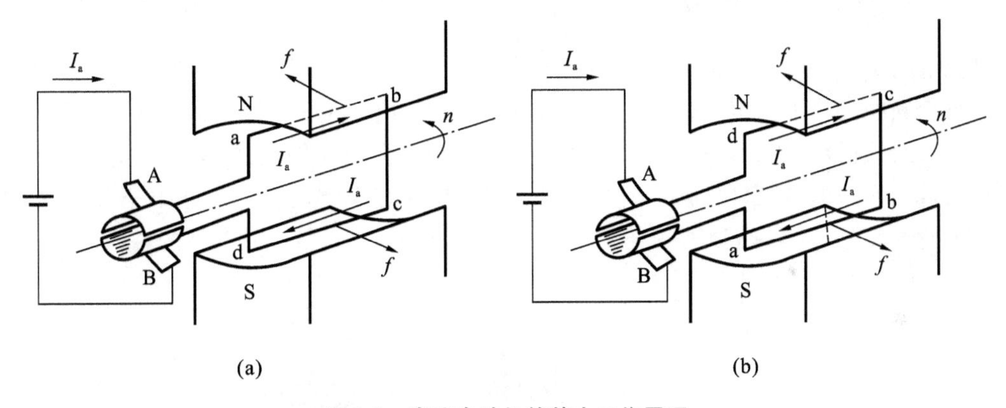

图1-2　直流电动机的基本工作原理

实际使用的直流电动机的电枢上均匀地嵌放了许多线圈,相应的换向器由许多换向片组成,使电枢线圈产生总的电磁转矩足够大并且比较均匀,电动机的转速也比较均匀。

3. 直流发电机的工作原理

直流发电机的模型与直流电动机的相同,不同的是电刷上不加直流电压,而是利用原动机拖动电枢朝某一方向如逆时针方向旋转,如图1-3所示。这时导体ab和cd分别切割N极和S极下的磁力线,产生感应电动势,电动势的方向用右手定则确定。在图1-3所示情况下,导体ab中感应电动势的方向由b指向a,导体cd中感应电动势的方向由d指向c,所以电刷A的电极性为正极性,电刷B的电极性为负极性。当电枢旋转

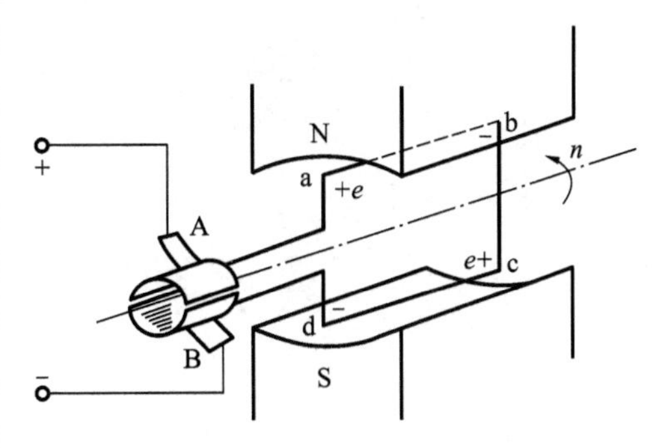

图1-3　直流发电机的工作原理

180°时，导体 cd 转至 N 极下，感应电动势的方向由 c 指向 d，电刷 A 与 d 所连的换向片接触，仍为正极性；导体 ab 转至 S 极上，感应电动势的方向变为由 a 指向 b，电刷 B 与 a 所连的换向片接触，仍为负极性。由此可见，直流发电机电枢线圈中的感应电动势的方向是交变的，而通过换向器和电刷的作用，电刷 A 和 B 两端输出的电动势是方向不变的直流电动势。若在电刷 A 和 B 之间接上负载，发电机就能向负载供给直流电能。这就是直流发电机的基本工作原理。

同时也应该注意到，电刷两端接上负载后，电枢导体成为载流导体，导体中的电流方向与感应电动势的方向相同，利用左手定则还可判断出载流导体在磁场中所受的电磁力对应的电磁转矩方向与其运动方向相反，起制动作用。

从以上分析可知，一台直流电机原则上既可以作为电动机运行，也可以作为发电机运行，这取决于不同的外界条件。将直流电源外加于电刷，输入电能，直流电机能将电能转换为机械能，从而拖动生产机械运转，其作为电动机运行；如用原动机拖动直流电机的电枢旋转，输入机械能，直流电机能将机械能转换为直流电能，从电刷上引出直流电动势，其作为发电机运行。同一台电机既能作为电动机运行又能作为发电机运行的原理，称为可逆原理。

1.1.2 直流电机的结构

直流电动机和直流发电机的结构基本相同，均由定子和转子两大部分组成。直流电机运行时静止不动的部分称为定子，其主要作用是产生磁场，由主磁极、换向极、机座、端盖、电刷装置等组成；运行时转动的部分称为转子，其主要作用是产生电磁转矩或感应电动势，是直流电机进行能量转换的枢纽，所以通常又称为电枢，由电枢铁芯、电枢绕组、换向器、转轴、风扇等组成。图 1-4 和图 1-5 所示的分别是直流电机的纵、横剖面图，其各主要部件的结构和功能介绍如下。

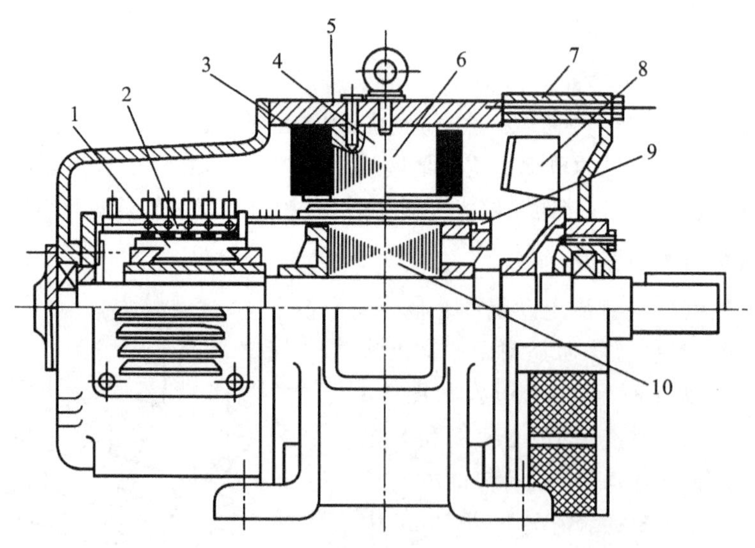

图 1-4 直流电机的纵剖面图

1—换向器；2—电刷杆；3—机座；4—主磁极；5—励磁绕组；6—换向极；7—端盖；8—风扇；9—电枢绕组；10—电枢铁芯

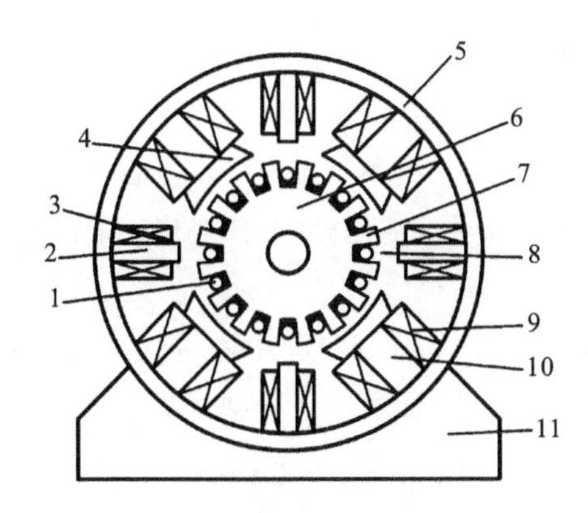

图 1-5 直流电机的横剖面图

1—电枢绕组；2—换向极；3—换向绕组；4—极靴；5—铁轭；6—电枢铁芯；
7—电枢齿；8—电枢槽；9—励磁绕组；10—主磁极；11—底脚

1. 定子部分

1)主磁极

主磁极的作用是在定子和转子之间的气隙中产生一定形状分布的气隙磁场。主磁极由主磁极铁芯和励磁绕组两部分组成，如图 1-6 所示。主磁极铁芯包括极身和极靴，由 1.0～1.5 mm厚的硅钢板冲片叠压铆紧而成，上方套励磁绕组的部分称为极身，下方扩宽的部分称为极靴，极靴比极身宽，既可使气隙中磁场分布比较理想，又便于固定励磁绕组。励磁绕组用绝缘铜线绕制而成，套在极身上。励磁绕组和铁芯之间用绝缘材料制成的框架相隔。整个主磁极用螺钉固定在机座上。

绝大多数直流电机的主磁极由直流电流来励磁，当励磁绕组通直流电时，各主磁极均产生一定极性的磁通密度，相邻两主磁极的极性是 N、S 交替变换的。

2)换向极

两相邻主磁极之间的小磁极称为换向极，也称为附加极，其作用是减少电机运行时电刷与换向器之间可能产生的火花。换向极由换向极铁芯和换向极绕组组成，如图 1-7 所示。换向极铁芯一般由整块钢材制成，在其上放置换向极绕组。换向极的数目与主磁极的数目相等。

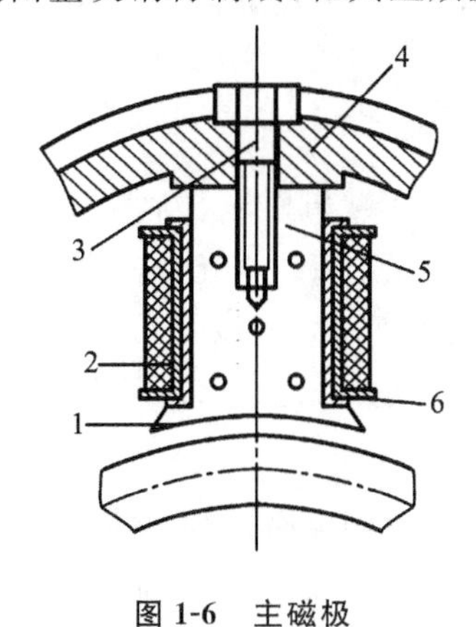

图 1-6 主磁极

1—极靴；2—励磁绕组；3—固定螺钉；
4—机座；5—机身；6—框架

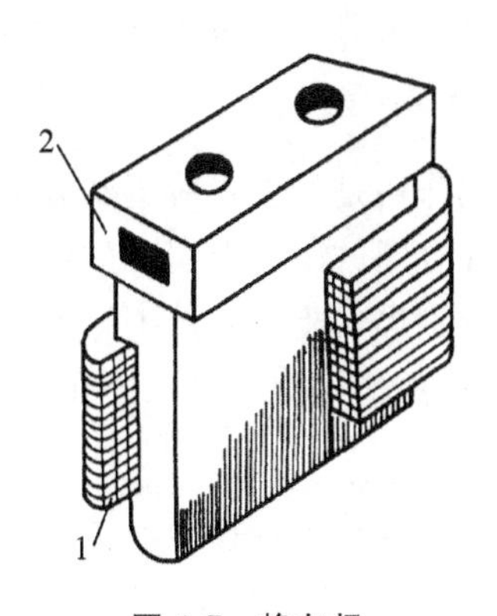

图 1-7 换向极

1—换向极绕组；2—换向极铁芯

整个换向极用螺钉固定于机座上。

3)机座和端盖

电机定子部分的外壳称为机座,其作用是支撑电机、构成磁极之间的通路。机座一般由铸钢或厚钢板焊接而成。机座的两端各有一个端盖,用于保护电机和防止触电。

4)电刷装置

电刷装置用来连接电枢电路和外部电路,其中的电刷是由石墨制成的导电块,放在刷握内,用弹簧压紧,使电刷与换向器之间有良好的滑动接触,电刷后面镶有铜丝辫,以便引出电流,如图 1-8 所示。

2. 转子部分

1)电枢铁芯

电枢铁芯是主磁通磁路的主要部分,用于嵌放电枢绕组。为了降低铁芯损耗,电枢铁芯常用 0.35 mm 或 0.5 mm 厚、冲有齿和槽的硅钢片叠压而成,冲片的形状如图 1-9 所示。冲片叠成的铁芯固定在转轴上,铁芯的外圆开有电枢槽,槽内嵌放电枢绕组。为了加强散热能力,在铁芯的轴向留有通风口。

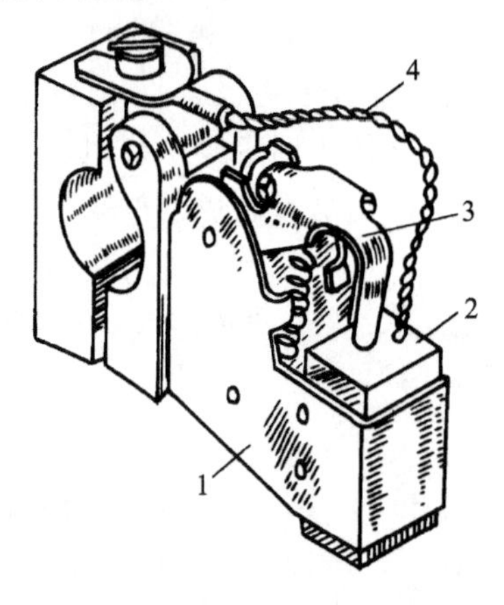

图 1-8　电刷装置图

1—刷握;2—电刷;3—压紧弹簧;4—铜丝辫

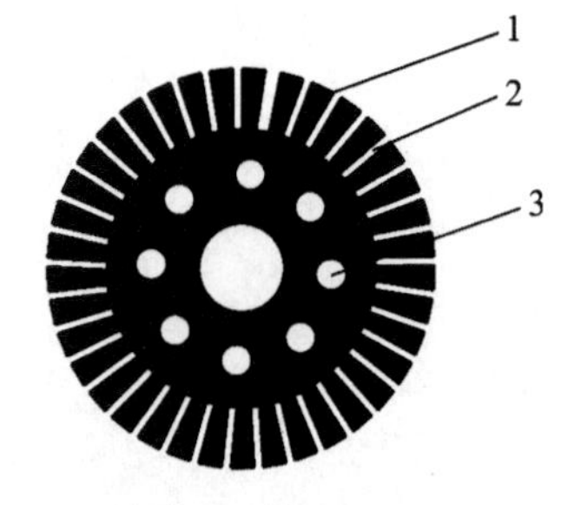

图 1-9　电枢铁芯冲片

1—齿;2—槽;3—轴向通风口

2)电枢绕组

电枢绕组的作用是产生感应电动势或电磁转矩,从而实现机电能量的转换。电枢绕组是由用绝缘铜线在专用的模具上制成的单独元件组成的,按规定每一个元件嵌入铁芯槽中,其端头按一定规律分别焊接到换向片上。元件在槽内部分的上下层之间以及元件与铁芯之间都必须绝缘,并用绝缘的槽楔把元件压紧在槽中。元件的槽外部分用绝缘带绑扎和固定。

3)换向器

换向器又称为整流子。在直流电动机中,换向器配以电刷能将外加直流电流转换为电枢线圈中的交变电流,使电磁转矩的方向恒定不变。在直流发电机中,换向器配以电刷能将电枢线圈中感应产生的交变电动势转换为正、负电刷上引出的直流电动势。换向器的结构如图 1-10 所示。换向器是由许多换向片组成的圆柱体。换向片的底部做成燕尾形状,换向片的燕尾部分嵌在含有云母绝缘的V形钢环内，拼成圆筒形套在钢套筒上，相邻的两换向片间以0.6～1.2 mm厚的云母片作为绝缘，最后用螺旋压圈压紧。换向器固定在转轴的一端。

4)转轴

转轴对旋转的转子起支撑作用，需有一定的力学强度和刚度，一般用圆钢加工而成。

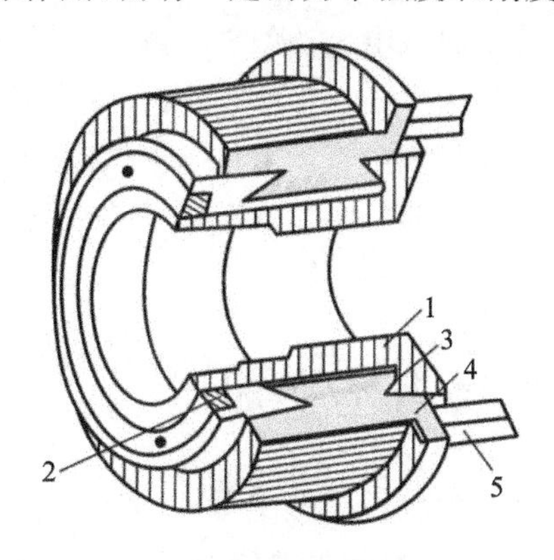

图1-10 换向器

1—钢套筒；2—V形钢环；3—云母片；4—换向片；5—连接片

1.1.3 直流电机的额定值

为了正确地使用电机，以便电机在既安全又经济的情况下运行，电机外壳上都装有一个铭牌，上面标有电机的型号和有关物理量的额定值。额定值是由电机制造厂按国家标准的要求，对电机的一些电量或机械量所规定的数据。

直流电机的额定值主要有下列几项。

(1)额定功率 P_N，是指电机在额定运行状态时所能提供的输出功率。对电动机而言，是指转轴上输出的机械功率；对发电机而言，是指电刷间输出的电功率。额定功率的单位为kW(千瓦)。

(2)额定电压 U_N，是指在额定运行状态下电机出线端的平均电压。对于电动机是指输入额定电压，对于发电机是指输出额定电压。额定电压单位为V(伏)。

(3)额定电流 I_N，是指电机在额定电压情况下，运行于额定功率时流过电机的线电流，单位为A(安)。

(4)额定转速 n_N，是指电机在额定运行状态时的旋转速度，单位为r/min(转/分)。

(5)额定励磁电流 I_{fN}，是指电机在额定运行状态时励磁绕组中流过的电流。

(6)励磁方式，是指直流电机的励磁绕组和电枢绕组的连接方式。

此外，电机铭牌上还标有其他数据，如励磁电压、出厂日期、出厂编号等。

额定功率与额定电压和额定电流的关系如下：

对于直流电动机，
$$P_N = U_N I_N \eta_N \times 10^{-3}\ \text{kW} \tag{1-1}$$

对于直流发电机，
$$P_N = U_N I_N \times 10^{-3}\ \text{kW} \tag{1-2}$$

式中：η_N 是直流电动机的额定效率，不一定标在铭牌上，可在产品说明书中查到。

直流电机运行时，如果各个物理量均为额定值，就称电机工作在额定运行状态，亦称为满载运行。在额定运行状态下，电机利用充分，运行可靠，并具有良好的性能。电机运行时的电流小于额定电流，称为欠载运行；电机的电流大于额定电流，称为过载运行。欠载运行时，电机利用不充分，效率低；过载运行时，易引起电机过热损坏。根据负载选择电机时，电机最好能接近于满载运行。

在直流电机的铭牌上还标明了直流电机的型号。直流电机的型号由汉语拼音字母和阿拉伯数字组成，例如，直流电机的型号为 Z_2-51，表明其是一台机座号为 5、电枢铁芯为短铁芯的第 2 次改型设计的直流电机。机座号表示直流电机电枢铁芯外直径的大小，共有 1～9 个机座号，机座号数越大，直径越大。电枢铁芯分为短铁芯和长铁芯等两种，1 表示短铁芯，2 表示长铁芯。

1.2　直流电机的电枢绕组基本知识

直流电机的电枢绕组是由许多形状相同的线圈（以下称元件）按一定规律连接而成。按照连接规律的不同，电枢绕组分为单叠绕组和单波绕组等多种类型。本节简单介绍电枢绕组的基本知识。

1.2.1　元件与节距

1. 元件

电枢绕组元件在槽内的放置情况如图 1-11 所示。绕组元件分叠绕组元件和波绕组元件等两种形式，如图 1-12 所示。元件嵌放在电枢槽中的部分称为有效边，也称为元件边。为了便于嵌放，每个元件的一个元件边嵌放在某一槽的上层，称为上层边，用实线表示；另一个元件边则嵌放在另一槽的下层，称为下层边，用虚线表示。元件的槽外部分称为端接部分。每个元件有两个出线端，称首端和末端，均与换向片相连。

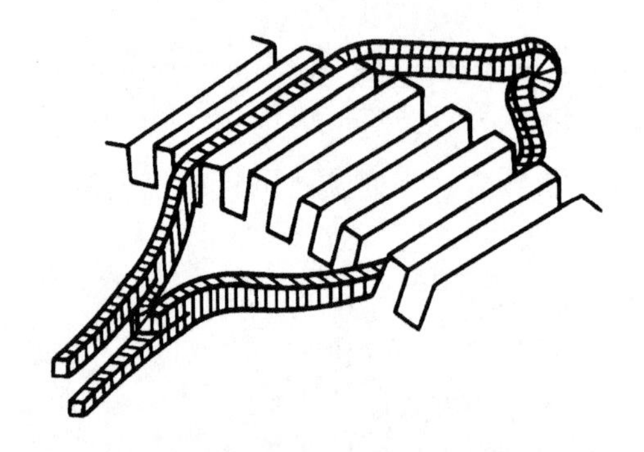

图 1-11　绕组元件在槽内的放置

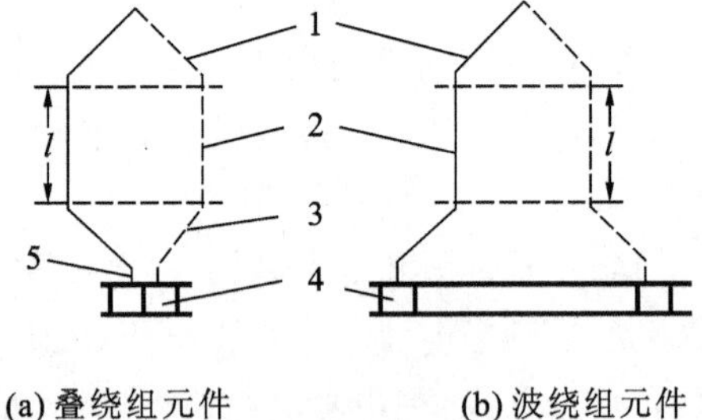

(a) 叠绕组元件　　(b) 波绕组元件

图 1-12　电枢绕组元件

1—端接部分；2—有效边；3—末端；4—换向片；5—首端

2. 节距

表征电枢绕组元件几何尺寸以及元件之间连接规律的数据为节距，共有四种节距，如图 1-13所示。

1)第一节距 y_1

同一元件的两个元件边在电枢圆周上所跨的距离称为第一节距。相邻两个主磁极轴线之间的距离称为极距,用 τ 表示,其表达式为

$$\tau=\frac{z}{2p} \tag{1-3}$$

式中:z 为电枢槽数;p 为磁极对数。

为使每个元件的感应电动势最大,第一节距 y_1 应尽量等于一个极距 τ,但 τ 不一定是整数,而 y_1 必须是整数,为此,一般第一节距取为

$$y_1=\frac{z}{2p}\pm e=\text{整数} \tag{1-4}$$

式中,e 为小于 1 的分数。

$y_1=\tau$ 的元件为整距元件,绕组称为整距绕组;$y_1<\tau$ 的元件称为短距元件,绕组称为短距绕组;$y_1>\tau$ 的元件称为长距元件,耗铜多,一般不用。

2) 第二节距 y_2

第一个元件的下层边和与之直接相连的第二个元件的上层边之间在电枢圆周上的距离,称为第二节距。

3)合成节距 y

直接相连的两个元件的对应边在电枢圆周上的距离称为合成节距。

4)换向器节距 y_k

每个元件的首、末两端所接的两片换向片在换向器圆周上所跨的距离称为换向器节距。由图 1-13 可见,换向器节距 y_k 与合成节距 y 总是相等的,即

$$y_k=y \tag{1-5}$$

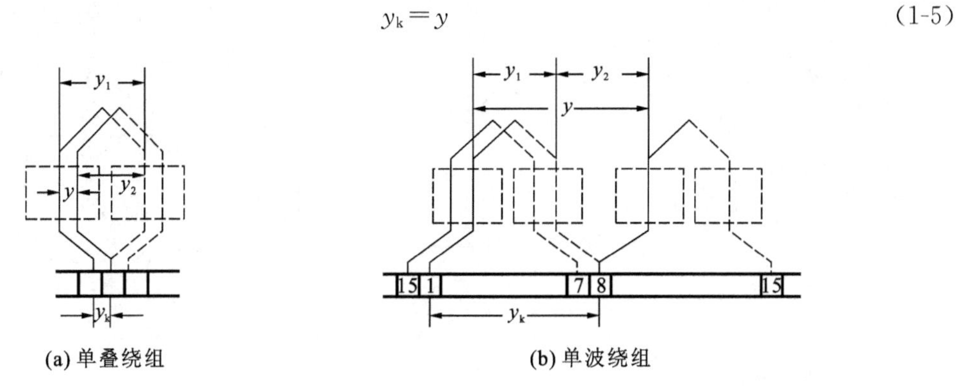

(a) 单叠绕组　　(b) 单波绕组

图 1-13　电枢绕组的节距

1.2.2　单叠绕组

后一个元件的端接部分紧叠在前一元件的端接部分上,这种绕组称为叠绕组。换向器节距 $y_k=1$ 的叠绕组,称为单叠绕组,如图 1-13(a)所示。单叠绕组的连接规律是将同一主磁极下的各个元件串联起来组成一条支路,这样有几个主磁极就有几条支路,其并联支路对数 a 总等于磁极对数 p。

1.2.3 单波绕组

把相隔约为两个极距的同极性磁场下的相应元件串联起来，像波浪式地前进，这样的绕组称为波绕组。如果电机有 p 对磁极，则 p 个元件串联后，第 p 个元件的尾端所连的换向片应该是与起始元件所连的换向片相邻的换向片，这样才能继续串联其余元件，这种波绕组称为单波绕组，如图 1-13(b)所示。单波绕组的连接规律是同极性下各元件串联起来组成一个支路，支路对数 $a=1$，与极对数 p 无关。

1.3 直流电机的励磁方式及磁场

磁场是电机实现机械能和电能转换的媒介。直流电机中产生磁场的方式有两种：一种是永久磁铁磁场，这只在一些比较特殊的微电机中采用；另一种是励磁磁场，是由套在主磁极铁芯上的励磁绕组通入电流产生的励磁磁动势单独建立的磁场，一般电机都采用这种励磁方式。本节先介绍直流电机的励磁方式，再重点分析直流电机磁场的强弱及分布规律。

1.3.1 直流电机的励磁方式

励磁绕组的供电方式称为励磁方式。按励磁方式的不同，直流电机可以分为四类。

1. 他励直流电机

励磁绕组由其他直流电源供电，与电枢绕组之间没有电的联系，如图 1-14(a)所示。永磁直流电机因其主磁场与电枢电流无关，也属于他励直流电机。图 1-14 所示的电流参考方向是按电机惯例设定的。

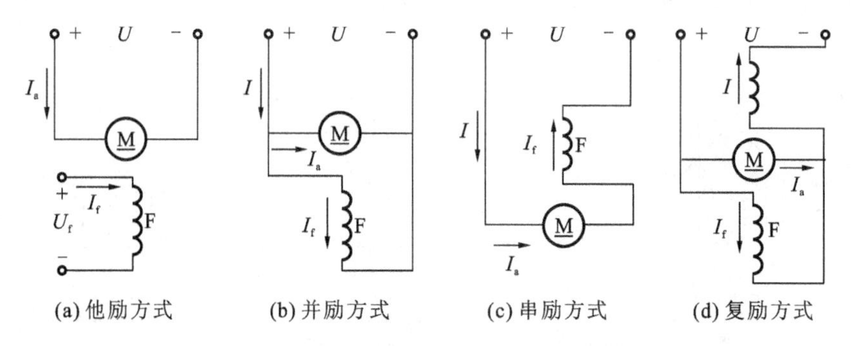

图 1-14 直流电机的励磁方式

2. 并励直流电机

励磁绕组与电枢绕组并联，如图 1-14(b)所示，励磁电压等于电枢绕组端电压。

3. 串励直流电机

励磁绕组与电枢绕组串联，如图 1-14(c)所示，励磁电流等于电枢电流。

4. 复励直流电机

每个主磁极上套有两个励磁绕组，一个与电枢绕组并联，称为并励绕组；另一个与电枢绕组串联，称为串励绕组，如图 1-14(d)所示。两个绕组产生的磁动势方向相同时称为积复励，方向相反时称为差复励。复励直流电机通常采用积复励方式。

1.3.2 直流电机的空载磁场

直流电机不带负载(即不输出功率)时的运行状态称为空载运行。空载运行时电枢电流为零或近似等于零,所以空载磁场是指主磁极励磁磁动势单独产生的励磁磁场,也称主磁场。图 1-15 所示的为一台四级直流电机空载时,由励磁电流单独建立的磁场分布图。

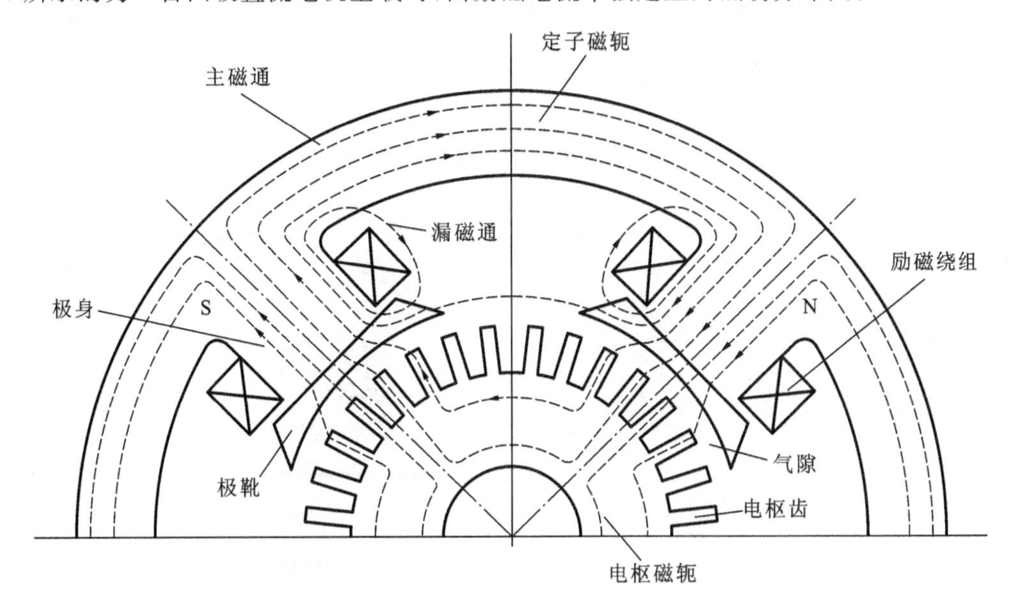

图 1-15 四级直流电机空载磁场示意图

1. 主磁通和漏磁通

图 1-15 表明,励磁绕组通以励磁电流,产生的磁通大部分从 N 极出来,经气隙进入电枢齿,通过电枢铁芯的磁轭到 S 极下的电枢齿,又通过气隙进入 S 极,再经机座(定子磁轭)回到原来的 N 极。这部分同时与励磁绕组和电枢绕组交链的磁通称为主磁通,用 Φ_0 表示。主磁通经过的路径称为主磁路。还有一部分磁通不通过气隙,仅交链励磁绕组本身,并不进入电枢铁芯,也不和电枢绕组相交链,这部分磁通称为漏磁通 Φ_σ。漏磁通路径主要为空气,磁阻很大,所以漏磁通的数量只有主磁通的 20%左右。

2. 直流电机的空载磁化特性

直流电机运行时,要求每个极下有一定数量的主磁通,称为每极磁通 Φ,当励磁绕组的匝数 N_f 一定时,每极磁通 Φ 的大小主要取决于励磁电流 I_f。空载时每极磁通 Φ_0 与空载励磁电流 I_{f0}或空载励磁磁动势 F_{f0} 的关系,即 $\Phi_0=f(I_{f0})$或 $\Phi_0=f(F_{f0})$称为电机的空载磁化特性。由于铁磁材料磁化时的 B-H 曲线有饱和现象,所以空载磁化特性 $\Phi_0=f(I_{f0})$或 $\Phi_0=f(F_{f0})$在 I_{f0}较大时也出现饱和,如图 1-16 所示。为充分利用铁磁材料,又不至于使磁阻太大,电机的工作点一般选在磁化特性开始弯曲的地方,亦即磁路开始饱和的地方(图中 A 点附近)。

3. 空载磁场气隙磁通密度分布曲线

直流电机空载时,主磁极的励磁磁动势主要消耗在气隙上,当忽略主磁路中铁磁材料的磁阻时,主磁极下气隙磁通密度的分布就取决于气隙 δ 的大小和形状。一般情况下,磁极极靴宽

度约为极距 τ 的 75%，如图 1-17(a)所示。磁极中心及其附近的气隙较小且均匀不变，磁通密度较大且基本为常数；靠近两边极尖处，气隙逐渐变大，磁通密度减小；超出极尖以外，气隙明显增大，磁通密度显著减小；在磁极之间的几何中心线处，气隙磁通密度为零。所以，空载气隙磁通密度的分布为一礼帽形的平顶波，如图 1-17(b)所示。图中 B_{av} 称为平均磁通密度，

$$B_{av}=\frac{\Phi}{\tau l}$$

式中：Φ 为每极磁通；τ 为极距；l 为导体有效长度。

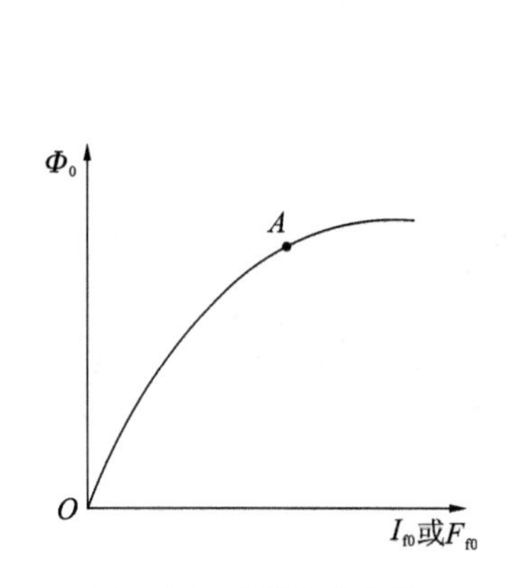

图 1-16　空载磁化特性

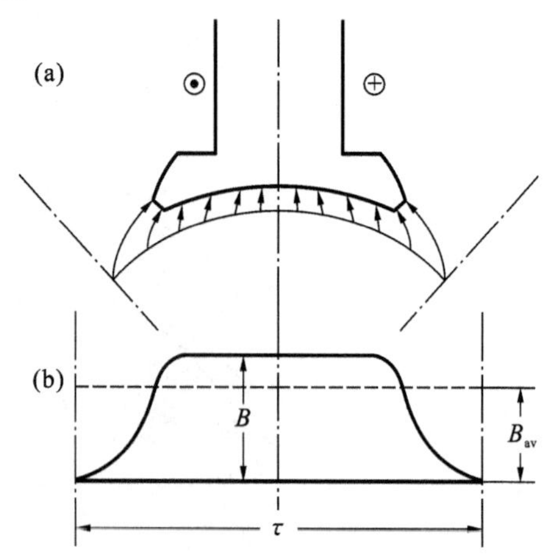

图 1-17　空载时气隙磁通密度分布

1.3.3　直流电机的电枢反应及负载磁场

直流电机空载时励磁磁动势单独产生的气隙磁通密度分布波形为一平顶波。当电机带上负载后，电枢绕组内流过电流，在电机磁路中，又形成一个磁动势，这个由电枢电流所建立的磁动势称为电枢磁动势，它与励磁磁动势共同建立的负载时的气隙合成磁通密度会改变原来的空载气隙磁通密度的分布。通常把电枢磁动势对空载气隙磁通密度分布的影响称为电枢反应。

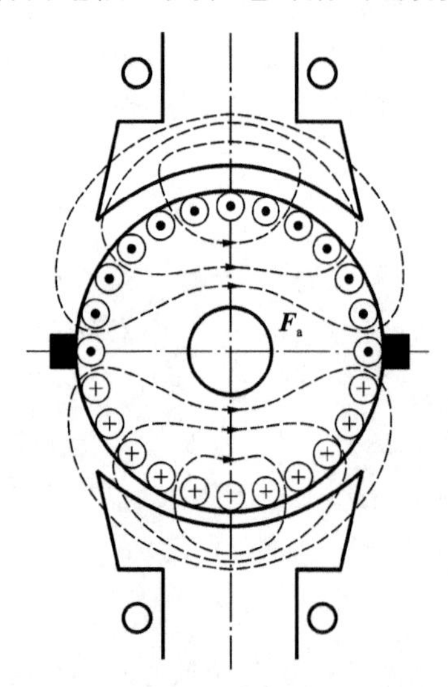

图 1-18　电枢磁场

下面先分析电枢磁动势单独作用时在电机气隙中产生的电枢磁场，再与空载气隙磁场叠加得到负载磁场，将负载磁场与空载气隙磁场相比较，就可以知道电枢反应的影响。

1. 直流电机的电枢磁场

图 1-18 所示的是一台两极直流电机电枢磁动势单独作用产生的电枢磁场分布情况。为绘图方便，图中未画出换向片，直接将电刷画在位于磁极几何中心线的元件边上。由于电刷轴线上部所有元件构成一条支路，下部所有元件构成另一条支路，电枢元件边中电流的方向以电刷轴线为界。图 1-18 中设上部元件边中电流方向为流出，下部元件边电流方向为流入，由右手螺旋定则可知，电枢磁动势的方向由左向右，电枢磁场轴线与电刷轴线重合在几何中心线上，亦即与磁极

轴线相垂直。

下面进一步分析电枢磁动势和电枢磁场气隙磁通密度的分布情况。假设图 1-19 所示电机绕组只有一个整距元件 AX，其轴线与磁极轴线相垂直。该元件有 N_c 匝，元件中电流为 i_a，则元件的磁动势为 i_aN_c，由该元件建立的磁场的磁力线分布如图 1-19(a)所示。假想将此电机从几何中心线处切开展平，如图 1-19(b)所示，以图中磁力线路径为闭合磁路，根据全电流定律可知，作用在这一闭合磁路的磁动势等于它所包围的全电流 N_ci_a，忽略铁磁材料的磁阻，并认为电机的气隙是均匀的，则每个气隙所消耗的磁动势为 $N_ci_a/2$。一般取磁力线自电枢出来，进入定子时的磁动势为正，反之为负。这样可以得到一个整距绕组元件产生的磁动势在空间的分布波形为矩形波，矩形波的周期为 2τ、幅值为 $N_ci_a/2$，如图 1-19(b)所示。

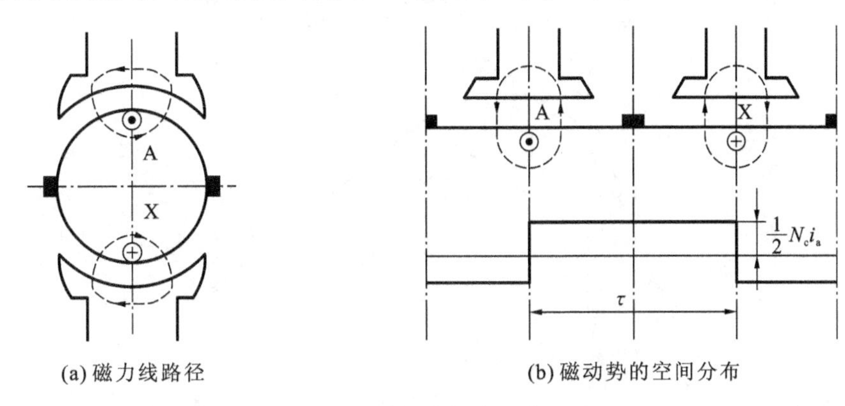

(a) 磁力线路径　　(b) 磁动势的空间分布

图 1-19　一个绕组元件的磁动势

当电枢绕组有许多整距元件均匀分布于电枢表面时，每一个元件产生的磁动势仍是幅值为 $N_ci_a/2$ 的矩形波，根据叠加原理可知，电枢磁动势在空间的分布为一个以 2 倍极距为周期的多阶梯形波。为分析简便起见，将多阶梯形波简化为三角形波，三角形波磁动势的最大值在几何中心线上，磁极中心线处为零，如图 1-20 的曲线 2 所示。如果忽略铁芯的磁阻，认为电枢磁动势全部消耗在气隙上，则根据磁路的欧姆定律，可得电枢磁场气隙磁通密度为

$$B_{ax}=\mu_0\frac{F_{ax}}{\delta} \tag{1-6}$$

式中：F_{ax} 为气隙中 x 处的磁动势；B_{ax} 为气隙中 x 处的磁通密度。

由式(1-6)可知，在磁极极靴下，气隙 δ 较小且变化不大，所以气隙磁通密度 B_{ax} 与电枢磁动势 F_{ax} 成正比。而在两磁极间的几何中心线附近，气隙较大，超过 F_{ax} 增加的程度，使 B_{ax} 反而减小，所以电枢磁场气隙磁通密度分布波形为马鞍形，如图 1-20 的曲线 3 所示。

2. 负载时气隙合成磁场

如果磁路不饱和，可以利用叠加原理，将空载磁场的气隙磁通密度分布曲线 1 和电枢磁场的气隙磁通密度分布曲线 3 相加，即得到负载时气隙合成磁场的磁通密度分布曲线，如图 1-20 的曲线 4 所示。磁路饱和时，要利用磁化曲线才能得到负载时气隙合成磁场的磁通密度分布曲线，如图 1-20 的曲线 5 所示。由曲线 1、4、5 可见，电枢反应的影响如下。

(1)电枢反应使气隙磁场发生畸变。对比曲线 1 和 4 可知，半个极下磁场变弱，半个极下磁场加强。对于发电机，前极端(电枢进入端)的磁场变弱，后极端(电枢离开端)的磁场加强；

对于电动机，则与此相反。

(2)气隙磁场的畸变使物理中心线偏离几何中心线。空载时磁通密度等于零的物理中心线与几何中心线重合，负载时物理中心线偏离几何中心线。对于发电机，这种偏离是顺着旋转方向 n_F 偏离；对于电动机，这种偏离是逆着旋转方向 n_D 偏离。

(3)磁路饱和时，有去磁作用。对比曲线 4 和 5 可知，半个极下增加的磁通小于另半个极下减小的磁通，使每个极下总的磁通有所减小。

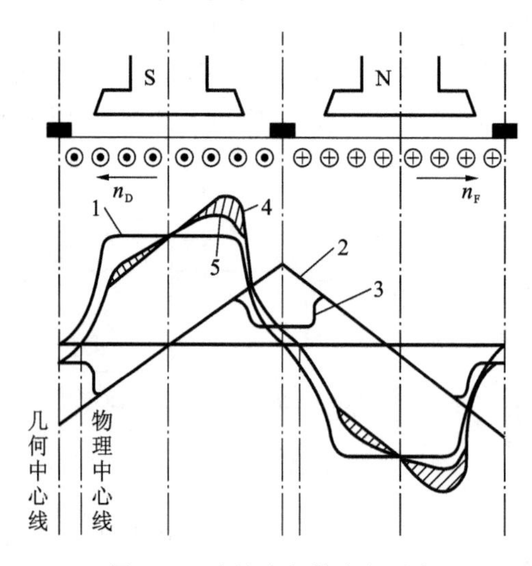

图 1-20 直流电机的电枢反应

1.4 直流电机的电枢电动势和电磁转矩

1.4.1 直流电机的电枢电动势

电枢电动势是指直流电机正、负电刷之间的感应电动势，也就是电枢绕组一条并联支路的电动势。

直流电机运行时，电枢绕组元件内的导体切割气隙合成磁场，产生感应电动势。由于气隙合成磁通密度在一个极下的分布不均匀，如图 1-21 所示，所以导体中感应电动势的大小是变化的。

为便于分析和推导，可把磁通密度看成是均匀分布的，设一个极下气隙磁通密度的平均值为 B_{av}，从而可得一根导体在一个极距范围内切割气隙磁通密度产生的电动势的平均值 e_{av}，

$$e_{av}=B_{av}lv$$

式中：B_{av} 为平均磁通密度；l 为电枢导体的有效长度（槽内部分）；v 为电枢表面的线速度。由于

$$B_{av}=\frac{\Phi}{\tau l}, \quad v=\frac{n}{60}2p\tau$$

因而，一根导体感应电动势的平均值为

$$e_{av}=\frac{\Phi}{\tau l}l\ \frac{n}{60}2p\tau=\frac{2p}{60}\Phi n$$

设电枢绕组总的匝数为 N，则每一条并联支路串联导体的匝数为 $N/(2a)$，这样电枢绕组的感应电动势为

$$E_{a}=\frac{N}{2a}e_{av}=\frac{N}{2a}\frac{2p}{60}\Phi n=\frac{pN}{60a}\Phi n=C_{e}\Phi n \quad (1\text{-}7)$$

式中：$C_{e}=\frac{pN}{60a}$为直流电机的电动势常数。

每极磁通 Φ 的单位用 Wb，转速单位用 r/min，则电动势 E_a 的单位为 V。

式(1-7)表明，对于已制成的电机，电枢电动势 E_a 与每极磁通 Φ 和转速 n 的乘积成正比。

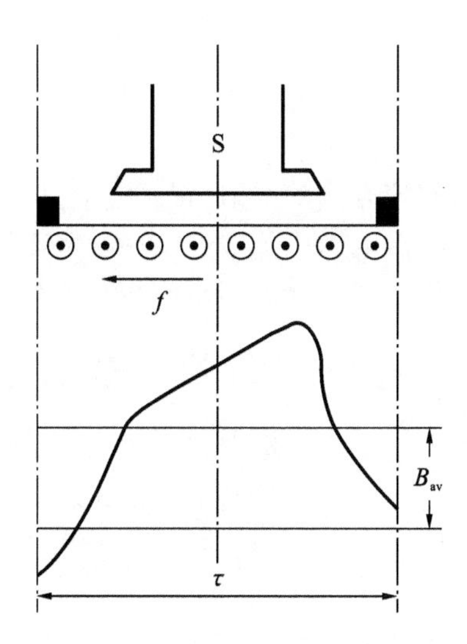

图 1-21　气隙合成磁场的磁通密度分布

1.4.2　直流电机的电磁转矩

电枢绕组中流过电枢电流 I_a 时，元件的导体中流过支路电流为 i_a，成为载流导体，在磁场中受到电磁力的作用。电磁力 f 的方向按左手定则确定，如图 1-21 所示。一根导体所受电磁力为

$$f_{x}=B_{x}li_{a}$$

如果仍把气隙合成磁场看成是均匀的，气隙磁通密度用平均值 B_{av}表示，则每根导体所受电磁力的平均值为

$$f_{av}=B_{av}li_{a}$$

一根导体所受电磁力形成的电磁转矩为

$$T_{av}=f_{av}\frac{D}{2}$$

式中：D 为电枢外径。

由于不同极性磁极下的电枢导体中电流的方向不同，所以电枢所有导体产生的电磁转矩方向都是一致的，因而电枢绕组的电磁转矩等于一根导体电磁转矩的平均值 T_{av}乘以电枢绕组总的匝数 N，即

$$T_{em}=NT_{av}=NB_{av}li_{a}\frac{D}{2}=N\frac{\Phi}{\tau l}l\frac{I_{a}}{2a}\cdot\frac{1}{2}\frac{2p\tau}{\pi}=\frac{pN}{2\pi a}\Phi I_{a}=C_{T}\Phi I_{a} \quad (1\text{-}8)$$

式中：$C_{T}=\frac{pN}{2\pi a}$为直流电机的转矩常数。

磁通的单位用 Wb，电流单位用 A，则电磁转矩 T 的单位为 N·m。

式(1-8)表明，对于已制成的电机，电磁转矩 T_{em}与每极磁通 Φ 和电枢电流 I_a 的乘积成正比。

电枢电动势 $E_a=C_e\Phi n$ 和电磁转矩 $T_{em}=C_T\Phi I_a$ 是直流电机的两个重要公式。对于同一台直流电机，电动势常数 C_e 和转矩常数 C_T 之间的关系为

$$C_{T}=\frac{60a}{2\pi a}C_{e}=9.55C_{e} \quad (1\text{-}9)$$

1.5 直流电动机

按励磁方式的不同，直流电动机分为他励直流电动机、并励直流电动机、串励直流电动机和复励直流电动机等四类。一般情况下，当额定励磁电压与电枢电压相等时，他励和并励直流电动机就无实质性区别。本节重点分析并励直流电动机。

1.5.1 直流电动机的基本方程式

直流电动机的基本方程式主要是指电压平衡方程式、转矩平衡方程式和功率平衡方程式。在列写直流电动机的基本方程式之前，各有关物理量如电压、感应电动势、电流、转矩等，都应事先规定好其参考方向。直流电动机的各物理量的参考方向标定是任意的，一旦标定好后就不应再改变，所有的方程均应按参考方向的标定进行列写。

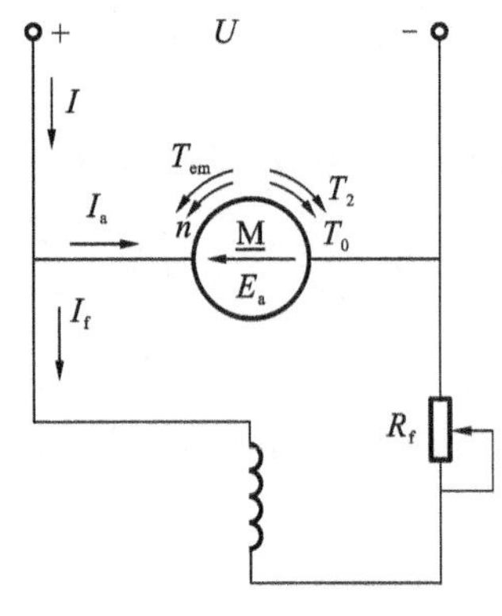

图 1-22 并励直流电动机

图 1-22 所示的为并励直流电动机的示意图。接通直流电源时，励磁绕组中流过励磁电流 I_f，建立主磁场。电枢绕组流过电枢电流 I_a，一方面形成电枢磁动势 F_a，通过电枢反应使主磁场变为气隙合成磁场；另一方面使电枢元件导体中流过支路电流 i_a，与气隙合成磁场作用产生电磁转矩 T_{em}，使电枢沿 T_{em} 的方向以转速 n 旋转。电枢旋转时，电枢导体又切割气隙合成磁场，产生电枢电动势 E_a。在电动机中，电枢电动势 E_a 的方向与电枢电流 I_a 的方向相反，称为反电动势。各物理量按图 1-22 所标定的参考方向称为电动机惯例。

1. 电压平衡方程式

根据图 1-22 所示电动机惯例所设各量的参考方向，可以列出电压平衡方程式为

$$U=E_a+R_aI_a \tag{1-10}$$

式中：R_a 为电枢回路电阻，其中包括电刷和换向器之间的接触电阻。

式(1-10)表明，直流电动机的电枢电动势 E_a 小于端电压 U。

2. 转矩平衡方程式

直流电动机在稳态运行时，作用在电动机轴上的转矩有三个：一是电磁转矩 T_{em}，方向与转速 n 相同，为拖动转矩；二是轴上所带生产机械的负载转矩 T_2，即电动机轴上的输出转矩，其方向与转速 n 相反，为制动性质的转矩；三是电机的机械摩擦以及铁损耗引起的空载转矩 T_0，也为制动性质的转矩。稳态运行时的转矩平衡方程式为

$$T_{em}=T_2+T_0 \tag{1-11}$$

3. 功率平衡方程式

由图 1-22 可知，并励直流电动机电流平衡方程为

$$I=I_a+I_f \tag{1-12}$$

并励直流电动机输入功率为

$$P_1=UI=U(I_a+I_f)$$
$$=(E_a+R_aI_a)I_a+UI_f$$
$$=E_aI_a+R_aI_a^2+R_fI_f^2 \tag{1-13}$$
$$=P_{em}+P_{Cua}+P_{Cuf}$$

式中：$P_{em}=E_aI_a$ 为电磁功率；$P_{Cua}=R_aI_a^2$ 为电枢回路铜损耗；$P_{Cuf}=UI_f=R_fI_f^2$ 为励磁回路铜损耗，其中 R_f 为励磁回路电阻。

电磁功率为

$$P_{em}=E_aI_a=\frac{pN}{60a}\Phi nI_a=\frac{pN}{2\pi a}\Phi I_a\frac{2\pi n}{60}=T_{em}\Omega \tag{1-14}$$

式中：$\Omega=2\pi n/60$ 为电动机的机械角速度，单位是 rad/s。

从 $P_{em}=E_aI_a$ 可知，电磁功率具有电功率性质；从 $P_{em}=T_{em}\Omega$ 可知，电磁功率又具有机械功率性质。

将式(1-11)两边同时乘以机械角速度 Ω，得

$$T_{em}\Omega=T_2\Omega+T_0\Omega$$

即

$$P_{em}=P_2+P_0=P_2+P_{mec}+P_{Fe} \tag{1-15}$$

式中：$P_2=T_2\Omega$ 为轴上输出的机械功率；$P_0=T_0\Omega$ 为空载损耗，包括机械损耗 P_{mec} 和铁损耗 P_{Fe}。

由式(1-13)和式(1-15)可以得到并励直流电动机的功率平衡方程式为

$$P_1=P_2+P_{Cuf}+P_{Cua}+P_{mec}+P_{Fe}=P_2+P_\Sigma \tag{1-16}$$

式中：$P_\Sigma=P_{Cua}+P_{Cuf}+P_{mec}+P_{Fe}$ 为并励直流电动机的总损耗。

由式(1-16)可以作出并励直流电动机的功率流程图，如图 1-23(a)所示。特别要说明的是，对于并励直流电动机来说，励磁回路铜损耗 P_{Cuf} 是由输入功率 P_1 供给；对于他励直流电动机来说，P_{Cuf} 由其他直流电源供给。他励直流电动机的功率流程图如图 1-23(b)所示。

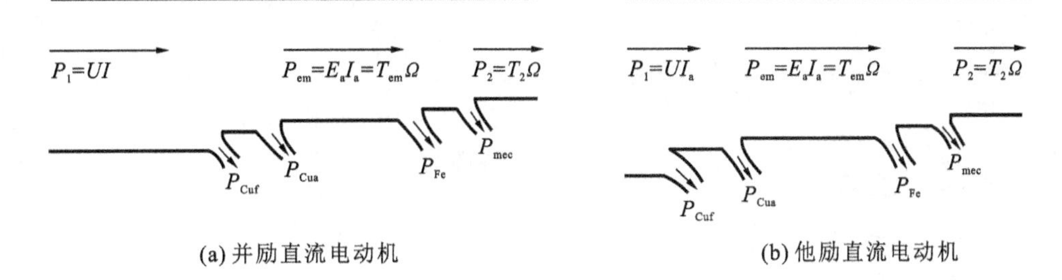

图 1-23 直流电动机功率流程图

直流电动机的效率为

$$\eta=\frac{P_2}{P_1}\times100\%=\left(1-\frac{P_\Sigma}{P_2+P_\Sigma}\right)\times100\% \tag{1-17}$$

【例 1.1】 一台他励直流电动机，$P_N=40$ kW，$U_N=220$ V，$I_N=210$ A，$n_N=1000$ r/min，$R_a=0.075\ \Omega$，$P_{Fe}=1300$ W，试求额定状态下：

(1)输入功率 P_1 和效率 η_N；

(2)电枢回路铜损耗 P_{Cua}、电磁功率 P_{em} 和机械损耗 P_{mec}；

(3)电磁转矩 T_{em}、输出转矩 T_2 和空载转矩 T_0。

解 (1)输入功率为

$$P_1 = U_N I_N = 220 \times 210\ \text{W} = 46200\ \text{W}$$

效率为

$$\eta_N = \frac{P_2}{P_1} \times 100\% = \frac{40 \times 10^3}{46200} \times 100\% = 86.6\%$$

(2)电枢回路铜损耗为

$$P_{Cua} = I_a^2 R_a = 210^2 \times 0.075\ \text{W} = 3307.5\ \text{W}$$

电磁功率为

$$P_{em} = P_1 - P_{Cua} = (46200 - 3307.5)\ \text{W} = 42892.5\ \text{W}$$

机械损耗为

$$P_{mec} = P_0 - P_{Fe} = P_{em} - P_N - P_{Fe} = (42892.5 - 40 \times 10^3 - 1300)\ \text{W} = 1592.5\ \text{W}$$

(3)电磁转矩为

$$T = \frac{P_{em}}{\Omega_N} = \frac{P_{em}}{2\pi n_N/60} = \frac{42892.5}{2\pi \times 1000/60}\ \text{N} \cdot \text{m} = 409.6\ \text{N} \cdot \text{m}$$

输出转矩为

$$T_2 = \frac{P_N}{\Omega_N} = \frac{P_N}{2\pi n_N/60} = \frac{40 \times 10^3}{2\pi \times 1000/60}\ \text{N} \cdot \text{m} = 382\ \text{N} \cdot \text{m}$$

空载转矩为

$$T_0 = T_{em} - T_2 = (409.6 - 382)\ \text{N} \cdot \text{m} = 27.6\ \text{N} \cdot \text{m}$$

1.5.2 并励直流电动机的工作特性

并励直流电动机的工作特性是指当电动机的端电压 $U=U_N$、励磁电流 $I_f=I_{fN}$ 且电枢回路不外串电阻时，转速 n、电磁转矩 T_{em}、效率 η 分别与电枢电流 I_a 之间的关系。

1. 转速特性

当 $U=U_N$、$I_f=I_{fN}$ 时，$n=f(I_a)$ 的关系称为转速特性。

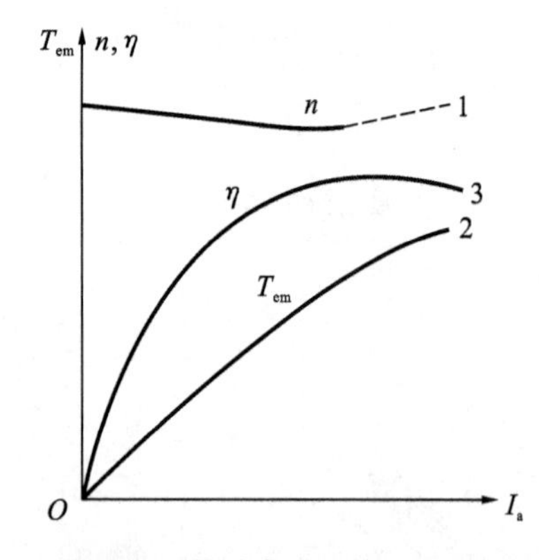

图 1-24 并励电动机的工作特性

1—转速特性；2—转矩特性；3—效率特性

将电动势公式 $E_a=C_e\Phi n$ 代入电压平衡方程 $U=E_a+R_aI_a$，可得转速特性为

$$n = \frac{U_N}{C_e\Phi} - \frac{R_a}{C_e\Phi} I_a \tag{1-18}$$

由式(1-18)可见，如果忽略电枢反应的影响，$\Phi=\Phi_N$ 保持不变，则 I_a 增加时，转速 n 下降。而 R_a 一般很小，转速 n 下降不多，所以 $n=f(I_a)$ 是一条略向下倾斜的直线，如图 1-24 的曲线 1 所示。如果在 I_a 较大时考虑电枢反应去磁作用的影响，则随着 I_a 的增大，Φ 将减小，转速特性出现上翘现象，如图 1-24 曲线 1 的虚线部分所示。

2. 转矩特性

当 $U=U_N$、$I_f=I_{fN}$ 时，$T_{em}=f(I_a)$ 的关系称为转矩特

性。

由电磁转矩公式 $T_{em}=C_T\Phi I_a$ 可知，不考虑电枢反应影响时，$\Phi=\Phi_N$ 不变，T_{em} 与 I_a 成正比，转矩特性为过原点的直线。如果考虑电枢反应的去磁作用，则当 I_a 增大时，转矩特性略微向下弯曲，如图 1-24 的曲线 2 所示。

3. 效率特性

当 $U=U_N$、$I_f=I_{fN}$ 时，$\eta=f(I_a)$ 的关系称为效率特性。

并励直流电动机的效率为

$$\eta=\frac{P_2}{P_1}\times 100\%=(1-\frac{P_\Sigma}{P_1})\times 100\%=\left[1-\frac{P_{Fe}+P_{mec}+P_{Cuf}+P_{Cua}}{U(I_a+I_f)}\right]\times 100\% \qquad (1\text{-}19)$$

式中：铁损耗 P_{Fe}、机械损耗 P_{mec}、励磁绕组的铜损耗 P_{Cuf} 都不随电枢电流变化而变化，亦即不随负载变化而变化，统称为不变损耗；电枢回路的铜损耗 $P_{Cua}=I_a^2R_a$ 与电枢电流的平方成正比，称为可变损耗。

当电枢电流 I_a 开始由零增大时，可变损耗增加缓慢，总损耗变化小，效率 η 明显上升；当忽略式(1-19)分母中的 $I_f(I_f\ll I_a)$ 时，可以由 $\frac{d\eta}{dI_a}=0$ 求得当 I_a 增大到不变损耗等于可变损耗，即

$$P_{Fe}+P_{mec}+P_{Cuf}=I_a^2R_a$$

时，电动机的效率达到最高；当 I_a 再进一步增大时，可变损耗快速增加，此时效率反而略微下降，如图 1-24 的曲线 3 所示。

1.6 直流发电机

根据励磁方式的不同，直流发电机可分为他励直流发电机、并励直流发电机、串励直流发电机和复励直流发电机等四类。本节重点分析他励直流发电机。

1.6.1 直流发电机的基本方程式

在列写直流发电机的基本方程式之前，与电动机类式也应规定好发电机各物理量的参考方向。图 1-25 为一台他励直流发电机的示意图。电枢旋转时，电枢绕组切割主磁通，产生电枢电动势 E_a，如果外电路接有负载，则产生电枢电流 I_a，各物理量按图 1-25 所标定的参考方向称为发电机惯例。

1. 电压平衡方程式

根据图 1-25 所示电枢回路各量参考方向，用基尔霍夫电压定律，可以列出电压平衡方程式为

$$E_a=U+I_aR_a \qquad (1\text{-}20)$$

式(1-20)表明，电枢电动势 E_a 大于端电压 U。

2. 转矩平衡方程式

直流发电机以转速 n 稳态运行时，作用在电机转轴上的

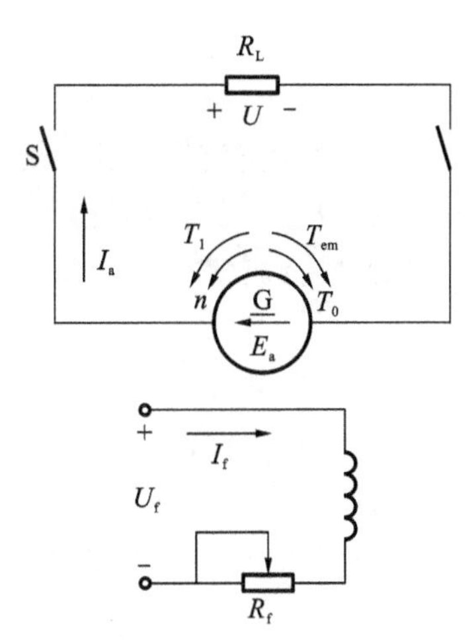

图 1-25 他励直流发电机

转矩有三个：一是原动机的拖动转矩 T_1，其方向与 n 的相同；二是电磁转矩 T_{em}，其方向与 n 的相反，为制动性质的转矩；三是电机的机械摩擦以及铁损耗引起的空载转矩 T_0，也为制动性质的转矩。稳态运行时的转矩平衡方程式为

$$T_1 = T_{em} + T_0 \tag{1-21}$$

3. 功率平衡方程式

将式(1-21)两边乘以发电机的机械角速度 Ω，得

$$T_1\Omega = T_{em}\Omega + T_0\Omega$$

即

$$P_1 = P_{em} + P_0 \tag{1-22}$$

式中：$P_1 = T_1\Omega$ 为原动机输入给发电机的机械功率，即输入功率；$P_{em} = T_{em}\Omega$ 为发电机的电磁功率；$P_0 = T_0\Omega$ 为发电机的空载损耗功率。

电磁功率为

$$P_{em} = T_{em}\Omega = \frac{pN}{2\pi a}\Phi I_a \frac{2\pi n}{60} = \frac{pN}{60a}\Phi I_a n = E_a I_a$$

与直流电动机一样，直流发电机的电磁功率既具有机械功率的性质，又具有电功率的性质。

直流发电机的空载损耗 P_0 也包括机械损耗 P_{mec} 和铁损耗 P_{Fe} 两部分。

将式(1-20)两边同乘以电枢电流 I_a，得

$$E_a I_a = UI_a + R_a I_a^2$$

即

$$P_{em} = P_2 + P_{Cua} \tag{1-23}$$

式中：$P_2 = UI_a$ 为他励直流发电机输出给负载的电功率；$P_{Cua} = R_a I_a^2$ 为电枢回路铜损耗。

综合以上功率关系，可得他励直流电动机功率平衡方程式为

$$P_1 = P_{em} + P_0 = P_2 + P_{Cua} + P_{Fe} + P_{mec} \tag{1-24}$$

如发电机为并励直流发电机，则有

$$I_a = I + I_f$$

$$\begin{aligned} P_{em} &= E_a I_a = U(I + I_f) + R_a I_a^2 \\ &= UI + UI_f + R_a I_a^2 \\ &= P_2 + P_{Cuf} + P_{Cua} \end{aligned} \tag{1-25}$$

式中：I 为并励直流发电机出线端电流，也即负载电流；$P_2 = UI$ 为并励直流发电机输出给负载的电功率；$P_{Cuf} = UI_f$ 为励磁回路铜损耗。

则并励直流发电机功率平衡方程式为

$$P_1 = P_{em} + P_0 = P_2 + P_{Cuf} + P_{Cua} + P_{Fe} + P_{mec} \tag{1-26}$$

直流发电机的功率流程图，如图 1-26 所示。对于他励直流发电机，P_{Cuf} 由其他直流电源供给，不在 P_1 的范围内，如图 1-26(a)所示；对于并励直流发电机，P_{Cuf} 由发电机本身供给，是 P_1 的一部分，如图 1-26(b)所示。

一般情况下，直流发电机的总损耗为

$$P_\Sigma = P_{Cua} + P_{Cuf} + P_{mec} + P_{Fe}$$

直流发电机的效率为

$$\eta=\frac{P_2}{P_1}\times 100\%=(1-\frac{P_\Sigma}{P_2+P_\Sigma})\times 100\%$$

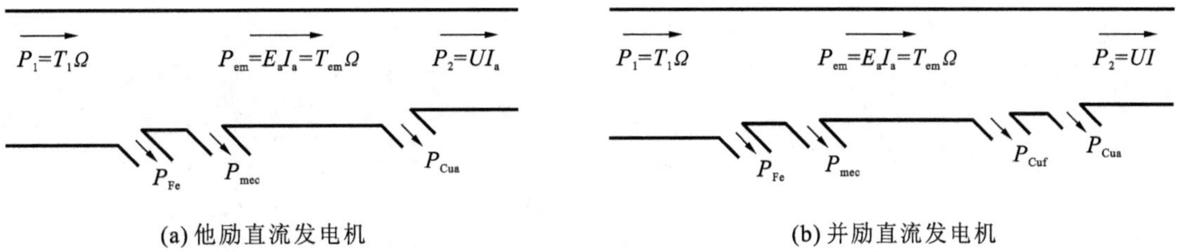

(a) 他励直流发电机

(b) 并励直流发电机

图 1-26 直流发电机的功率流程图

【例 1.2】 一台并励直流发电机，$P_N=20$ kW，$U_N=230$ V，$n_N=1500$ r/min，$P_{mec}=700$ W，$P_{Fe}=300$ W，电枢回路总电阻 $R_a=0.16\ \Omega$，励磁回路总电阻 $R_f=75\ \Omega$。试求额定状态下：

(1)电枢回路铜损耗 P_{Cua}、励磁回路铜损耗 P_{Cuf} 和电磁功率 P_{em}；

(2)总损耗 P_Σ、输入功率 P_1 和效率 η_N。

解 (1)额定电流为

$$I_N=\frac{P_N}{U_N}=\frac{20\times 10^3}{230}\ \text{A}=86.96\ \text{A}$$

励磁电流为

$$I_f=\frac{U_N}{R_f}=\frac{230}{75}\ \text{A}=3.07\ \text{A}$$

电枢电流为

$$I_a=I_N+I_f=(86.96+3.07)\ \text{A}=90\ \text{A}$$

电枢回路铜损耗为

$$P_{Cua}=I_a^2R_a=90^2\times 0.16\ \text{W}=1296\ \text{W}$$

励磁回路铜损耗为

$$P_{Cuf}=I_f^2R_f=3.07^2\times 75\ \text{W}=706.9\ \text{W}$$

电磁功率为

$$P_{em}=P_2+P_{Cua}+P_{Cuf}=(20\times 10^3+1296+706.9)\ \text{W}=22002.9\ \text{W}$$

(2)总损耗为

$$P_\Sigma=P_{Cua}+P_{Cuf}+P_{mec}+P_{Fe}=(1296+706.9+700+300)\ \text{W}=3002.9\ \text{W}$$

输入功率为

$$P_1=P_2+P_\Sigma=(20\times 10^3+3002.9)\ \text{W}=23002.9\ \text{W}$$

效率为

$$\eta_N=\frac{P_2}{P_1}\times 100\%=\frac{20\times 10^3}{23002.9}\times 100\%=86.9\%$$

1.6.2 他励直流发电机的运行特性

从直流发电机的基本方程式看出，有四个主要物理量，它们的大小决定发电机的特性。这四个物理量是：电枢端电压 U、励磁电流 I_f、负载电流 I（他励时 $I=I_a$）、电机转速 n。其中，转速 n 由原动机确定，一般保持为额定值不变。因此，运行特性就是 U、I_f、I 三个物理量保持其中一个不变时，另外两个物理量之间的关系。

1. 空载特性

当 $n=n_N$，$I=0$ 时，端电压 U_0 与励磁电流 I_f 之间的关系 $U_0=f(I_f)$ 称为空载特性，如图1-27所示。由于铁磁材料的磁滞现象，特性的上升分支曲线 3（I_f 连续增大）和下降分支曲线 1（I_f 连续减小）不重合，一般取其平均值作为电机的空载特性，称为平均空载特性，如图 1-27 曲线 2 所示。空载时，他励发电机电枢端电压 $U_0=E_a=C_e\Phi_0 n$，当 $n=n_N$ 时，$U_0\propto\Phi_0$，因此空载特性 $U_0=f(I_f)$ 与电机的空载磁化特性 $\Phi_0=f(I_f)$（见图 1-16）相似，都是一条饱和曲线。一般情况下，发电机的额定电压处于空载特性曲线开始弯曲的线段上。图中 $I_f=0$ 时，$U_0=E_r$ 为剩磁电压，是额定电压的 2%～4%。

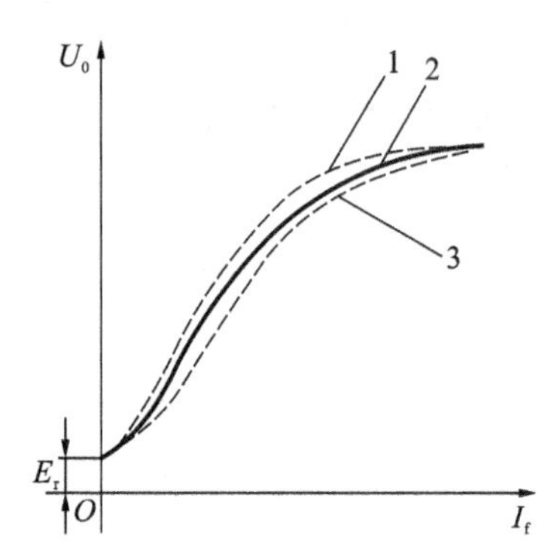

图 1-27　他励直流发电机的空载特性曲线

2. 外特性

当 $n=n_N$，$I_f=I_{fN}$ 时，端电压 U 与负载电流 I 之间的关系 $U=f(I)$ 称为外特性，如图 1-28 所示。

从图 1-28 中可看出，他励直流发电机的负载电流 I（即电枢电流 I_a）增大时，端电压会有所下降。根据发电机电压平衡方程 $U=C_e\Phi n-R_a I$ 可知，电压下降的原因有两个：一是当 I 增大时，电枢回路电阻上压降 $R_a I_a$ 增大，引起端电压下降；二是 I 增大时，电枢磁动势增大，电枢反应的去磁作用使每极磁通 Φ 减小，从而使 E_a 减小，引起端电压下降。

由空载到额定负载，电压下降程度可用电压变化率表示，即

$$\triangle u\%=\frac{U_0-U_N}{U_N}\times 100\% \tag{1-27}$$

式中：U_0 为空载时端电压。一般他励直流发电机的电压变化率为 5%～10%。

3. 调节特性

当 $n=n_N$，$U=$常数时，励磁电流 I_f 与负载电流 I 之间的关系 $I_f=f(I)$ 称为调节特性，如图 1-29 所示。由图可知调节特性是随负载电流增大而上翘的，这是因为随着负载电流的增大，电压有下降趋势，为维持电压不变，就必须增大励磁电流，以减小电枢回路电阻压降增大和电枢反应去磁作用增大的影响。

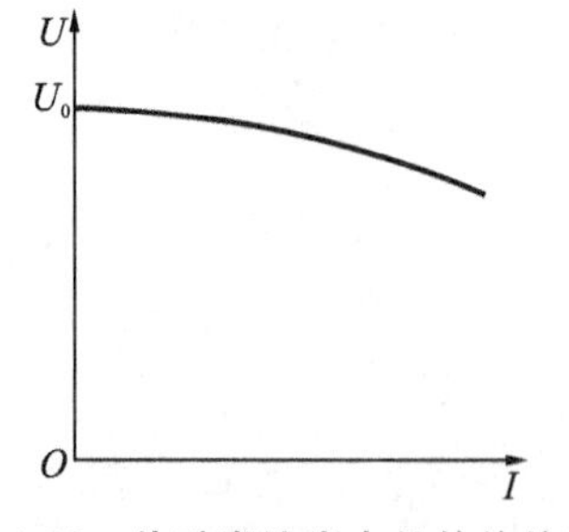

图 1-28　他励直流发电机的外特性

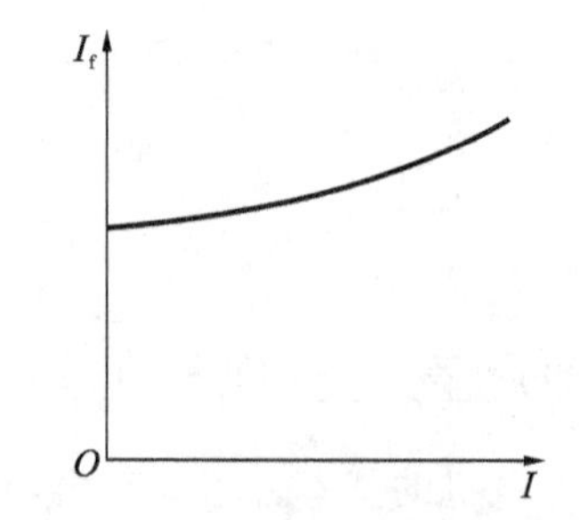

图 1-29　他励直流发电机的调节特性

思考题与习题

1.1 在直流电机中，为什么电枢导体中的感应电动势为交流，而由电刷引出的电动势却为直流？电刷与换向器的作用是什么？

1.2 简述直流电机的主要结构部件及作用。

1.3 直流电动机的额定功率是如何定义的？

1.4 怎样判断一台直流电机运行在发电机状态还是运行在电动机状态？它们的 T_{em} 与 n、E_a 与 I_a 的方向有何不同？能量转换关系有何不同？

1.5 一台直流电动机的额定数据为：$P_N=20$ kW，$U_N=220$ V，$n_N=1500$ r/min，$\eta_N=85\%$。试求：(1)额定电流 I_N；(2)额定负载时的输入功率 P_{1N}。

1.6 一台直流发电机的额定数据为：$P_N=10$ kW，$U_N=230$ V，$n_N=1480$ r/min，$\eta_N=83\%$。试求：(1)额定电流 I_N；(2)额定负载时的输入功率 P_{1N}。

1.7 一台他励直流电机，磁极对数 $p=2$，并联支路对数 $a=1$，电枢总导体数 $N=372$，电枢回路总电阻 $R_a=0.208\ \Omega$，运行在 $U=220$ V，$n=1500$ r/min，$\Phi=1.1\times10^{-2}$ Wb 的情况下。$P_{Fe}=300$ W，$P_{mec}=200$ W。试问：(1)该电机运行在发电机状态还是电动机状态？(2)电磁转矩多大？(3)输入功率、输出功率、效率各是多少？

1.8 一台并励直流电动机的额定数据为：$U_N=220$ V，$I_N=80$ A，$R_a=0.08\ \Omega$，$R_f=88\ \Omega$，$\eta_N=85\%$，试求额定运行时：(1)输入功率和输出功率；(2)总损耗；(3)电枢回路铜损耗和励磁回路铜损耗；(4)机械损耗与铁损耗之和。

1.9 一台并励直流电动机的额定数据为：$P_N=17$ kW，$I_N=92$ A，$U_N=220$ V，$R_a=0.08\ \Omega$，$R_f=88\ \Omega$，$n_N=1500$ r/min。试求额定运行时：(1)电枢电流和电枢电动势；(2)电磁功率、电磁转矩及效率。

1.10 一台并励直流发电机，电枢回路总电阻 $R_a=0.2\ \Omega$，励磁回路电阻 $R_f=50\ \Omega$，当端电压 $U_N=220$ V，负载电阻 $R_L=4\ \Omega$ 时，试求：(1)励磁电流和负载电流；(2)电枢电流和电枢电动势；(3)输出功率和电磁功率。

第 2 章 直流电动机的电力拖动

电动机作为原动机来带动生产机械工作的方式称为电力拖动。电力拖动系统一般由电动机、传动机构、生产机械、自动控制装置和电源五部分组成。

本章首先介绍电力拖动系统的运动方程式和负载转矩特性，然后介绍他励直流电动机的机械特性和电力拖动系统的稳定运行条件，再详细介绍他励直流电动机的启动、调速和制动方法。

2.1 电力拖动系统的运动方程式和负载转矩特性

2.1.1 电力拖动系统的运动方程式

1. 运动方程式

在生产实际中，生产机械种类繁多，运动形式也各不相同，但比较典型的电力拖动系统主要有两大类：单轴电力拖动系统和多轴电力拖动系统。本节主要分析最简单的单轴电力拖动系统的各种转矩和运行方程式。

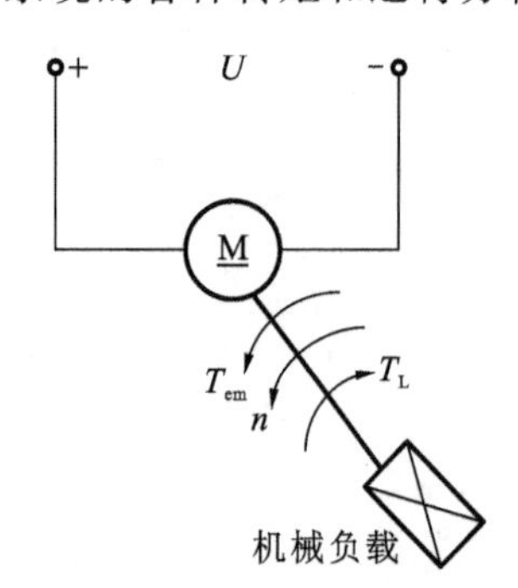

图 2-1 单轴电力拖动系统

所谓单轴电力拖动系统，就是电动机的转轴直接拖动生产机械运转的系统，如图 2-1 所示。图中，电动机的电磁转矩 T_{em} 的方向与转速 n 同方向，是驱动性质的转矩；生产机械的负载转矩 T_L 的方向与转速 n 反方向，是制动性质的转矩。如果忽略电动机的空载转矩 T_0，根据旋转运动系统的牛顿第二定律，可得

$$T_{em}-T_L=J\frac{d\Omega}{dt} \tag{2-1}$$

式中：J 为运动系统的转动惯量（kg・m^2）；Ω 为系统旋转的角速度（rad/s）；$J\frac{d\Omega}{dt}$为系统的惯性转矩（N・m）。

在实际工程计算中，常用飞轮惯量或飞轮矩 GD^2（N・m^2）代替转动惯量 J 表示系统的机械惯性，用转速 n 代替角速度 Ω 表示系统的转动速度。GD^2 与 J 之间的关系为

$$J=m\rho^2=\frac{GD^2}{4g} \tag{2-2}$$

式中：m 和 G 分别为系统转动部分的质量（kg）和重力（N）；ρ 和 D 分别为系统转动部分的惯性半径和惯性直径（m）；g 为重力加速度，$g=9.8\ \mathrm{m/s^2}$。

角速度 Ω 与转速 n 的关系为

$$\Omega=\frac{2\pi n}{60} \tag{2-3}$$

将式(2-2)和式(2-3)代入式(2-1)，可得运动方程的实用形式，即

$$T_{em}-T_L=\frac{GD^2}{375}\cdot\frac{dn}{dt} \tag{2-4}$$

由式(2-4)可知，系统的旋转运动可分为三种状态。

(1)当 $T_{em}>T_L$ 时，$\frac{dn}{dt}>0$，系统处于加速运行状态。

(2)当 $T_{em}<T_L$ 时，$\frac{dn}{dt}<0$，系统处于减速运行状态。

(3)当 $T_{em}=T_L$ 时，$\frac{dn}{dt}=0$，系统处于静止或恒转速运行状态。

由此可见，当$\frac{dn}{dt}\neq 0$ 时，系统就处于加速或减速运行，即处于动态；当$\frac{dn}{dt}=0$ 时，系统处于稳态。

2. 运动方程式中转矩正、负号的规定

在电力拖动系统中，随着生产机械负载类型和工作状况的不同，电动机的运行状态将发生变化，即电动机的电磁转矩并不都是驱动性质的转矩，生产机械的负载转矩也并不都是制动转矩，它们的大小和方向都可能随系统运行状态的不同而发生变化。因此式(2-4)中的 T_{em}和 T_L 是带有正、负号的代数量。一般规定如下。

首先选定电动机处于电动状态时的旋转方向为转速 n 的正方向，然后按照下列规则确定转矩的正、负号。

(1)电磁转矩 T_{em}的方向与转速 n 的正方向相同时为正，相反时为负。

(2)负载转矩 T_L 的方向与转速 n 的正方向相反时为正，相同时为负。

2.1.2 负载转矩特性

电力拖动系统的运行状态取决于电动机和负载双方，在分析系统运行状态前，必须知道电动机的电磁转矩 T_{em}、负载转矩 T_L 与转速 n 之间的关系。电动机的电磁转矩与转速的关系称为机械特性，即 $n=f(T_{em})$，这将在下一节介绍。生产机械的负载转矩与转速的关系称为负载转矩特性，即 $n=f(T_L)$。大多数生产机械的负载转矩特性可归纳为下列三种类型。

1. 恒转矩负载特性

所谓恒转矩负载特性，是指生产机械的负载转矩 T_L 的大小与转速 n 无关的特性，即无论转速 n 如何变化，负载转矩 T_L 的大小都保持不变。恒转矩负载又分为反抗性恒转矩负载和位能性恒转矩负载等两种。

1)反抗性恒转矩负载

这类负载又称为摩擦转矩负载，其特点是，负载转矩的大小恒定不变，而负载转矩的方向总是与转速的方向相反，即负载转矩的性质总是起反抗运动作用的制动转矩性质。根据 2.1.1 节中对 T_L 的正负号的规定，对于反抗性恒转矩负载，当 n 为正方向时，T_L 方向与 n 的正方向相反，T_L 为正，负载特性曲线位于第一象限；当 n 为反方向时，T_L 方向与 n 的反方向相反，即与 n 的正方向相同，T_L 为负，负载特性曲线位于第三象限，如图 2-2 所示。皮带运输机、轧钢机、机床的刀架平移和行走机构等由摩擦力产生转矩的机械的拖动都属于反抗性恒转矩负载。

2)位能性恒转矩负载

这类负载是由拖动系统中某些具有位能的部件(如起重类型负载中的重物)造成,其特点是,负载转矩的大小和方向都恒定不变。例如,起重机带重物升降运动,无论是提升还是下放重物,由物体重力所产生的负载转矩的方向是不变的。如图 2-3 所示,设提升作为 n 的正方向,提升重物的 T_L 的方向与 n 的方向相反,则 T_L 为正,负载特性曲线位于第一象限;下放时,n 为负,而 T_L 的方向不变,其符号仍旧为正,负载特性曲线位于第四象限。

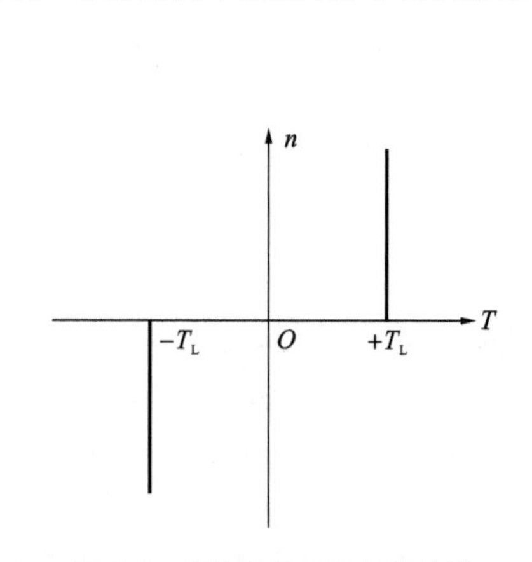

图 2-2　反抗性恒转矩负载特性

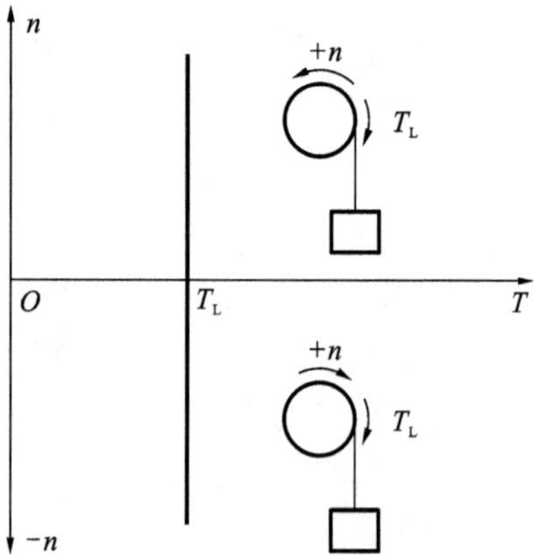

图 2-3　位能性恒转矩负载特性

2. 恒功率负载特性

这类负载的特点是,当转速 n 变化时,负载从电动机轴上吸收的功率基本不变。负载从电动机吸收的功率就是电动机轴上输出的功率,即

$$P_2 = T_L \Omega = \frac{2\pi}{60} T_L n$$

当 P_2 为常数时,负载转矩 T_L 与转速 n 成反比,恒功率负载特性曲线是一条双曲线,如图 2-4 所示。

某些生产工艺过程,要求具有恒功率负载特性,例如,车床的切削,粗加工时切削量大,阻力矩较大,要低速切削;精加工时切削量小,阻力矩也小,可高速切削。这样在高低转速下的功率大体保持不变。

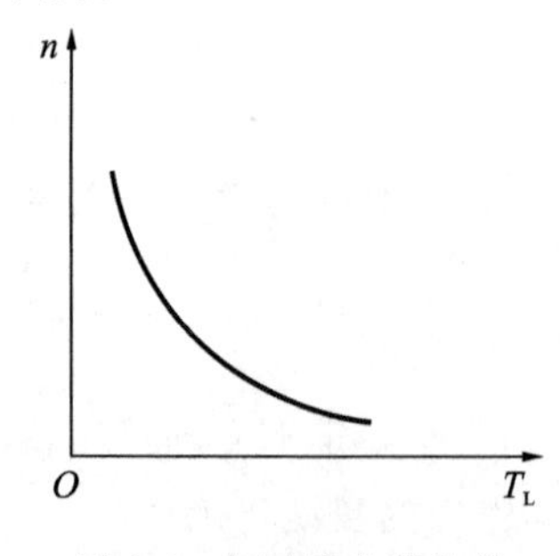

图 2-4　恒功率负载特性

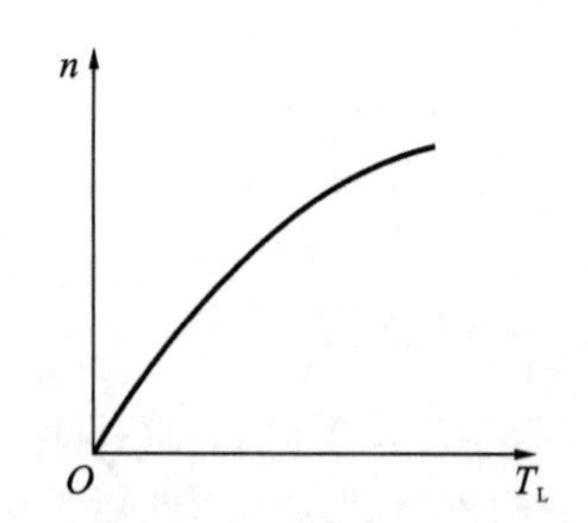

图 2-5　泵与风机类负载特性

3. 泵与风机类负载特性

水泵、油泵、通风机和螺旋桨等都属于此类负载,其特点是负载转矩的大小与转速的平方成正比,即 $T_L \propto Kn^2$,其中 K 是比例系数。这类机械的负载特性曲线是一条抛物线,如图 2-5 所示。

2.2　他励直流电动机的机械特性

2.2.1　机械特性的表达式

直流电动机的机械特性是指在电动机的电枢电压、励磁电流、电枢回路电阻为恒值的条件下，电动机的转速 n 与电磁转矩 T_{em} 之间的关系，即 $n=f(T_{em})$。机械特性是电动机机械性能的具体表现，它与拖动系统的运动方程式密切相关，将决定拖动系统稳态运行及动态过程的工作情况。

图 2-6 所示的是他励直流电动机的电路原理图。图中 U 为外施电源电压；E_a 为电枢电动势；I_a 为电枢电流；R_a 为电枢电阻；R_Ω 为电枢回路外串电阻，作启动或调速用；T_{em} 为电动机的电磁转矩；n 为电动机转速；U_f 为励磁电压；I_f 为励磁电流；R_f 为励磁绕组电阻；R'_f 为励磁回路外串电阻，用来调节励磁电流 I_f，从而改变磁通 Φ 的大小。

按图 2-6 标明的各个量的参考方向，可以列出电枢回路的电压平衡方程式为

$$U=E_a+RI_a \tag{2-5}$$

式中：$R=R_a+R_\Omega$ 为电枢回路总电阻。

将电枢电动势 $E_a=C_e\Phi n$ 和电磁转矩 $T_{em}=C_T\Phi I_a$ 代入式(2-5)，可得他励直流电动机的机械特性方程式为

$$n=\frac{U}{C_e\Phi}-\frac{R}{C_eC_T\Phi^2}T_{em} \tag{2-6}$$

电动机理想空载运行时，忽略空载转矩 T_0，则有 $T_{em}\approx T_L=0$，此时 $n=\dfrac{U}{C_e\Phi}=n_0$，其中 n_0 为理想空载转速。电动机实际空载运行时，摩擦等原因使系统存在一定的空载转矩 T_0，电动机必须克服空载转矩，即 $T_{em}=T_0$，此时 $n=\dfrac{U}{C_e\Phi}-\dfrac{R}{C_eC_T\Phi^2}T_0=n'_0$，其中 n'_0 为实际空载转速。电动机的实际空载转速 n'_0 比理想空载转速 n_0 略低。由式(2-6)可知，当 U、R、Φ 为常数时，他励直流电动机的机械特性曲线是一条向下倾斜的直线，如图 2-7 所示。

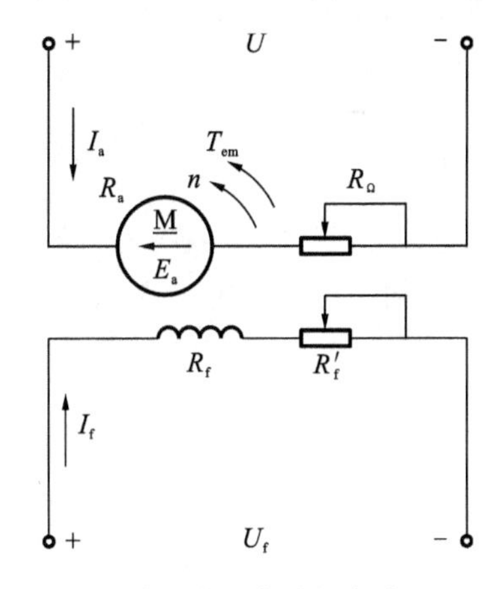

图 2-6　他励直流电动机电路原理图

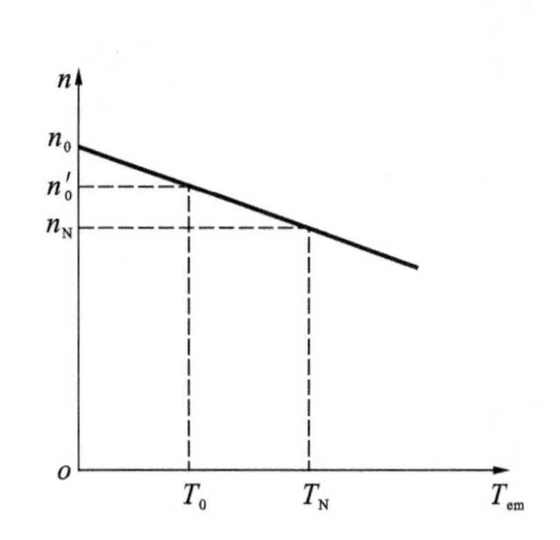

图 2-7　他励直流电动机的机械特性

式(2-6)还可以表示为

$$n=n_0-\beta T_{em}=n_0-\Delta n \tag{2-7}$$

式中:$\beta=\dfrac{R}{C_eC_T\Phi^2}$为机械特性的斜率,$\Delta n=\beta T_{em}$为转速降。

当电磁转矩一定时,β越大,Δn越大,机械特性曲线越陡,称为软特性;β越小,Δn越小,机械特性曲线越平坦,称为硬特性。

由$T_{em}=C_T\Phi I_a$可知,当励磁磁通Φ保持不变时,电磁转矩T_{em}与电枢电流I_a成正比,则机械特性方程式(2-6)也可用转速特性代替,即

$$n=\frac{U}{C_e\Phi}-\frac{R}{C_e\Phi}I_a \tag{2-8}$$

2.2.2 固有机械特性和人为机械特性

1. 固有机械特性

当$U=U_N$,$\Phi=\Phi_N$,$R=R_a(R_\Omega=0)$时的机械特性称为固有机械特性,其方程式为

$$n=\frac{U_N}{C_e\Phi_N}-\frac{R_a}{C_eC_T\Phi_N^2}T_{em} \tag{2-9}$$

因为电枢电阻R_a很小,则机械特性斜率β很小,转速降Δn也很小,所以他励直流电动机的固有机械特性是硬特性。

2. 人为机械特性

人为地改变电动机的参数,如电枢回路串电阻、改变电压U、改变励磁电流I_f(即改变磁通Φ)所得到的机械特性称为人为机械特性。

1)电枢回路串电阻时的人为特性

保持$U=U_N$,$\Phi=\Phi_N$不变,只在电枢回路中串入电阻R_Ω时的人为特性方程为

$$n=\frac{U_N}{C_e\Phi_N}-\frac{R_a+R_\Omega}{C_eC_T\Phi_N^2}T_{em} \tag{2-10}$$

与固有特性相比,电枢回路串电阻时的人为特性的特点如下。

(1)理想空载转速n_0不变,斜率β随串联电阻R_Ω的增大而增大。

(2)β越大,特性越软。

改变R_Ω大小,可以得到一簇通过理想空载转速点的放射形直线,如图2-8所示。

2)降低电枢电压时的人为特性

由于电动机的工作电压以额定电压为上限,因此电压只能在低于额定电压的范围内变化。保持$R=R_a(R_\Omega=0)$,$\Phi=\Phi_N$不变,只改变电枢电压U时的人为特性方程为

$$n=\frac{U}{C_e\Phi_N}-\frac{R_a}{C_eC_T\Phi_N^2}T_{em} \tag{2-11}$$

与固有特性相比,降低电枢电压时的人为特性的特点如下。

(1)斜率β不变,对应不同电压的人为特性曲线互相平行。

(2)理想空载转速n_0随电枢电压U的降低而正比例减小。

降低电枢电压时的人为特性是位于固有特性曲线下方、且与固有特性曲线平行的一组直

线，如图 2-9 所示。

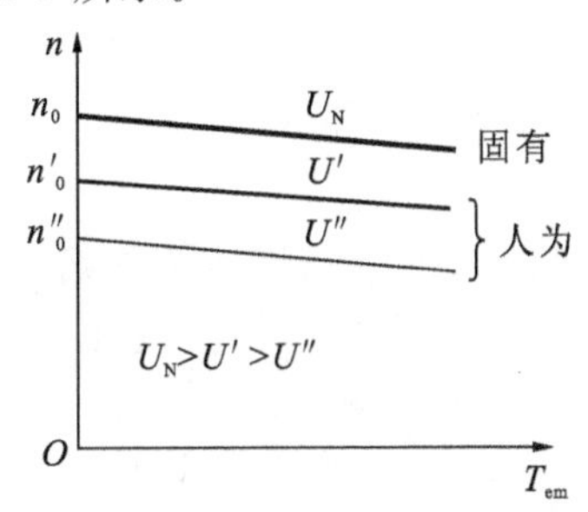

图 2-8　电枢回路串电阻时的人为特性

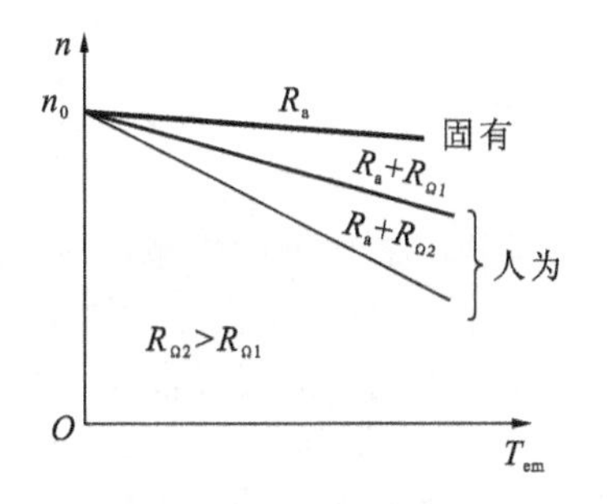

图 2-9　降低电枢电压时的人为特性

3)减弱励磁磁通时的人为特性

一般电动机在额定磁通下运行时，电动机磁路已接近饱和，因此要改变磁通，只能是减弱磁通。由图 2-6 可知，改变励磁回路调节电阻 R'_f，就可以改变励磁电流，从而改变励磁磁通。

保持 $R=R_a(R_\Omega=0)$，$U=U_N$ 不变，只减弱磁通时的人为特性方程为

$$n=\frac{U_N}{C_e\Phi}-\frac{R_a}{C_eC_T\Phi^2}T_{em} \tag{2-12}$$

与固有特性相比，减弱励磁磁通时的人为特性的特点如下。

(1)减弱磁通会使 n_0 升高，n_0 与 Φ 成反比；

(2)减弱磁通会使斜率 β 增大，β 与 Φ^2 成反比。

因此，减弱励磁磁通时的人为特性曲线是一簇既不平行又非放射形的直线。磁通减弱时，特性曲线上移，而且变软，如图 2-10 所示。

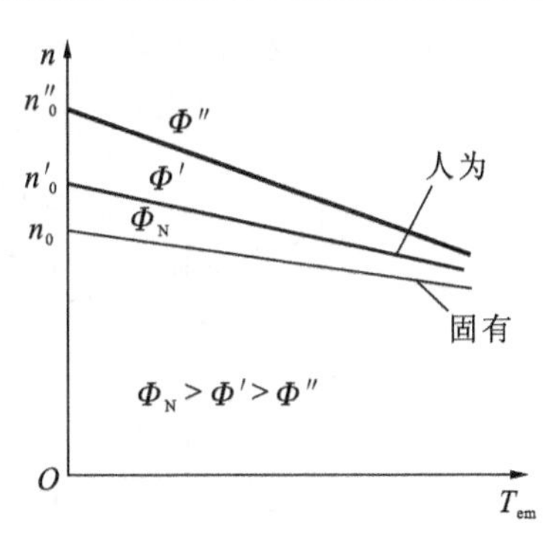

图 2-10　减弱磁通时的人为特性

2.2.3　电力拖动系统稳定运行条件

原来处于某一转速下运行的电力拖动系统，由于受到外界某种短时的扰动，如负载的突然变化或电网电压波动等，其转速会发生变化，离开了原来的平衡状态。如果系统在新的条件下能够达到新的平衡，或者在外界的扰动消失后，系统能恢复到原来的转速，就称该系统稳定运行，否则称为不稳定运行，这时即使外界的扰动完全消失，系统转速也会或是无限制地上升，或是一直下降，直到停止运行。

2.1 节已分析过，由拖动系统的运动方程 $T_{em}-T_L=\frac{GD^2}{375}\cdot\frac{dn}{dt}$可知，当$\frac{dn}{dt}=0$，$T_{em}=T_L$ 时，系统处于稳定运行状态。所以，为使拖动系统能稳定运行，要求电动机的机械特性和生产机械的负载特性必须配合得当，且两特性的曲线要有交点。为分析问题方便，可把电动机的机械特性曲线和生产机械的负载特性曲线画在同一坐标图中。

当电动机的机械特性曲线是一条向下倾斜的直线时，如图 2-11 所示的曲线 1，电动机拖动恒转矩负载如图 2-11 所示的曲线 2，两曲线相交于 A 点，在 A 点，$T_{em}=T_{L1}$，系统稳定运行。当出现扰动，如负载增加时，其特性对应于图 2-11 所示的曲线 3。由于机械惯性原因，转速 n

与电磁转矩 T_{em} 不能突变，此时在 A 点 $T_{em}<T_{L2}$，系统开始减速，随着 n 的下降，电枢电动势 $E_a=C_e\Phi n$ 也将下降，电枢电流 $I_a=(U_N-E_a)/R_a$ 将增加，电磁转矩 T_{em} 随 I_a 的增加而增加。工作点由 A 点沿曲线 1 移向 B 点，到 B 点时有 $T_{em}=T_{L2}$，系统进入新的较低转速的稳定点运行。

如果电动机具有向上的机械特性曲线，如图 2-12 所示的曲线 1，与恒转矩负载特性曲线 2 交于 A 点，此时 $T_{em}=T_L$，系统稳定运行。若扰动使转速获得一个微小的增量 Δn，转速由 n_A 上升到 $n_A+\Delta n$，此时 $T_{em}>T_L$，即使扰动消失了，系统也将一直加速，不可能回到 A 点运行。若扰动使转速由 n_A 下降到 $n_A-\Delta n$，则 $T_{em}<T_L$，系统将一直减速，也不可能回到 A 点运行，所以这样的拖动系统的运行是不稳定的。

通过以上分析，得出电力拖动系统稳定运行的必要和充分条件如下。

(1)电动机的机械特性与生产机械的负载特性有交点，即存在 $T_{em}=T_L$；

(2)在交点所对应的转速以上，$T_{em}<T_L$；而在交点的转速以下，$T_{em}>T_L$。

一般情况下只要电动机具有下降的机械特性，就能满足稳定运行条件。

应当指出的是，上述电力拖动系统的稳定运行条件，无论对直流电动机还是交流电动机都是适用的，具有普遍的意义。

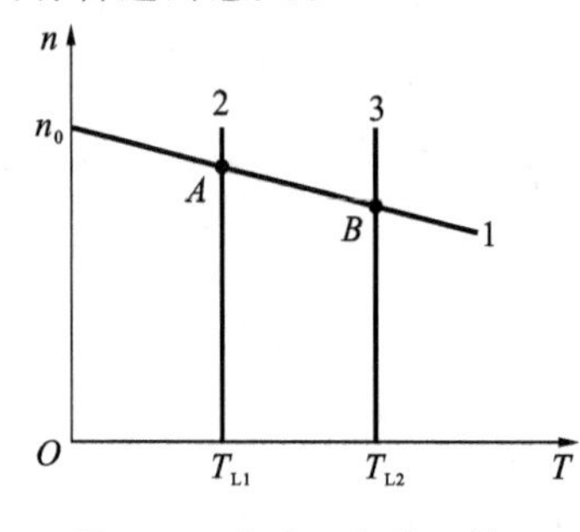

图 2-11　稳定运行的系统

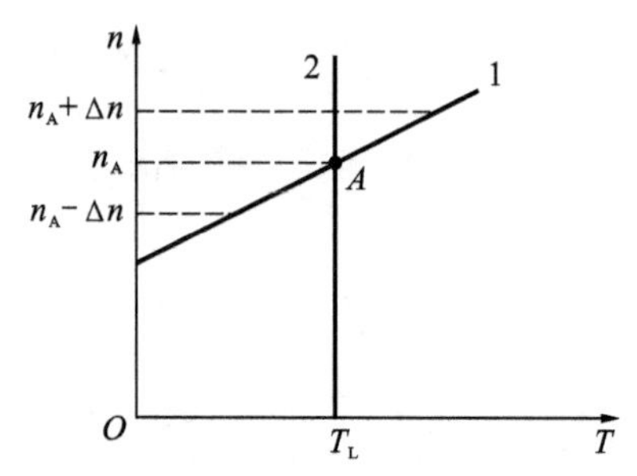

图 2-12　不稳定运行的系统

2.3　他励直流电动机的启动

电动机的启动是指电动机接通电源后，由静止状态加速到稳定运行状态的过程。电动机在启动瞬间($n=0$)的电磁转矩称为启动转矩，用 T_{st} 表示；启动瞬间的电枢电流称为启动电流，用 I_{st} 表示。

对直流电动机的启动，一般有如下要求。

(1)有足够大的启动转矩。

(2)启动电流要小。

(3)启动设备要简单、可靠、经济。

直流电动机的启动方式有三种：直接启动、电枢回路串电阻启动、降压启动。无论采用哪种启动方法，启动时都应保证电动机的磁通达到最大值。由 $T_{st}=C_T\Phi I_{st}$ 可知，在同样的启动电流下，Φ 越大则 T_{st} 越大；而在同样的启动转矩下，Φ 越大则 I_{st} 可以越小。

2.3.1　直接启动

直接将额定电压加至电枢两端的启动方式，称为直接启动。启动初始时，$n=0$，电枢电动

势 $E_a=C_e\Phi n=0$，此时电动机的启动电流为

$$I_{st}=\frac{U_N-E_a}{R_a}=\frac{U_N}{R_a} \tag{2-13}$$

由于电动机的电枢电阻 R_a 很小，若在额定电压下直接启动，则 I_{st} 会很大，可达额定电流的 10～20 倍。过大的启动电流会引起电网电压的波动，影响同一电网上其他电气设备的正常运行；会使电动机的换向困难，换向器表面产生强烈的环火；从启动转矩 $T_{st}=C_T\Phi I_{st}$ 方面看，过大的启动电流还会使启动转矩过大，造成机械冲击，易使设备受损。因此，除了微型直流电动机电枢电阻 R_a 相对较大，可以直接启动外，一般直流电动机是不允许直接启动的。

为了限制启动电流，他励直流电动机通常采用电枢回路串电阻启动或降低电枢电压启动。

2.3.2　电枢回路串电阻启动

1. 启动过程

电动机启动前，励磁回路调节电阻应调为零，使励磁电流 I_f 达到最值，以保证磁通 Φ 最大。电枢回路串接启动电阻 R_{st}，电动机加上额定电压，这时启动电流为

$$I_{st}=\frac{U_N}{R_a+R_{st}} \tag{2-14}$$

式中：R_{st} 值应使 I_{st} 不大于允许值，对于普通直流电动机，可取 $I_{st}\leqslant(1.5\sim2)I_N$。

在启动电流产生的启动转矩作用下，电动机开始转动并逐渐加速，随着转速 n 的升高，电枢电动势（$E_a=C_e\Phi n$）逐渐增大，导致电枢电流（$I_a=\dfrac{U_N-E_a}{R_a+R_{st}}$）逐渐减小，电磁转矩（$T_{em}=C_T\Phi I_a$）也随之减小，这样转速的上升就逐渐缓慢下来。为了缩短启动时间，保证电动机在启动过程中的加速度不变，就要求在启动过程中电枢电流维持不变，因此随着电动机转速的升高，应将启动电阻平滑地切除，最后使电动机转速达到运行值。

一般在电枢回路中串入多级电阻，在启动过程中逐级加以切除。启动电阻的级数越多，启动过程就越快且越平稳，但自动切除各级启动电阻的控制设备也越复杂，投资也越大。为此，一般空载启动时取 1～2 级，重载启动时取 3～4 级。下面对电枢串多级电阻的启动过程进行定性分析。图 2-13 所示的是采用三级电阻启动时电动机的电路原理图及其机械特性曲线。

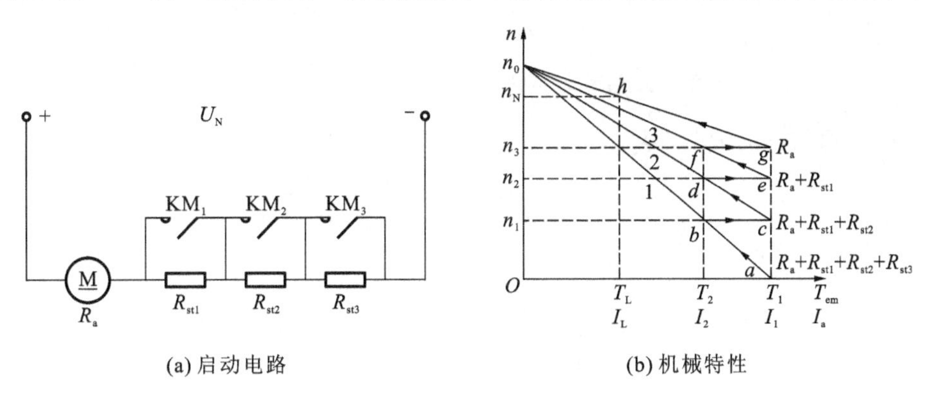

(a) 启动电路　　(b) 机械特性

图 2-13　他励直流电动机三级电阻启动

$R_{st1}\sim R_{st3}$ 为启动电阻，$KM_1\sim KM_3$ 为接触器的动合触点，电枢回路电阻为 R_a。先将电动

机加上励磁，把 KM_1～KM_3断开，此时电枢回路总电阻为 R_3（$R_3=R_a+R_{st1}+R_{st2}+R_{st3}$），接通电源电压 U_N，在 $n=0$ 时，启动电流 $I_1=U_N/R_3$，此时启动电流 I_1 和启动转矩 T_1 均达到最大值（通常取额定值的 2 倍左右）。接入全部启动电阻时的人为机械特性曲线如图 2-13(b)曲线 1 所示。启动瞬间对应于 a 点，因为启动转矩 T_1 大于负载转矩 T_L，所以电动机开始加速，电枢电动势 E_a 逐渐增大，电枢电流和电磁转矩逐渐减小，工作点沿曲线 1 箭头方向移动。当转速升到 n_1、电流降至 I_2、转矩减到 T_2（图中 b 点）时，接触器 KM_3 触点闭合，切除电阻 R_{st3}。I_2 称为切换电流，对应的转矩 T_2 称为切换转矩，一般取 $I_2=(1.1\sim1.2)I_N$ 或 $T_2=(1.1\sim1.2)T_N$。电阻 R_{st3} 切除后，电枢回路电阻减小为 $R_2=R_a+R_{st1}+R_{st2}$，与之对应的人为机械特性曲线为图 2-13(b)所示的曲线 2。在切除电阻瞬间，由于机械惯性，转速不能突变，所以电动机的工作点由 b 点沿水平方向跃变到曲线 2 上的 c 点。选择适当的各级启动电阻，可使 c 点的电流仍为 I_1，这样电动机又处在最大转矩 T_1 下进行加速，工作点沿曲线 2 箭头方向移动。当达到 d 点时，转速升至 n_2，电流又降至 I_2，转矩也减到 T_2，此时接触器 KM_2 触点闭合，切除电阻 R_{st2}，电枢回路电阻变为 $R_1=R_a+R_{st1}$，工作点由 d 点平移到人为机械特性曲线 3 上的 e 点。e 点的电流和转矩仍为最大值，电动机又处在最大转矩 T_1 下进行加速，工作点沿曲线 3 箭头方向移动。在转速升至 n_3 即 f 点时，接触器 KM_1 触点闭合，切除最后一级电阻 R_{st1}，电动机将过渡到固有特性上，并沿固有特性加速，到达 h 点时，电磁转矩与负载转矩相等，电动机便在 h 点稳定运行，启动过程结束。

2. 启动电阻的计算

以图 2-13 所示启动系统为例，推导各级启动电阻的计算公式。设图中对应于转速为 n_1、n_2、n_3 时的电枢电动势分别为 E_{a1}、E_{a2}、E_{a3}。由图 2-13(b)可以列出下列关系式。

$$\text{对于 } b \text{ 点，} I_2=\frac{U_N-E_{a1}}{R_3}；\quad \text{对于 } c \text{ 点，} I_1=\frac{U_N-E_{a1}}{R_2}；$$

$$\text{对于 } d \text{ 点，} I_2=\frac{U_N-E_{a2}}{R_2}；\quad \text{对于 } e \text{ 点，} I_1=\frac{U_N-E_{a2}}{R_1}；$$

$$\text{对于 } f \text{ 点，} I_2=\frac{U_N-E_{a3}}{R_1}；\quad \text{对于 } g \text{ 点，} I_1=\frac{U_N-E_{a3}}{R_a}；$$

将上列 6 个关系式两两相除，可得

$$\frac{I_1}{I_2}=\frac{R_3}{R_2}=\frac{R_2}{R_1}=\frac{R_1}{R_a}=\beta \tag{2-15}$$

式中：$\beta=\dfrac{I_1}{I_2}=\dfrac{T_1}{T_2}$为启动电流比或启动转矩比。

推广到 m 级启动的情况，得

$$\frac{I_1}{I_2}=\frac{R_m}{R_{m-1}}=\frac{R_{m-1}}{R_{m-2}}=\cdots=\frac{R_2}{R_1}=\frac{R_1}{R_a}=\beta \tag{2-16}$$

各级启动总电阻可按以下各式计算。

$$\left.\begin{aligned} &R_1=\beta R_a\\ &R_2=\beta R_1=\beta^2 R_a\\ &R_3=\beta R_2=\beta^3 R_a\\ &\quad\vdots\\ &R_m=\beta R_{m-1}=\beta^m R_a \end{aligned}\right\} \tag{2-17}$$

式中：$R_m, R_{m-1}, \cdots$为第 $m, m-1, \cdots$级电枢回路总电阻。

各级外串电阻为

$$\left.\begin{aligned} R_{st1} &= R_1 - R_a \\ R_{st2} &= R_2 - R_1 \\ R_{st3} &= R_3 - R_2 \\ &\vdots \\ R_{stm} &= R_m - R_{m-1} \end{aligned}\right\} \tag{2-18}$$

由式(2-17)可知，

$$\left.\begin{aligned} \beta &= \sqrt[m]{\frac{R_m}{R_a}} \\ m &= \frac{\lg \dfrac{R_m}{R_a}}{\lg\beta} \end{aligned}\right\} \tag{2-19}$$

式中：$R_m = \dfrac{U_N}{I_1}$为最大启动电阻。

现分两种情况介绍启动电阻的计算步骤。

1)启动级数 m 为已知时启动电阻的计算

(1)根据电动机铭牌数据，估算电枢回路电阻 R_a。

(2)预选最大启动电流 I_1，根据式 $R_m = U_N / I_1$ 算出 R_m，再将 m 和 R_m 的数值代入式(2-18)，算出 β 值。

(3)计算 $I_2 = I_1 / \beta$，并检验 $I_2 = (1.1 \sim 1.2) I_N$ 或$(1.2 \sim 1.5) I_L$，如果不满足，则需另选 I_1，重新按步骤计算，直到符合该条件为止。

(4)按式(2-17)和式(2-18)计算各级启动总电阻和各级外串电阻。

2)启动级数 m 为未知时启动电阻的计算

(1)根据电动机铭牌数据，估算电枢回路电阻 R_a。

(2)预选 I_1 和 I_2，根据式 $\beta = I_1 / I_2$，初算 β；根据式 $R_m = U_N / I_1$，计算 R_m。

(3)由式(2-19)求启动级数 m(四舍五入为整数)，将 m 的整数值代入式(2-18)对 β 值进行修正，再用修正后的 β 值对 I_2 进行修正。修正后的 I_2 应满足取值范围要求，否则应另选级数 m，再重新修正 β 和 I_2 值。

(4)按式(2-17)和式(2-18)计算各级启动总电阻和各级外串电阻。

【例 2.1】 他励直流电动机的铭牌数据为：$P_N = 22$ kW，$U_N = 220$ V，$I_N = 120$ A，$n_N = 800$ r/min。设负载转矩 $T_L = 0.8 T_N$，启动级数 $m = 3$，求启动电阻值。

解　(1)估算 R_a。

$$R_a = \frac{1}{2}\left(\frac{U_N I_N - P_N}{I_N^2}\right) = \frac{1}{2}\left(\frac{220 \times 120 - 22 \times 10^3}{120^2}\right)\ \Omega = 0.153\ \Omega$$

(2)预选最大启动电流 I_1，计算 R_m 和 β。

由 $I_1 \leqslant (1.5 \sim 2) I_N$，预选　　　$I_1 = 2 I_N = 2 \times 120\ \text{A} = 240\ \text{A}$

$$R_m=\frac{U_N}{I_1}=\frac{220}{240}\ \Omega=0.917\ \Omega$$

$$\beta=\sqrt[m]{\frac{R_m}{R_a}}=\sqrt[3]{\frac{0.917}{0.153}}=1.816$$

(3)求切换电流 I_2。

$$I_2=\frac{I_1}{\beta}=\frac{240}{1.816}\ \text{A}=132.16\ \text{A}$$

又 $$I_L=0.8I_N=0.8\times120\ \text{A}=96\ \text{A}$$

因为 $1.2I_L<I_2<1.5I_L$，故 I_2 符合要求。

(4)计算启动电阻。

各级启动总电阻分别为

$$R_1=\beta R_a=1.816\times0.153\ \Omega=0.278\ \Omega$$
$$R_2=\beta R_1=1.816\times0.278\ \Omega=0.505\ \Omega$$
$$R_3=\beta R_2=1.816\times0.505\ \Omega=0.917\ \Omega$$

各级外串电阻分别为

$$R_{st1}=R_1-R_a=(0.278-0.153)\ \Omega=0.125\ \Omega$$
$$R_{st2}=R_2-R_1=(0.505-0.278)\ \Omega=0.227\ \Omega$$
$$R_{st3}=R_3-R_2=(0.917-0.505)\ \Omega=0.412\ \Omega$$

2.3.3 降压启动

启动时，降低电源电压 U，使 $I_{st}=U/R_a=(1.5\sim2)I_N$，待电动机的转速升高，电枢电动势 E_a 增加，电枢电流 $I_a=(U-E_a)/R_a$ 降低，此时再逐步升高电源电压，使启动电流和启动转矩保持在一定的数值上，从而保证电动机按需要的加速度升速。这种方法适用于直流电源可调的电动机，启动过程中能量损耗小。

2.4 他励直流电动机的调速

在生产实践中，由于电动机拖动的负载不同，对速度的要求也不同。例如，车床切削工件时，精加工用高转速，粗加工用低转速；轧钢机在轧制不同品种和不同厚度的钢材时，也必须有不同的工作速度。

电力拖动系统通常采用两种调速方法：一种是电动机的转速不变，改变机械传动机构（如齿轮、皮带轮等）的速比实现调速，工程上称为机械调速；另一种是改变电动机的参数来调节电动机的转速，工程上称为电气调速。此外，还可以将机械调速和电气调速配合起来以满足调速要求。本节只介绍他励直流电动机的电气调速。

必须指出，这里所讲的调速是指在任一负载（负载保持不变）下，用人为的方法改变电动机的参数，以得到不同的人为机械特性，使负载的工作点发生变化，转速随之变化的调速方法。而负载本身的变化使电动机在同一条机械特性上发生的转速变化，不属于调速范畴。由此可见，在调速前后，电动机必须运行在不同的机械特性上。

由他励直流电动机的机械特性

$$n=\frac{U}{C_e\Phi}-\frac{R_a+R_\Omega}{C_eC_T\Phi^2}T_{em} \tag{2-20}$$

可以看出，当电动机带一定负载时，人为改变电枢电压 U、电枢回路所串电阻 R_Ω 及励磁磁通 Φ 三者之中的任意一个量，就可改变转速 n。因此，他励直流电动机的调速方法有三种：电枢回路串电阻调速、降压调速和弱磁调速。为了评价各种调速方法的优缺点，对调速方法提出了一定的技术经济指标，称为调速指标。下面先介绍调速指标，然后再讨论他励直流电动机的三种调速方法及其与负载类型的配合问题。

2.4.1　调速指标

1. 调速范围

在额定负载下，电动机可能运行的最高转速 n_{max} 与最低转速 n_{min} 之比称为调速范围，通常用 D 表示，即

$$D=\frac{n_{max}}{n_{min}} \tag{2-21}$$

不同的生产机械对电动机的调速范围有不同的要求。要扩大调速范围，必须尽可能地提高电动机的最高转速和降低电动机的最低转速。电动机的最高转速受到电动机换向及力学强度的限制，而最低转速则受到低速运行时转速的相对稳定性的限制。

2. 静差率

转速的相对稳定性是指负载变化时，转速变化的程度。工程上常用静差率来衡量。所谓静差率是指电动机在某一机械特性上运行时，由理想空载增加到额定负载，电动机的转速降 $\Delta n=n_0-n$ 与理想空载转速 n_0 之比，用 δ 表示，即

$$\delta=\frac{n_0-n}{n_0}=\frac{\Delta n}{n_0} \tag{2-22}$$

由式(2-22)可知，在 n_0 相同时，机械特性越硬，δ 就越小，转速的相对稳定性就越高。如图 2-14 所示的三条机械特性曲线，在额定负载转矩 T_N 不变时，曲线 1 比曲线 2 硬。对于曲线 1，$\delta_1=\Delta n_1/n_0$；对于曲线 2，$\delta_2=\Delta n_2/n_0$。由于 $\Delta n_1<\Delta n_2$，所以 $\delta_1<\delta_2$。

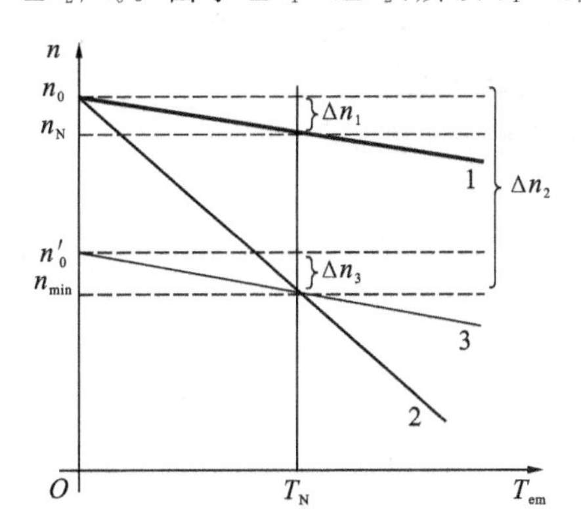

图 2-14　不同机械特性下的静差率

静差率除了与机械特性的硬度有关外，还与理想空载转速 n_0 有关。同样由式(2-22)可知，在机械特性硬度相同的情况下，n_0 越低，δ 越大；n_0 越高，δ 越小。如图 2-14 所示，曲线 1 和曲线 3 具有相同的硬度，即 $\Delta n_1=\Delta n_3$，$\delta_3=\Delta n_3/n'_0$，由于 $n'_0<n_0$，所以 $\delta_3>\delta_1$。

静差率与调速范围也是相互联系的两项指标，由于最低转速取决于低速时的静差率，因此调速范围 D 必然受到低速时静差率 δ 的制约。设图 2-14 所示的曲线 1 和曲线 3 分别为电动机最高转速和最低转速时的机械特性，则电动机的调速范围 D 与最低转速时的静差率 δ 关系为

$$D=\frac{n_{\max}}{n_{\min}}=\frac{n_{\max}\delta}{\Delta n(1-\delta)} \tag{2-23}$$

式中，Δn 为最低转速机械特性上的转速降；δ 为最低转速时的静差率，即系统的最大静差率。

由式(2-23)可知，若对静差率要求高，即 δ 越小，$n_{\min}$ 就越大，则调速范围 D 就越小；若对静差率要求低，即 δ 越大，$n_{\min}$ 就越小，则调速范围 D 才会越大。

不同的生产机械，对静差率的要求不同，普通车床要求 $\delta\leqslant 0.3$，而高精度的造纸机则要求 $\delta\leqslant 0.001$。在保证一定静差率指标的前提下，要扩大调速范围，就必须减小转速降 Δn，即必须提高机械特性的硬度。由此可知，在 δ 一定时，降低电枢电压调速比电枢回路串电阻调速的调速范围要大。

3. 调速的平滑性

调速时，相邻两级转速的接近程度称为调速的平滑性，可用平滑系数 φ 来衡量，φ 是相邻两级转速之比，即

$$\varphi=\frac{n_i}{n_{i-1}} \tag{2-24}$$

φ 值越接近 1，相邻两级速度就越接近，则调速的平滑性越好。$\varphi=1$ 时，称为无级调速，即转速连续可调。

4. 调速的经济性

主要指调速设备的投资、运行效率及维修费用等。

【例 2.2】 某直流调速系统，直流电动机的额定转速 $n_N=900$ r/min，其固有特性的理想空载转速 $n_0=1000$ r/min，生产机械要求的静差率为 0.2。求：(1)采用电枢串电阻调速时的调速范围；(2)采用降压调速时的调速范围。

解 (1)采用电枢串电阻调速的调速范围计算。

最低转速为

$$0.2=\frac{n_0-n_{\min}}{n_0}$$

$$n_{\min}=800\ \text{r/min}$$

调速范围为

$$D=\frac{n_{\max}}{n_{\min}}=\frac{900}{800}=1.125$$

(2)采用降压调速的调速范围计算。

转速降为

$$\Delta n = n_0 - n_N = (1000-900)\ \mathrm{r/min} = 100\ \mathrm{r/min}$$

调速范围为

$$D = \frac{n_{max}\delta}{\Delta n(1-\delta)} = \frac{900\times 0.2}{100\times(1-0.2)} = 2.25$$

2.4.2　调速方法

1. 电枢回路串电阻调速

以他励直流电动机拖动恒转矩负载为例，保持电源电压及主磁通为额定值不变，在电枢回路串入不同电阻时，电动机将稳定运行于较低的转速，转速变化如图 2-15 所示。电枢回路串电阻调速时，所串入的电阻越大，稳定运行转速越低。所以，这种方法只能在低于额定转速的范围内调速，一般称为由基速（额定转速）向下调速。

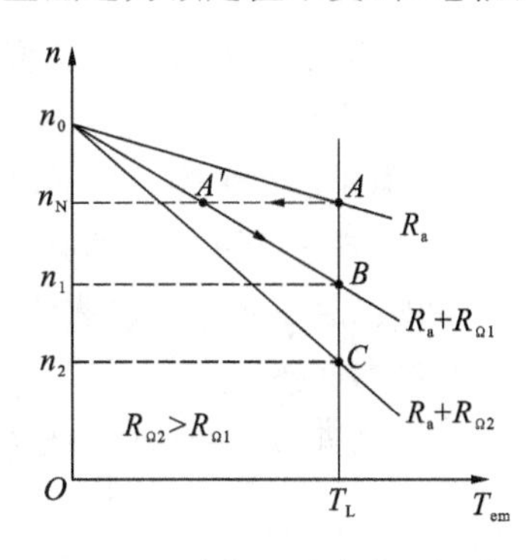

图 2-15　电枢回路串电阻调速

转速由 n_N 降至 n_1 的调速过程为：调速前，电动机拖动恒转矩负载在 A 点稳定运行，此时 $T_{em}=T_L$，$n=n_N$。当电枢串入调节电阻 $R_{\Omega 1}$ 后，电动机的机械特性变为直线 n_0B，因串电阻瞬间转速不能突变，故 $E_a=C_e\Phi n_N$ 不变，于是电枢电流 $I_a=(U_N-E_a)/(R_a+R_{\Omega 1})$ 减小，T_{em} 也减小，工作点由固有特性曲线上的 A 点平移到人为特性曲线上的 A' 点。在 A′点，$T_{em}<T_L$，所以电动机开始减速，随着 n 的减小，E_a 减小，I_a 及 T_{em} 增大，工作点沿 $A'B$ 方向移动，当到达 B 点时，$T_{em}=T_L$，达到了新的平衡，电动机便以转速 n_1 稳定运行。调速前后，电动机的输出转矩不变，磁通不变，电枢稳态电流不变。

电枢回路串电阻调速的特点如下：

(1)实现简单，操作方便。

(2)低速时机械特性变软，静差率增大，相对稳定性变差。

(3)只能在基速以下调速，因而调速范围较小，一般 $D<2$。

(4)由于电阻只能分段调节，所以调速的平滑性差。

(5)串接的电阻要消耗电功率，而且转速越低，需串入的电阻越大，能耗就越大，因而经济性差。

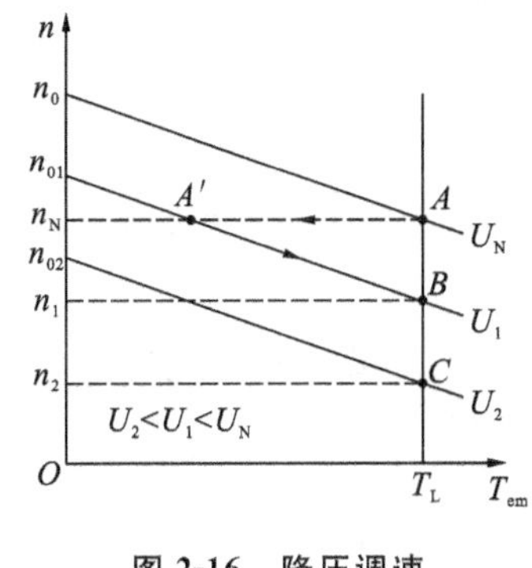

图 2-16　降压调速

因此，电枢回路串电阻调速多用于对调速性能要求不高，而且不经常调速的设备上，如起重机及运输牵引机械等。

2. 降低电枢电压调速

以他励直流电动机拖动恒转矩负载为例，保持主磁通为额定值不变，电枢回路不串电阻，降低电枢电压时，电动机将稳定运行于较低的转速，转速变化如图 2-16 所示。从图 2-16 可以看出，电压越低，稳态转速也越低。

转速由 n_N 降至 n_1 的调速过程为：调速前，电动机拖动恒转矩负载在 A 点稳定运行，此时 $T_{em}=T_L$，$n=n_N$。在电压降

至 U_1 后，电动机的机械特性变为直线 $n_{01}B$。在降压瞬间，转速 n 不能突变，故 E_a 不变，而电枢电流 $I_a=(U_1-E_a)/R_a$ 减小，T_{em} 也减小，工作点由固有特性上的 A 点平移到人为特性上的 A' 点。在 A' 点，$T_{em}<T_L$，所以电动机开始减速，随着 n 的减小，E_a 减小，I_a 及 T_{em} 增大，工作点沿 $A'B$ 方向移动，当到达 B 点时，$T_{em}=T_L$，达到了新的平衡，电动机便以转速 n_1 稳定运行。与电枢回路串电阻调速类似，调速前后，电动机的输出转矩不变，磁通不变，电枢稳态电流不变。

降压调速的特点如下。

(1)电源电压能够平滑调节，实现无级调速。

(2)调速前后机械特性硬度不变，因而相对稳定性较好。

(3)无论轻载还是重载，调速范围相同。

(4)调速过程中能量损耗较小。

(5)需要一套可控的直流电源。

降压调速多用于对调速性能要求较高的设备上，如造纸机、轧钢机、龙门刨床等。

3. 弱磁调速

以他励直流电动机拖动恒转矩负载为例，保持电枢电压不变，电枢回路不串电阻，减小电动机的励磁电流使主磁通减弱，则电动机将稳定运行于较高的转速，转速变化如图 2-17 所示。从图 2-17 可以看出，磁通越小，稳态转速越高。

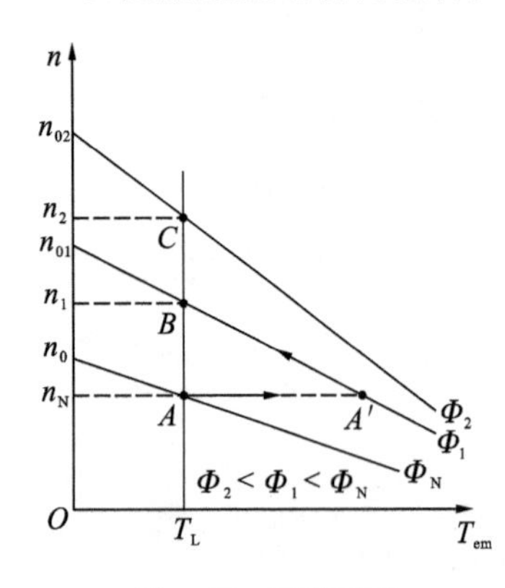

图 2-17　弱磁调速

转速由 n_N 上升到 n_1 的调速过程为：调速前，电动机拖动恒转矩负载在 A 点稳定运行，此时 $T_{em}=T_L$，$n=n_N$。当磁通减弱到 Φ_1 后，电动机的机械特性变为直线 $n_{01}B$。在磁通减弱的瞬间，转速 n 不能突变，电动势 E_a 随 Φ 减小而减小，又电枢回路电阻 R_a 很小，故电枢电流 $I_a=(U_N-E_a)/R_a$ 增大很多，电磁转矩 $T_{em}=C_T\Phi I_a$ 总体是增大的，因此工作点由固有特性上的 A 点平移到人为特性上的 A' 点。在 A' 点，$T_{em}>T_L$，电动机开始加速，随着 n 上升，E_a 增大，I_a 及 T_{em} 减小，工作点沿 $A'B$ 方向移动，当到达 B 点时，$T_{em}=T_L$，达到了新的平衡，电动机便以较高转速 n_1 稳定运行。调速前后，电动机的输出转矩不变，但磁通减小，因此电枢稳态电流升高。

弱磁调速的特点如下。

(1)由于励磁电流小于电枢电流，因而控制方便，能量损耗小。

(2)可连续调节励磁电流，以实现无级调速。

(3)弱磁升速，转速升高受到电动机换向能力和力学强度的限制，因而调速范围窄。

(4)弱磁调速的人为机械特性斜率变大，特性变软，稳定性较差。

在实际生产中，通常把降压调速和弱磁调速两种方法结合起来，以电动机的额定转速作为基速，在基速以下调压，基速以上调磁，以实现双向调速，扩大调速范围。

【例 2.3】　一台他励直流电动机的额定数据为 $U_N=220$ V，$I_N=41.1$ A，$n_N=1500$ r/min，$R_a=0.4$ Ω，保持额定负载转矩不变。求：

(1)欲使电动机转速降至 998 r/min，电枢回路应串入多大电阻？

(2)电源电压降为 110 V 时的稳态转速为多少?

(3)磁通减弱为 $90\%\Phi_N$ 时的稳态转速为多少?

解　计算电动机的 $C_e\Phi_N$,有

$$C_e\Phi_N=\frac{U_N-I_aR_a}{n_N}=\frac{220-41.1\times0.4}{1500}=0.136$$

(1)电枢回路串电阻调速时,调速前后电枢电流 $I_a=I_N$ 不变,有

$$n=\frac{U_N}{C_e\Phi_N}-\frac{R_a+R_\Omega}{C_e\Phi_N}I_a$$

$$998=\frac{220}{0.136}-\frac{0.4+R_\Omega}{0.136}\times41.1$$

解得电枢回路应串电阻为

$$R_\Omega=1.65\ \Omega$$

(2)降压调速时,调速前后电枢电流 $I_a=I_N$ 不变,电压降至 110V 的稳态转速为

$$n=\frac{U}{C_e\Phi_N}-\frac{R_a}{C_e\Phi_N}I_a=\frac{110}{0.136}-\frac{0.4}{0.136}\times41.1\ \text{r/min}=688\ \text{r/min}$$

(3)弱磁调速时,调速前后电枢电流升高,有

$$T_{em}=C_T\Phi_NI_N=C_T\Phi_1I'_a=T_N$$

$$I'_a=\frac{\Phi_N}{\Phi_1}I_N=\frac{1}{0.9}\times41.1\ \text{A}=45.7\ \text{A}$$

磁通减弱为 $90\%\Phi_N$ 时的稳态转速为

$$n=\frac{U_N}{C_e\Phi_1}-\frac{R_a}{C_e\Phi_1}I'_a=\frac{220}{0.9\times0.136}-\frac{0.4}{0.9\times0.136}\times45.7\ \text{r/min}=1648\ \text{r/min}$$

2.4.3　调速方式与负载类型的配合

在电力拖动系统中,他励直流电动机的最佳运行状态是满载运行时的状态,此时电枢电流等于额定电流。若电枢电流大于额定电流,则电动机过载,长期运行会导致电动机过热而损坏电动机的绝缘;若电枢电流小于额定电流,则电动机轻载,拖动能力没有得到充分发挥。不调速的电动机,通常都是满载运行的,其拖动能力能充分发挥。而当电动机调速时,在不同的转速下,电枢电流能否总保持为额定值,即电动机在不同转速下拖动能力能否充分发挥,这就需要研究电动机的调速方式与负载类型的配合问题。

在采用电枢回路串电阻调速和降低电枢电压调速时,磁通 $\Phi=\Phi_N$ 保持不变,如果在不同转速下维持电流 $I_a=I_N$,则电动机的输出转矩 $T_N=T_{em}=C_T\Phi_NI_N=$常数,输出功率 $P=T_N\Omega=\frac{2\pi n}{60}T_N$。由此可见,电枢串电阻和降压调速时,电动机的输出功率与转速成正比,而输出转矩为恒值,故这种方式称为恒转矩调速方式。

当采用弱磁调速时,磁通 Φ 是变化的,在不同转速下,若保持 $I_a=I_N$ 不变,则电动机的输出转矩 $T_N=T_{em}=C_T\Phi I_N=C_T\frac{U_N-I_NR_a}{C_en}I_N$,输出功率 $P=\frac{2\pi n}{60}T_N=$常数。由此可见,弱磁调速时,电动机的输出转矩与转速成反比,而输出功率为恒值,故称之为恒功率调速方式。

由上述分析可知,要充分发挥电动机的拖动能力,在拖动恒转矩负载时,就应采用电枢回

路串电阻或降低电枢电压调速，即恒转矩调速方式。在拖动恒功率负载时，则应采用弱磁调速，即恒功率调速方式。

2.5 他励直流电动机的制动

根据电磁转矩 T_{em} 的方向与转速 n 方向之间的关系，他励直流电动机有两种基本运行状态，即电动状态和制动状态。

电动机处于电动状态时，T_{em} 的方向与 n 同方向，T_{em} 为驱动转矩。按转速方向，电动状态可分为正向电动状态和反向电动状态等两种情况。正向电动状态时，转速 n 和电磁转矩 T_{em} 都为正，机械特性位于第一象限；反向电动状态时，转速 n 和电磁转矩 T_{em} 都为负，机械特性位于第三象限。

电动机处于制动状态时，T_{em} 与 n 反方向，T_{em} 为制动转矩，机械特性位于第二象限或第四象限。电动机的制动也有两种情况：一种是制动过程，指电动机从某一转速迅速减速到零的过程（包括只降低一段转速的过程），其目的就是使系统迅速减速停车。在制动过程中电动机的电磁转矩 T_{em} 起着制动的作用，缩短了停车时间，提高了生产率。另一种是制动运行，指电动机运行于机械特性曲线与负载特性曲线的交点上的一种稳定运行状态，其目的是限制位能性负载的下降速度，此时电动机的电磁转矩 T_{em} 起到与负载转矩 T_L 相平衡的作用。例如起重机下放重物时，若不采取措施，则重力作用会使重物下降速度越来越快，甚至超过允许的安全下放速度。为了防止这种情况发生，可以采用电动机制动的方法，使电动机的电磁转矩与重物产生的负载转矩相平衡，从而使下放速度稳定在某一安全下放速度上。

他励直流电动机的制动方法有能耗制动、反接制动和回馈制动等三种，下面分别介绍。

2.5.1 能耗制动

1. 能耗制动的原理

图 2-18 所示的是他励直流电动机能耗制动的接线图。当开关 S 接电源侧时，电动机处于电动状态，此时电枢电流 I_a、电枢电动势 E_a、转速 n 及驱动性质的电磁转矩 T_{em} 的方向如图 2-18 实线所示。当需要制动时，保持励磁电流不变，将开关 S 投向制动电阻 R_B 上。在这一瞬间，由于拖动系统的机械惯性作用，电动机的转速 n 不能突变，仍保持原来的大小和方向，又由于磁通不变，于是 E_a 也保持原来的大小和方向。因 $U=0$，E_a 将在电枢闭合回路中产生电流 I_a'，$I_a'=-\dfrac{E_a}{R_a+R_B}$ 为负值，表明它的方向与电动状态时的相反，如图 2-18 虚线所示。由此而产生的电磁转矩 T_{em}' 也与电动状态时的 T_{em} 相反，成为制动性质的转矩对电动机进行制动。这时电动机由生产机械的惯性作用拖动而发电，将生产机械储存的动能转换成电能，消耗在电阻（R_a+R_B）上，直到电动机停止转动为止，所以这种制动方式称为能耗制动方式。

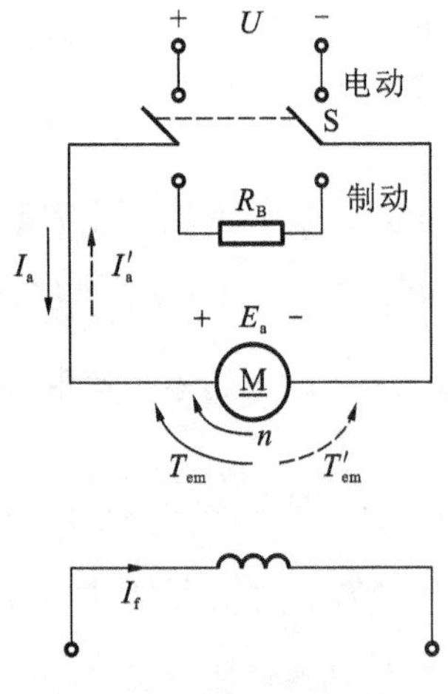

图 2-18 能耗制动接线图

2. 能耗制动的机械特性

能耗制动的机械特性是在 $U=0$，$\Phi=\Phi_N$，$R=R_a+R_B$ 条件下的一条人为机械特性，即

$$n=-\frac{R_a+R_B}{C_eC_T\Phi_N^2}T_{em}=\beta T_{em} \tag{2-25}$$

或

$$n=-\frac{R_a+R_B}{C_e\Phi_N}I_a \tag{2-26}$$

式(2-25)中，$\beta=\frac{R_a+R_B}{C_eC_T\Phi_N^2}$为能耗制动机械特性曲线的斜率，与电枢回路串电阻 R_B 时的人为机械特性曲线的斜率相同。当 $T_{em}=0$ 时，$n=0$，说明能耗制动的机械特性曲线是一条通过坐标原点并与电枢回路串电阻 R_B 的人为机械特性平行的直线，如图 2-19 所示。

能耗制动时，电动机工作点的变化情况可用机械特性曲线说明。下面分别以电动机拖动反抗性恒转矩负载和位能性恒转矩负载来分析。

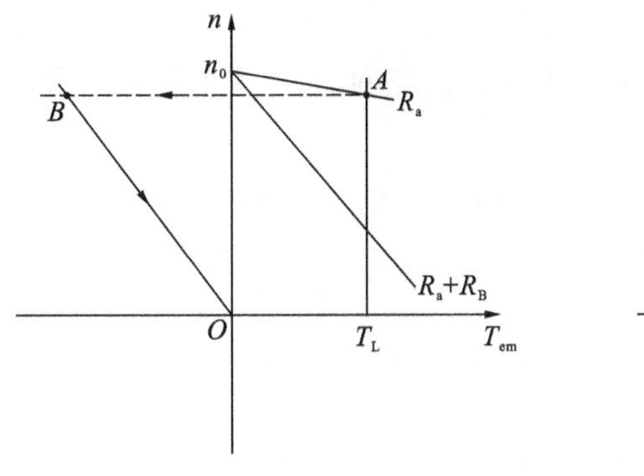

(a) 拖动反抗性恒转矩负载　　(b) 拖动位能性恒转矩负载

图 2-19　能耗制动时的机械特性

当电动机拖动反抗性恒转矩负载时，能耗制动机械特性曲线如图 2-19(a)直线 BO 所示。设制动前工作点在固有特性曲线 A 点处，其 $n>0$，$T_{em}>0$，T_{em} 为驱动转矩。开始制动时，因 n 不能突变，工作点将沿水平方向跃变到能耗制动特性曲线上的 B 点。在 B 点，$n>0$，$T_{em}<0$，T_{em} 为制动转矩，于是电动机开始减速，工作点沿 BO 方向移动，到达 O 点时，$n=0$，$T_{em}=0$，系统停车。工作点从 $B\rightarrow O$ 这段称为能耗制动过程，在这一过程中惯性机械能转化为电能消耗在电枢回路总电阻上。

当电动机拖动位能性恒转矩负载时，能耗制动机械特性曲线如图 2-19(b)直线 BC 所示。制动前工作点仍运行在固有特性曲线 A 点处，制动开始后，工作点从 $A\rightarrow B\rightarrow O$ 这段过程与电动机拖动反抗性恒转矩负载时的完全相同，属于能耗制动过程。当工作点运行到 O 点时，由于 $n=0$，$T_{em}=0$，在位能性负载作用下，$T_{em}<T_L$，电动机会继续减速，也就是开始反转。电动机的工作点沿 OC 方向移动，到达 C 点，$T_{em}=T_L$，系统稳定运行于 C 点，恒速下放重物。在 C 点由于电磁转矩 $T_{em}>0$，而转速 $n<0$，T_{em} 为制动转矩。因此，这种稳定运行状态称为能耗制动运行状态。在能耗制动运行中，位能性负载减少的位能转化为电动机轴上输入的机械能，然后转化成电能消耗在电枢回路总电阻上。

3. 能耗制动电阻 R_B 的计算

为满足不同的制动要求，可在电枢回路串接不同的制动电阻，从而改变能耗制动特性曲线的斜率，进而改变初始制动转矩的大小以及下放位能负载时的稳定速度。R_B 越小，特性曲线的斜率越小，初始制动转矩越大，而下放位能负载的速度越小。减小制动电阻，可以增大制动转矩，缩短制动时间，提高工作效率。但制动电阻太小，会造成制动电流过大，通常要限制最大制动电流不超过 2～2.5 倍的额定电流。选择制动电阻的原则是

$$I'_a=\frac{E_a}{R_a+R_B}\leqslant I_{max}=(2\sim 2.5)I_N$$

即

$$R_B\geqslant\frac{E_a}{(2\sim 2.5)I_N}-R_a \tag{2-26}$$

式中：E_a 为制动初始(制动前电动状态)时的电枢电动势。

如果制动前电动机处于额定运行状态，则 $E_a=U_N-R_aI_N\approx U_N$。

【例 2.4】 一台他励直流电动机的铭牌数据为，$P_N=10$ kW，$U_N=220$ V，$I_N=53$ A，$n_N=1000$ r/min，$R_a=0.3$ Ω，电枢电流最大允许值为 $2I_N$。

(1)现带反抗性恒转矩负载在额定工作状态时进行能耗制动，求电枢回路应串接多大的制动电阻。

(2)若该电动机拖动起重机，在能耗制动状态下以 300 r/min 的转速下放重物，电枢电流为额定值，求电枢回路应串入多大的制动电阻。

解 (1)制动前电枢电动势为

$$E_a=U_N-R_aI_N=(220-0.3\times 53)\ \text{V}=204.1\ \text{V}$$

应串入的制动电阻为

$$R_B=\frac{E_a}{2I_N}-R_a=\left(\frac{204.1}{2\times 53}-0.3\right)\ \Omega=1.625\ \Omega$$

(2)因为磁通不变，则

$$C_e\Phi_N=\frac{E_a}{n_N}=\frac{204.1}{1000}\ \text{V}\cdot\text{min/r}=0.2041\ \text{V}\cdot\text{min/r}$$

下放重物时，转速 $n=-300$ r/min，由能耗制动的机械特性，有

$$n=-\frac{R_a+R_B}{C_e\Phi_N}I_a$$

$$-300=-\frac{0.3+R_B}{0.2041}\times 53$$

$$R_B=0.855\ \Omega$$

2.5.2 反接制动

反接制动分为电压反接制动和倒拉反转制动等两种。

1. 电压反接制动

1)电压反接制动的原理

图 2-20 所示的是他励直流电动机电压反接制动的接线图。当开关 S 投向"电动"侧时，电源电压正向加给电枢回路，电动机处于电动状态运行，此时电枢电流 I_a、电枢电动势 E_a、转速 n

及驱动性质的电磁转矩 T_{em} 的方向如图 2-20 实线所示。进行制动时，开关 S 投向“制动”侧，电源电压反向加给电枢回路。与此同时，在电枢回路串入了制动电阻 R_B。由于惯性，转速不能突变，磁通又不变，因此电枢电动势 E_a 的方向不变。在电枢回路内，U_N 与 E_a 顺向串联，共同产生很大的反向电流，即

$$I'_a=\frac{-U_N-E_a}{R_a+R_B}=-\frac{U_N+E_a}{R_a+R_B} \tag{2-27}$$

式中：负号表明 I'_a 的方向与电动状态时的相反，如图 2-20 虚线所示。

反向的电枢电流 I'_a 产生反向的电磁转矩 T'_{em}，起制动作用使转速迅速下降，这就是电压反接制动。

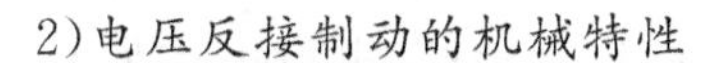

2)电压反接制动的机械特性

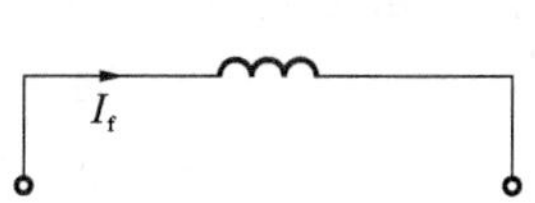

图 2-20　电压反接制动接线图

电压反接时的机械特性是在 $U=-U_N, \Phi=\Phi_N, R=R_a+R_B$ 条件下的一条人为机械特性，即

$$n=-\frac{U_N}{C_e\Phi_N}-\frac{R_a+R_B}{C_eC_T\Phi_N^2}T_{em} \tag{2-28}$$

或

$$n=-\frac{U_N}{C_e\Phi_N}-\frac{R_a+R_B}{C_e\Phi_N}I_a \tag{2-29}$$

可见，其特性曲线是一条通过$(0,-n_0)$点，斜率为$\frac{R_a+R_B}{C_eC_T\Phi_N^2}$，与电枢回路串电阻 R_B 的人为机械特性相平行的直线，如图 2-21 所示。

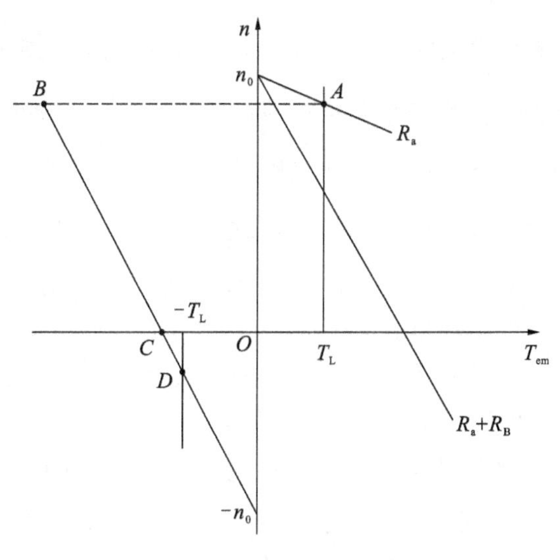

图 2-21　电压反接制动时的机械特性

电压反接制动时，电动机工作点的变化情况可用机械特性曲线说明。设电动机原来工作在固有特性的 A 点上，当反接制动时，由于转速不能突变，工作点沿水平方向跃变到电压反接的人为特性的 B 点上，电动机的电磁转矩变为制动转矩开始反接制动，工作点沿 BC 方向移

动，当到 C 点，即 $n=0$ 时，电动机立即断开电源，系统停车。工作点从 $B \to C$ 这段称为电压反接制动过程。

在反接制动过程(见图 2-21 中的 BC 段)中，U、I_a、T_{em} 均为负值，n、E_a 均为正值。输入功率 $P_1=UI_a>0$，表明电动机从电源输入电功率；轴上输出功率 $P_2=T_2\Omega<0$，表明电动机轴上输入了机械功率；电磁功率 $P_{em}=E_aI_a=T_{em}\Omega<0$，表明轴上输入的机械功率扣除空载损耗后，被电动机转换为电功率。由此可见，反接制动时，从电源输入的电功率和从轴上输入的机械功率转变成的电功率一起全部消耗在电枢回路的电阻(R_a+R_B)上，其功率损耗是很大的。

如果电动机拖动的是反抗性恒转矩负载，那么当工作点到达 C 点时，$n=0$，$T_{em}\neq0$，此时，若电动机不立即断开电源，当 $T_{em}<-T_L$(或 $|T_{em}|>|-T_L|$)时，电动机在反向转矩作用下将反向启动，并沿特性曲线加速到 D 点，进入反向电动状态下稳定运行。

3)电压反接制动电阻 R_B 的计算

电动状态时，电枢电流的大小由 U_N 与 E_a 之差决定，而反接制动时，电枢电流的大小由 U_N 与 E_a 之和决定，因此反接制动时电枢电流是非常大的。为了限制过大的制动电流，反接制动时必须在电枢回路中串接制动电阻 R_B。R_B 的大小应使反接制动时最大制动电流不超过 2～2.5 倍的额定电流，因此应串入的制动电阻值为

$$R_B \geqslant \frac{U_N+E_a}{(2\sim2.5)I_N}-R_a \tag{2-28}$$

式中：E_a 为反接制动开始时的电枢电动势。

2. 倒拉反转制动

倒拉反转制动又称为电动势反接制动，只适用于施动位能性恒转矩负载。现以起重机下放重物为例来说明。

图 2-22(a)所示的为正向电动状态(提升重物)时电动机的各物理量方向，此时电动机工作在固有特性的 A 点上，如图 2-22(c)所示，电枢电流 $I_a=\frac{U-E_a}{R_a}$。如果保持电源电压 U 不变，在电枢回路中串入一个较大的电阻 R_B，将得到一条斜率较大的人为特性，如图 2-22(c)的直线 n_0D 所示。在串入电阻的瞬间，由于系统的惯性，转速不能突变，而此时电枢电流 $I_a=\frac{U-E_a}{R_a+R_B}$ 减小，因此电磁转矩 T_{em} 将减小，工作点由固有特性的 A 点沿水平方向跃变到人为特性的 B 点上，由图 2-22(c)可知，电动机产生的电磁转矩 T_B 小于负载转矩 T_L，电动机开始减速，工作点沿人为特性由 B 点向 C 点变化，BC 段对应电动机减速提升重物，但仍为正向电动状态。当工作点到达 C 点时，$n=0$，电磁转矩 T_C 仍小于负载转矩 T_L，于是在负载位能转矩作用下，电动机被倒拉反转，其旋转方向变为重物下放的方向，工作点进入第四象限。此时 E_a 随 n 的反向而改变方向，如图 2-22(b)所示，电枢电流 $I_a=\frac{U+E_a}{R_a+R_B}$，其方向未变，电磁转矩方向也不变。这样，电动机反转后，电磁转矩为制动转矩，电动机处于制动状态，如图 2-22(c)的 CD 段所示。随着电动机反向转速的增加，E_a 增大，电枢电流 I_a 和制动的电磁转矩 T_{em} 也相应增大，当达到 D 点时，电磁转矩与负载转矩平衡，电动机便以稳定的转速匀速下放重物。这种稳定运行状态称为倒拉反转制动运行状态。

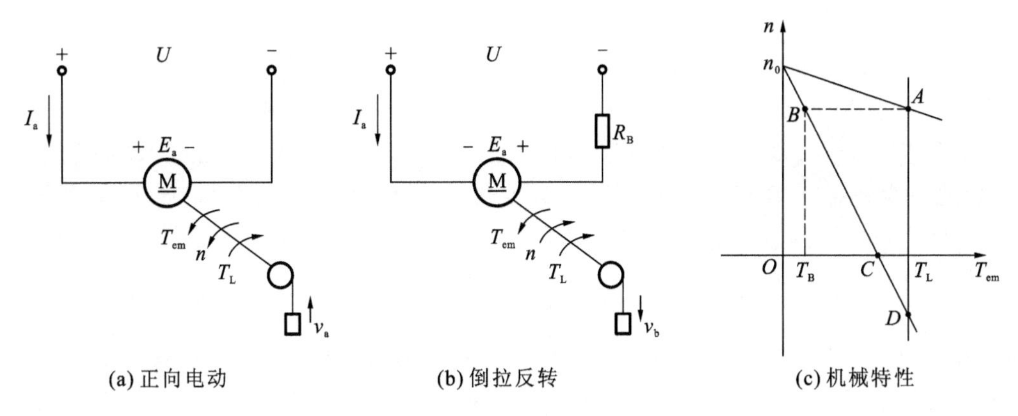

(a) 正向电动　　(b) 倒拉反转　　(c) 机械特性

图 2-22　倒拉反转制动

倒拉反转制动运行的机械特性方程就是正向电动状态时电枢回路串电阻的人为特性方程，即

$$n=\frac{U_N}{C_e\Phi_N}-\frac{R_a+R_B}{C_eC_T\Phi_N^2}T_{em} \tag{2-29}$$

只是此时串入的电阻值较大，使得$\frac{R_a+R_B}{C_eC_T\Phi_N^2}T_{em}>n_0$，即 $n=n_0-\frac{R_a+R_B}{C_eC_T\Phi_N^2}T_{em}<0$。因此，倒拉反转制动特性曲线是正向电动状态电枢回路串电阻人为特性在第四象限的延伸部分。

倒拉反转制动运行时，电网仍向电动机输送功率，同时下放重物时的机械位能转变为电能，这两部分电能都消耗在电阻(R_a+R_B)上，其功率损耗也是很大的。

【例 2.5】　例 2.4 中的电动机运行在倒拉反转制动状态，仍以 300 r/min 的速度下放重物，轴上仍带额定负载。试求电枢回路中应串入的电阻 R_B、从电网输入的功率 P_1、从轴上输入的功率 P_2 以及电枢回路电阻上消耗的功率。

解　倒拉反转制动时的转速特性为

$$n=\frac{U_N}{C_e\Phi_N}-\frac{R_a+R_B}{C_e\Phi_N}I_a$$

$$-300=\frac{220}{0.2041}-\frac{0.3+R_B}{0.2041}\times 53$$

解得

$$R_B=5\ \Omega$$

从电网输入的功率为

$$P_1=U_NI_N=220\times 53\ \text{W}=11660\ \text{W}$$

因忽略空载损耗，因此从轴上输入的功率即为电机的电磁功率，即

$$P_2=E_aI_a=C_e\Phi_NnI_a=0.2041\times 300\times 53\ \text{W}=3245.2\ \text{W}$$

电枢回路电阻消耗的功率为

$$P_{Cua}=(R_a+R_B)I_N^2=(0.3+5)\times 53^2\ \text{W}=14887.7\ \text{W}$$

2.5.3　回馈制动

当电动机转速高于理想空载转速，即 $n>n_0$ 时，$E_a>U$，致使电枢电流 I_a 改变方向，由电枢流向电源，电动机运行于回馈制动状态。

1. 正向回馈制动过程

在采用降压调速的电动机拖动系统中，如果降压过快或突然降压幅度稍大，由于感应电动势来不及变化，则可能出现 $E_a>U$ 的情况，因而会发生短暂的回馈制动过程。

在图 2-23 中，A 点是正向电动状态运行工作点，对应电压为 U_N。若电压由 U_N 突降为 U_1，因转速不能突变，工作点由 A 点平移到 B 点，此后工作点在降压人为特性的 Bn_{01} 段上的变化过程即为正向回馈制动过程。在从 B 点到 C 点的过程中，电动机转速 $n>n_{01}$，相应的电枢电动势 $E_a>U_1$，$I_a=\dfrac{U_1-E_a}{R_a}<0$，即有电流回馈给电网。此时 $T_{em}<0$，该制动转矩使电动机转速下降。当工作点运行到 C 点时，$n=n_{01}$，$E_a=U_1$，电枢电流和相应的制动转矩均为零，正向回馈制动过程结束。当然，运行过 B 点后，仍有 $T_{em}<T_L$，所以运行点进入第一象限后电动机在电动状态下继续减速，直到 $T_{em}=T_L$，稳定运行于 D 点。

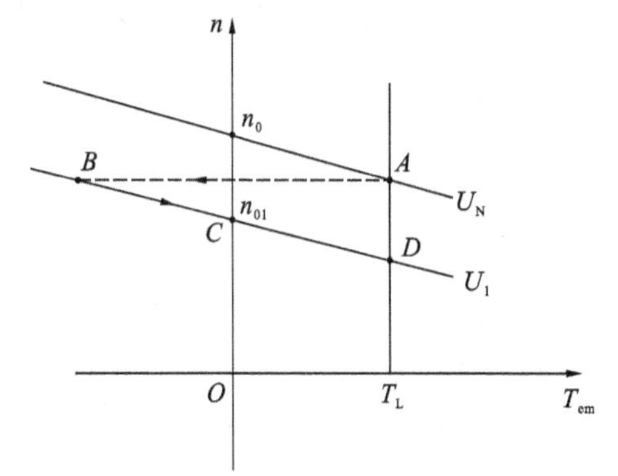

图 2-23　降压调速时的回馈制动过程

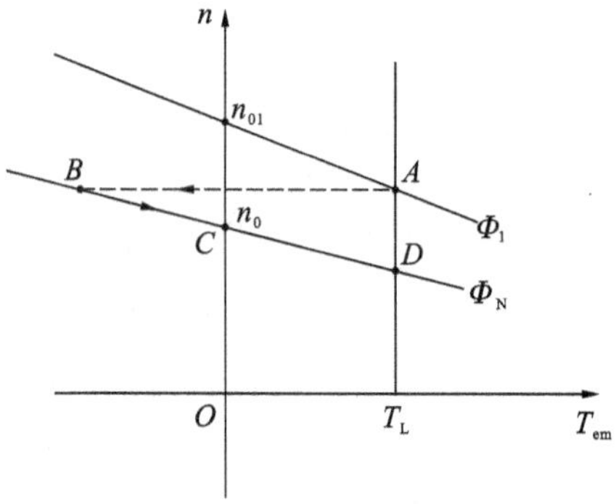

图 2-24　增磁调速时的回馈制动过程

此外，在采用弱磁调速的电力拖动系统中，如果突然增加磁通使转速降低，那么在转速降低过程中也会出现这种类似的回馈制动过程。在图 2-24 所示特性中，磁通由 Φ_1 增加到 Φ_N 时，工作点的变化情况与图 2-23 所示的相同，Bn_0 段属于正向回馈制动过程。

2. 正向回馈制动运行

当他励直流电动机带反抗性负载，其位能起作用时，便可能出现正向回馈制动运行。

如图 2-25(a)所示，一电车由直流电动机驱动在一段水平路面及下坡路段行驶。在平路上行驶时，摩擦力产生的摩擦转矩为 T_F，电动机电磁转矩仅与摩擦转矩相平衡，系统做匀速直线运动，稳定运行在固有特性曲线的 A 点上，如图 2-25(b)所示。当电车下坡时，轴上新出现了位能性的拖动转矩 T_W，其方向与前进方向相同，与 T_F 方向相反，且数值上要大于 T_F，这时电车的合成负载转矩 $-T_W+T_F<0$，对应的负载特性曲线位于第二象限。在电动机电磁转矩和合成负载转矩共同作用下，电动机开始加速，当转速 $n>n_0$ 时，$E_a>U$，这时电枢电流 I_a 及电磁转矩 T_{em} 均为负值，电磁转矩变为制动转矩，对下坡起抑制作用，电机作发电机运行发出电能，回馈到电网中去。当工作点到达 B 点时，电动机的电磁转矩与负载转矩平衡，电车以 n_B 稳定速度下坡。这种回馈制动能使电车恒速下坡，故称这种运行方式为正向回馈制动运行方式。

正向回馈制动运行时的机械特性与正向电动状态时的完全相同。

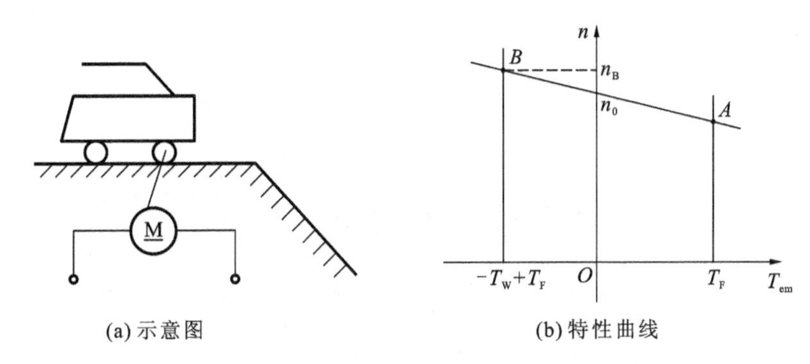

(a) 示意图　　(b) 特性曲线

图 2-25　正向回馈制动运行

3. 反向回馈制动运行

他励直流电动机进行电压反接制动时，如果拖动位能性负载，则系统将进入反向回馈制动稳定运行状态。

如图 2-26 所示，设开始时电动机带位能性恒转矩负载正向稳定运行于第一象限的 A 点。进行电压反接制动时，转速迅速降到 $n=0$，工作点运行到 C 点。此时，如不立即切断电源，由于 $T_{em}<T_L$，系统还将继续降速，即开始反转，工作点沿机械特性继续向下运动。经过 CD 段的反向电动状态后，越过 $n=-n_0$ 的 D 点进入第四象限，此时 $T_{em}>0$，$n<0$，电磁转矩变为制动转矩。因为 T_{em} 仍小于 T_L，系统将继续反转加速，直到 E 点时，$T_{em}=T_L$，系统以 n_E 速度匀速下放重物。此时 $|n|>|-n_0|$，故这种运行状态称为反向回馈制动运行状态，适用于高速下放位能性负载的场合。

反向回馈制动运行的机械特性与电压反接制动的机械特性相同。

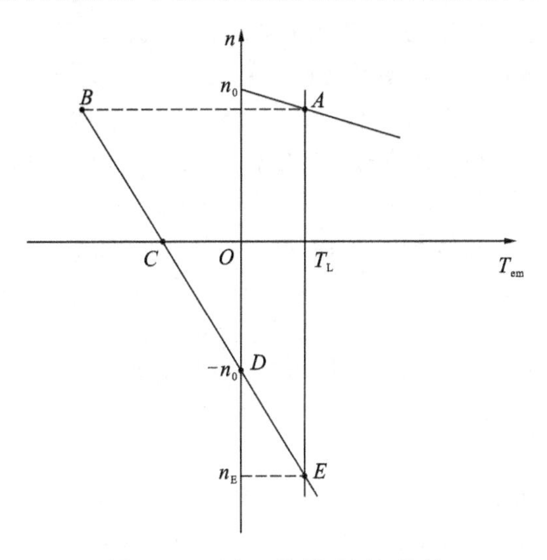

图 2-26　反向回馈制动运行特性

从以上三种回馈制动分析可知，回馈制动时，由于有功率回馈到电网，因此与能耗制动和反接制动相比，回馈制动是比较经济的。

【例 2.6】　一台他励直流电动机额定数据为 $U_N=220$ V，$I_N=12.5$ A，$n_N=1500$ r/min，$R_a=0.8\ \Omega$，拖动位能性负载，在回馈制动状态下，以 1750 r/min 的转速下放重物，求电枢回路应串入多大电阻。

解 $$C_e\Phi_N=\frac{U_N-I_NR_a}{n_N}=\frac{220-12.5\times0.8}{1500}\ \text{V}\cdot\text{min/r}=0.14\ \text{V}\cdot\text{min/r}$$

由反向回馈制动机械特性，有

$$n=-\frac{U_N}{C_e\Phi_N}-\frac{R_a+R_B}{C_e\Phi_N}I_a$$

$$-1750=-\frac{220}{0.14}-\frac{0.8+R_B}{0.14}\times12.5$$

解得 $$R_B=1.2\ \Omega$$

思考题与习题

2.1 什么是电力拖动系统？举例说明电力拖动系统都由哪些部分组成。

2.2 生产机械的负载转矩特性常见的有哪几类？何谓反抗性负载？何谓位能性负载？

2.3 电动机的理想空载转速与实际空载转速有何区别？

2.4 什么是固有机械特性？什么是人为机械特性？他励直流电动机的固有特性和各种人为特性各有何特点？

2.5 直流电动机为什么不能直接启动？如果直接启动会引起什么后果？

2.6 当起重机下放重物时：(1)要使他励直流电动机在低于理想空载转速下运行，应采用什么制动方法？(2)若在高于理想空载转速下运行，又应采用什么制动方法？

2.7 直流电动机有哪几种调速方法？各有何特点？

2.8 一台他励直流电动机，$P_N=29$ kW，$U_N=440$ V，$I_N=76$ A，$n_N=1000$ r/min，$R_a=0.38\ \Omega$，分别采用调压调速和弱磁调速，要求最低理想空载转速为 250 r/min，最高理想空载转速为 1500 r/min，求在额定转矩时的最高转速和最低转速，并比较这两条机械特性的静差率。

2.9 一台他励直流电动机数据为 $P_N=7.5$ kW，$U_N=110$ V，$I_N=80$ A，$n_N=1500$ r/min，$R_a=0.1\ \Omega$，试问：(1)$U=U_N$，$\Phi=\Phi_N$ 条件下，电枢电流 $I_a=60$ A 时转速是多少？(2)$U=U_N$ 条件下，主磁通减小 15%，负载转矩为 T_N 不变时，电动机电枢电流和转速是多少？(3)$U=U_N$，$\Phi=\Phi_N$ 条件下，负载转矩为 $0.8T_N$，转速为 -800 r/min，电枢回路应串入多大电阻？

2.10 他励直流电动机的 $P_N=2.5$ kW，$U_N=220$ V，$I_N=12.5$ A，$n_N=1500$ r/min，$R_a=0.8\ \Omega$。求：(1)当电动机以 1200 r/min 的转速运行时，采用能耗制动停车，若限制最大制动电流为 $2I_N$，则电枢回路中应串入多大的制动电阻；(2)若负载为位能性恒转矩，负载转矩 $T_L=0.9T_N$，采用能耗制动使负载以 120 r/min 转速匀速下降，电枢回路应串入多大电阻？（不计空载转矩 T_0）

2.11 一台他励直流电动机数据为 $P_N=4$ kW，$U_N=220$ V，$I_N=22.3$ A，$n_N=1000$ r/min，$R_a=0.91\ \Omega$，运行于额定状态，为使电动机停车，采用电压反接制动，串入电枢回路的电阻为 9 Ω。求：(1)制动开始瞬间电动机的电磁转矩；(2)$n=0$ 时电动机的电磁转矩；(3)如果负载为反抗性负载，在制动到 $n=0$ 时不切断电源，电动机能否反转？

2.12 一台他励直流电动机铭牌数据为 $P_N=10$ kW，$U_N=110$ V，$I_N=112$ A，$n_N=750$ r/min，$R_a=0.1\ \Omega$，设电动机带反抗性恒转矩负载处于额定运行。求：(1)采用电压反接制动，使最大制动电流为 $2.2I_N$，电枢回路应串入多大电阻；(2)在制动到 $n=0$ 时，不切断电源，电动机能否反转？若能反转，试求稳态转速，并说明电动机工作在什么状态？

2.13　一台他励直流电动机的数据为 $P_N=29$ kW，$U_N=440$ V，$I_N=76.2$ A，$n_N=1050$ r/min，$R_a=0.393\ \Omega$。

(1)电动机带动位能负载，在固有特性上做回馈制动下放，$I_a=60$ A，求电动机反向下放转速。

(2)电动机带动位能负载，作反接制动下放，$I_a=50$ A 时，转速 $n=-600$ r/min，求串接在电枢电路中的电阻值。

第3章　变　压　器

变压器是电力系统及电气控制系统中应用广泛的一种电气设备，是一种静止电机，它是利用电磁感应原理，把一种电压等级的交流电能转换成同频率的另一种电压等级的交流电能的电磁装置。在电力系统中，可以通过升压变压器将电能从经济地输送到用电地区，再通过降压变压器降低电压，供用户使用。在电气控制系统中，变压器在电能的测试、控制和特殊用电设备中也有广泛的应用。本章在讲述变压器结构原理的基础上，主要讲述变压器的电磁关系和参数测定。

3.1　变压器的工作原理和结构

1. 变压器的基本工作原理

变压器是基于电磁感应原理运行的，它的工作原理图如图 3-1 所示。在一个闭合的铁芯上套有两个线圈绕组，这两个绕组相互绝缘以保证它们之间没有电的联系，通常这两个绕组的匝数也不同。其中，接于电源侧的绕组称为一次绕组或初级绕组，匝数为 N_1 其首端和末端分别为 U_1 和 U_2；用于接负载侧的是二次绕组或次级绕组匝数为 N_2，其首端和末端分别为 u_1 和 u_2。

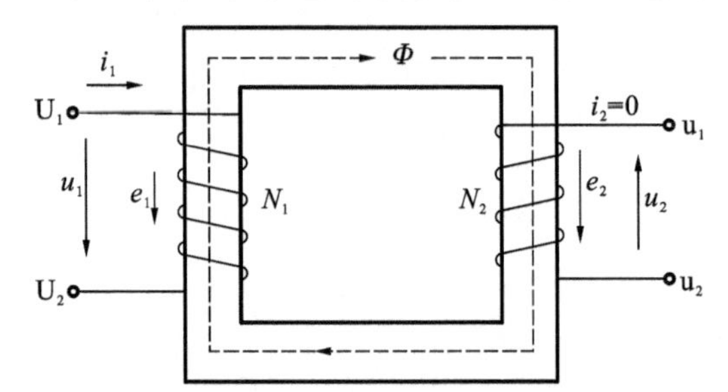

图 3-1　变压器工作原理图

将一次绕组 U_1U_2 接于交流电源 u_1 上，通过绕组的交流电流 i_1 在铁芯中就会产生与外加电压频率相同的交变磁通 Φ；二次绕组 u_1u_2 为开路，$i_2=0$。根据电磁感应原理，应变磁通 Φ 分别在两个绕组中感应出同频率的电动势 e_1 和 e_2，且有

$$\left.\begin{aligned} e_1 &= -N_1\frac{\mathrm{d}\Phi}{\mathrm{d}t} \\ e_2 &= -N_2\frac{\mathrm{d}\Phi}{\mathrm{d}t} \end{aligned}\right\} \tag{3-1}$$

若把负载接于二次绕组的两端，在电动势 e_2 的作用下，变压器就可以向负载输出电能，实现电能的传递。

由以上的分析可知，一次绕组和二次绕组的感应电动势近似等于各自绕组两端的电压，当一次绕组和二次绕组的匝数不同时，就可以将一次电压改变成二次电压，达到改变电压的作用，这就是变压器的变压原理。

变压器是转换交流电能的电磁装置，各电磁量之间的关系错综复杂，电磁量的表达形式也多样。例如，u_1 为按正弦规律变化的交流电压，u_1 的有效值用 U_1 表示，u_1 的有效值相量用 $\dot{U}_1$ 表示。有效值是用来衡量交流量的大小，不考虑方向；有效值相量是既有大小又有方向的物理量，是交流中常用的表示方式。交流电流 i、交流电动势 e 等物理量表示方式也是如此。交流电动机中各电磁量的表示方式同变压器。

2. 变压器的分类

变压器的种类很多，通常按其用途、绕组相数、相数、铁芯结构、冷却方式和调压方式等不同标准进行分类。

按用途，变压器可以分为电力变压器（升压变压器、降压变压器、联络变压器）、仪用互感器（电压互感器和电流互感器）和特种变压器（调压变压器、试验变压器、电炉变压器、整流变压器）等三类。

按绕组数目，变压器可以分为双绕组变压器、三绕组变压器、多绕组变压器和自耦变压器等四类。

按相数，变压器可以分为单相变压器、三相变压器和多相变压器等三类。

按铁芯结构，变压器可以分为芯式变压器和壳式变压器等两类。

按冷却介质和冷却方式，变压器可以分为油浸式变压器、干式变压器和充气式变压器等三类。

按调压方式，变压器可以分为无励磁调压变压器和有载调压变压器等两类。

3. 变压器的结构

变压器的结构主要与它的类型、容量大小和冷却方式等有关，这里主要介绍以变压器油为冷却介质的油浸式变压器的结构。油浸式变压器的基本结构部件有铁芯、绕组、油箱、冷却装置、绝缘套管和保护装置等。图 3-2 所示的为油浸式变压器的结构示意图。

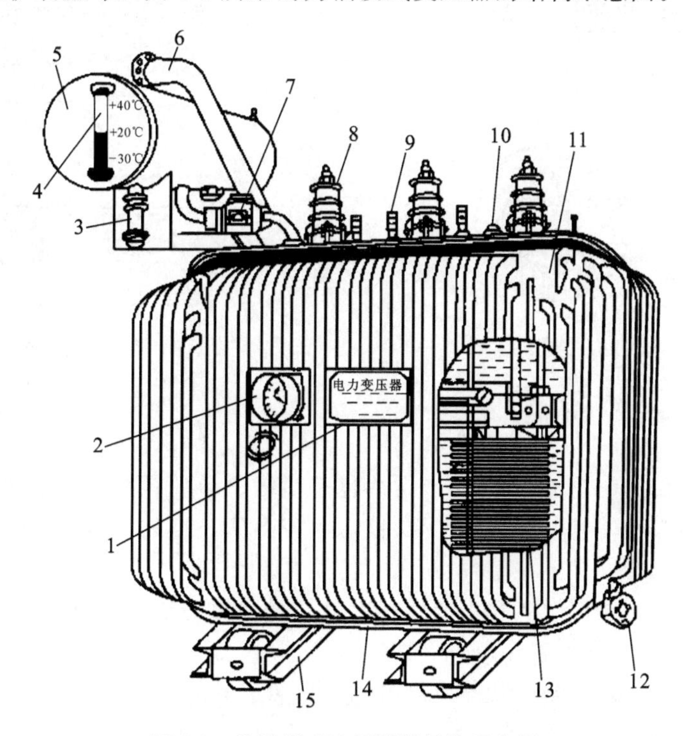

图 3-2 为油浸式变压器的结构示意图

1—铭牌；2—信号式温度计；3—吸湿器；4—油表；5—储油柜；6—安全气道；7—气体继电器；8—高压套管；9—低压套管；10—分接开关；11—油箱；12—放油阀；13—绕组及铁芯；14—接地栓；15—小车

1)铁芯

在变压器中,铁芯既是变压器的主要通路,又是它的机械骨架。铁芯由铁芯柱和铁轭两部分构成,铁芯柱上套装绕组,铁轭将铁芯柱连接起来形成闭合磁路。为了提高磁路的导磁性能,减小铁芯中的磁滞和涡流损耗,铁芯一般用高磁导率的铁磁性材料制成。目前,变压器铁芯大部分采用 0.35 mm 厚、表面涂有绝缘漆的硅钢片叠成。

叠片式铁芯的结构有芯式和壳式两种。芯式铁芯结构的变压器,其铁芯被绕组包围着,如图 3-3 所示。这种变压器结构简单,绕组的装配和绝缘设置也较容易,国产电力变压器主要采用芯式结构。壳式铁芯变压器的主要特点是铁芯包围线圈,如图 3-4 所示。壳式变压器的力学强度好,但结构复杂,铁芯材料消耗多,只在一些小容量变压器和特殊变压器中使用。大容量变压器的铁芯往往设置油道,而铁芯则浸在变压器油中,油从油道中流过就可将铁芯中由于涡流和迟滞损耗产生的热量带走。

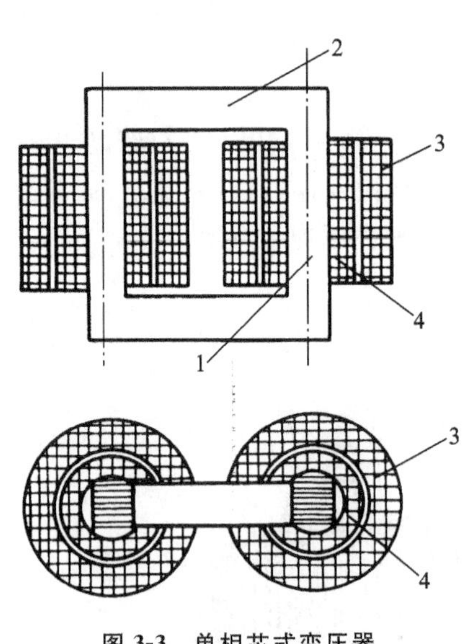

图 3-3 单相芯式变压器

1—铁芯柱;2—铁轭;
3—高压线圈;4—低压线圈

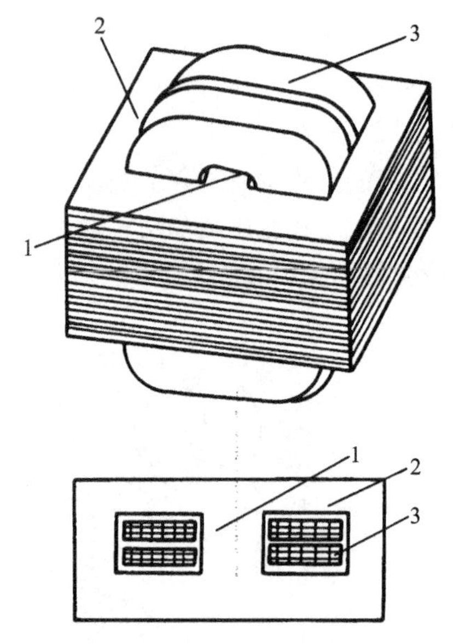

图 3-4 单相壳式变压器

1—铁芯柱;2—铁轭;3—绕组

2)绕组

绕组是变压器传递电能的电路部分,常用包有绝缘材料的铜线或铝线绕制而成。为了使绕组具有良好的力学性能,其外形一般为圆筒形状。高压绕组的匝数多、导体细,低压绕组的匝数少、导体粗,绕组套在铁芯柱上。

变压器的绕组可分为同芯式和交叠式等两类。同芯式绕组的高、低压绕组同心地套在铁芯柱上。为了便于绝缘,通常低压绕组靠近铁芯柱,高压绕组套在低压绕组外面,两个绕组之间用绝缘纸筒隔开。这种绕组结构简单,制造方便,国产电力变压器均采用此种线圈。

交叠式绕组的高、低压绕组沿铁芯柱高度方向交替放置,如图 3-5 所示。交叠式绕组力学强度好,引出线布置方便,绕组漏电抗小,多用于低电压、大电流的电焊、电炉变压器及壳式变压器中。

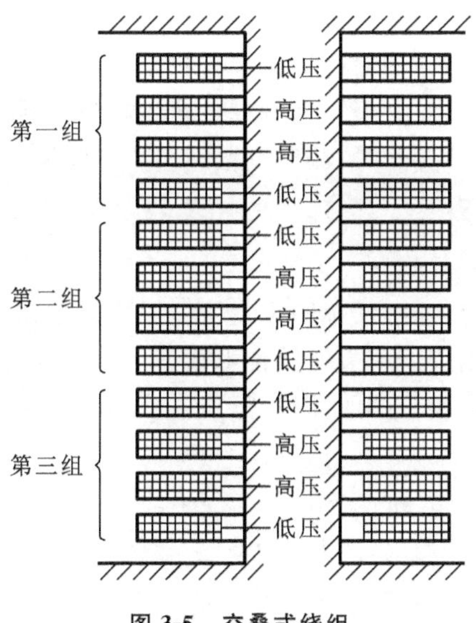

图 3-5 交叠式绕组

3)油箱和冷却装置

油浸式变压器的器身浸在充满变压器油的油箱中,变压器油既是绝缘介质,又充当冷却介质,油受热后形成对流,将铁芯和绕组中的热量带到箱壁及冷却装置,再传递给周围空气。

变压器的油箱的结构与变压器的容量和发热情况密切相关,容量很小的变压器采用平板式油箱;中、小型变压器为增加散热表面采用排管式油箱;大容量变压器采用散热器式油箱。另外,大型变压器还采用强迫油循环冷却方式,以增强冷却效果。

4)绝缘套管

变压器的绝缘套管是将绕组的高、低压引线从油箱内部引到箱外的绝缘装置,它一方面使带电的引线与接地的油箱绝缘,另一方面还起着固定引线的作用。绝缘套管大多装于箱盖上,中间穿有导电杆,套管下端伸进油箱与绕组引线相连,套管上端露出箱外,与外电路连接。绝缘套管的结构主要取决于电压等级。1 kV 以下采用纯瓷套管,10~35 kV 采用空心充气或充油式套管,110 kV 及以上采用电容式套管。

5)保护装置

保护装置根据作用的不同有多种。

(1)储油柜(又称膨胀器或油枕) 安装在油箱盖上,通过管道与油箱接通,柜内油面的高度随变压器油的热胀冷缩而变动。储油柜的作用是使变压器油箱充满油,减少油与空气的接触面积,从而降低变压器油受潮和老化的速度。

(2)吸湿器(又称呼吸器)用来连接大气与储油柜。吸湿器内装有硅胶或活性氧化铝,用于吸收进入储油柜中空气的水分,以防止油受潮而保持良好性能。

(3)安全气道(又称防爆筒)装于油箱顶部。它是一个长钢圆筒,上端装有一定厚度的玻璃板或酚醛纸板,下端与油箱连通。它的作用是当变压器内部发生故障引起压力骤增时,让油气流冲破玻璃或酚醛纸板喷出,以免造成油箱爆裂。

(4)净油器是利用油的自然循环,使油通过吸附剂进行过滤,以改善运行中变压器油的性能的装置。

(5)气体继电器装在储油柜与油箱的连接管道中，当变压器内部发生故障产生气体或油箱漏油使油面下降过多时，它可以发出报警信号或自动切断变压器电源，对变压器起保护作用。

此外，变压器还包括调压分接开关、测温及温度监控装置等。

4. 变压器的型号与额定值

1)变压器的型号

每台变压器上都装有铭牌，在上面标明了变压器工作时规定的使用条件，主要有型号、额定值、器身重量、制造编号和制造厂家等有关技术数据。

变压器的型号显示了一台变压器的结构、额定容量、电压等级、冷却方式等内容，表示方法如下：

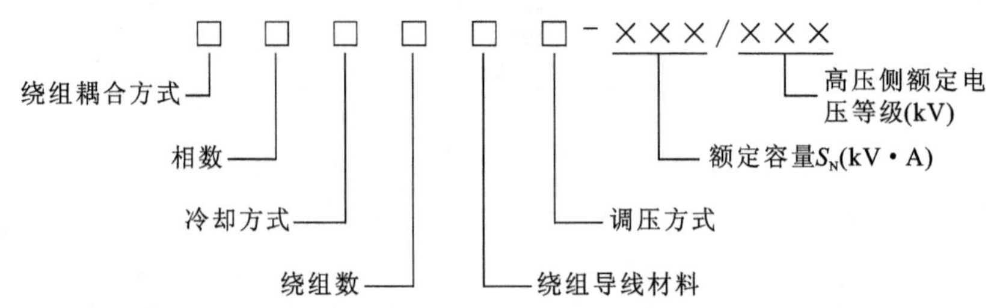

例如，OSFPSZ—250000/220 表示三相自耦强迫油循环风冷三绕组铜线有载调压、额定容量为 250000 kV·A，220 表示高压侧额定电压 220 kV；型号 SL—1000/10 中 S 表示三相，L 表示三相绕组材料为铝线，1000 表示额定容量为 1000 kV·A，10 表示高压侧额定电压 10 kV。具体参数可以通过变压器相关资料查阅。

2)额定值

(1)额定容量 S_N。

额定容量指变压器在额定运行时所能输出的最大视在功率，单位为 V·A 或 kV·A。由于变压器的效率很高，通常一、二次侧的额定容量设计成相等。对于三相变压器而言是指三相容量之和。

(2)额定电压 U_{1N}/U_{2N}。

额定电压指变压器长时间运行时所能承受的工作电压，单位为 V 或 kV。一次绕组的额定电压 U_{1N} 是指根据绝缘强度和发热允许条件规定加到一次侧的工作电压；二次额定电压 U_{2N} 是指变压器一次侧加额定电压，二次绕组开路时的二次绕组两端电压。对三相变压器而言，额定电压指线电压。

(3)额定电流 I_{1N}/I_{2N}。

额定电流是指变压器在额定容量下，允许长期通过的电流，单位为 A。同样，对于三相变压器，额定电流指线电流。

于是，对于单相变压器，有

$$S_N = U_{1N} I_{1N} = U_{2N} I_{2N} \tag{3-2}$$

对于三相变压器，有

$$S_N = \sqrt{3} U_{1N} I_{1N} = \sqrt{3} U_{2N} I_{2N} \tag{3-3}$$

(4)额定频率 f_N。

我国的标准规定工业频率为 50 Hz。

此外，变压器的额定值还有效率、温升等。除额定值之外，铭牌上还标有变压器的相数、连接组别、阻抗电压和接线图等。

3.2 单相变压器的空载运行

空载运行是指变压器一次绕组接到额定电压、额定频率的电源上，而二次绕组开路的运行状态。

3.2.1 空载运行时的电磁关系

图 3-6 所示的是单相变压器空载运行的示意图。当一次绕组接交流电压为 $\dot{U}_1$ 的电源后，绕组中便有交变的电流 $\dot{I}_0$ 流过。由于二次侧开路，二次绕组中电流 $\dot{I}_2=0$，此时一次侧绕组中的电流 $\dot{I}_0$ 称为空载电流，$\dot{I}_0$ 流过一次绕组建立一个交变的空载磁场，磁场磁动势 $\dot{F}_0=N_1\dot{I}_0$。根据所经过的路径不同，可把所产生的磁通分为主磁通 $\dot{\Phi}_0$ 和漏磁通 $\dot{\Phi}_{1\sigma}$。主磁通同时交链与一、二次绕组、沿铁芯闭合；漏磁通只交链于一次绕组，以非磁介质(空气或油)作为闭合回路。根据电磁感应定理，主磁通将在一、二次绕组中感应出主电动势 $\dot{E}_1$ 和 $\dot{E}_2$，漏磁通在一次绕组中感应一次漏电动势 $\dot{E}_{1\sigma}$。此外，空载电流 $\dot{I}_0$ 还将在一次绕组上产生电阻压降 $R_1\dot{I}_0$。于是，各电磁量之间的关系可以表示为

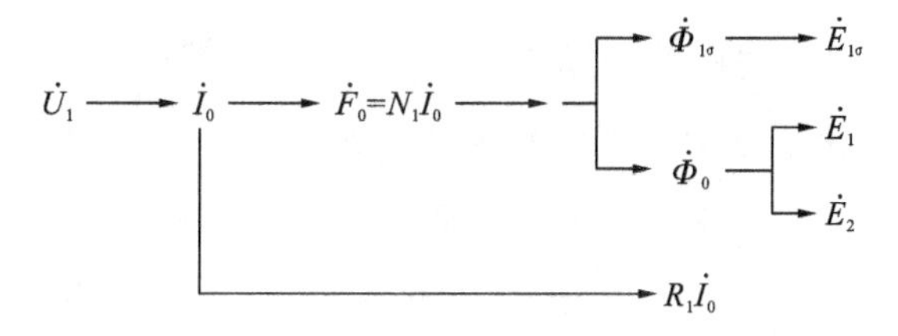

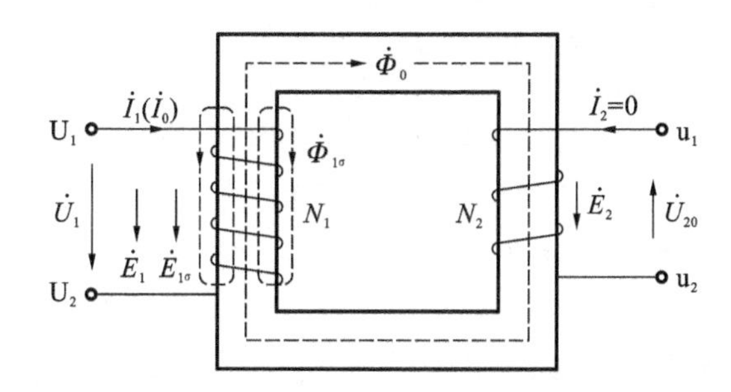

图 3-6 单相变压器空载运行示意图

根据路径的不同，主磁通和漏磁通有很大的差异：①在性质上，主磁通磁路由铁磁材料组成，具有饱和特性，使得主磁通与空载电流呈非线性关系；而漏磁通磁路不饱和，漏磁通与空载

电流呈线性关系。②在数量上，由于铁芯的磁导率比空气（或变压器油）的大得多，铁芯磁阻小，磁通的绝大部分通过铁芯闭合，所以，主磁通远远大于漏磁通，一般主磁通可占总磁通的99%以上，而漏磁通仅占1%以下。③在作用上，主磁通在二次绕组中产生感应电动势，若接上负载，就有电功率输出，起到了传递能量的作用；而漏磁通只在一次绕组中感应漏电动势，仅仅起到漏抗压降的作用。

3.2.2　各电磁量的正方向规定

由于变压器中各电磁量都是交流量，要分析它们之间的相互关系，必须先规定各物理量的正方向。从原理上讲，正方向可以任意选择，但正方向的规定不同，列出来的电磁方程就不同。习惯上将变压器的一次绕组看做负载，各物理量参考方向遵循电动机惯例；将变压器二次绕组看做电源，参考方向遵循发电机惯例。通常按以下规则确定正方向。

(1)在电源侧，电流的正方向与电动势的正方向一致；在负载侧，电流的正方向与电压降的正方向一致。

(2)电流的正方向与由它产生的磁通的正方向符合右手螺旋定则。

(3)磁通的正方向与由它产生感应电动势的正方向符合右手螺旋定则。

根据这些规定，变压器的各物理量的正方向如图3-6所示。在一次侧，$\dot{U}_1$ 的正方向表示电位降低，由一次绕组线圈的首端指向末端，$\dot{I}_0(\dot{I}_1)$从首端流入，当 $\dot{U}_1$ 和 $\dot{I}_0(\dot{I}_1)$同时为正或者同时为负时，表示一次侧输入电功率。在二次侧，$\dot{U}_2$ 和 $\dot{I}_2$ 的正方向由 $\dot{E}_2$ 的正方向决定，当 $\dot{U}_2$ 和 $\dot{I}_2$ 同时为正或同时为负时，电功率从二次侧输出。

3.2.3　变压器绕组的感应电动势

在变压器中，绕组的电阻压降和漏电动势相对很小，电源电压基本上与主电动势大小平衡，即 $U_1 \approx E_1$，由于 u_1 是正弦量，因此 e_1 也是正弦量，根据 $e_1 = -N_1 \dfrac{d\Phi}{dt}$ 可知，主磁通按正弦规律变化，即 $\Phi_0 = \Phi_m \sin(\omega t)$，式中，$\Phi_m$ 为主磁通的幅值，$\omega = 2\pi f$ 为磁通变化的角频率。

按照图3-6所示的正方向，一次侧和二次侧的感应电动势瞬时值分别为

$$\left.\begin{aligned} e_1 &= -N_1 \frac{d\Phi_0}{dt} = -N_1 \omega \Phi_m \cos(\omega t) = 2\pi f N_1 \Phi_m \sin(\omega t - 90^\circ) \\ &= E_{1m} \sin(\omega t - 90^\circ) \\ e_2 &= -N_2 \frac{d\Phi_0}{dt} = -N_2 \omega \Phi_m \cos(\omega t) = 2\pi f N_2 \Phi_m \sin(\omega t - 90^\circ) \\ &= E_{2m} \sin(\omega t - 90^\circ) \end{aligned}\right\} \tag{3-4}$$

式中：E_{1m} 和 E_{2m} 分别为 e_1 和 e_2 的幅值。

可见当主磁通按正弦规律变化时，一、二次侧的感应电动势也按正弦规律变化，且频率不变，相位滞后磁通90°，有效值分别为

$$\left.\begin{aligned} E_1 &= \frac{E_{1m}}{\sqrt{2}} = \frac{1}{\sqrt{2}} \omega N_1 \Phi_m = \frac{2\pi f}{\sqrt{2}} N_1 \Phi_m = 4.44 f N_1 \Phi_m \\ E_2 &= \frac{E_{2m}}{\sqrt{2}} = \frac{1}{\sqrt{2}} \omega N_2 \Phi_m = \frac{2\pi f}{\sqrt{2}} N_2 \Phi_m = 4.44 f N_2 \Phi_m \end{aligned}\right\} \tag{3-5}$$

用相量表示为

$$\left.\begin{aligned}\dot{E}_1=-\mathrm{j}4.44fN_1\dot{\Phi}_\mathrm{m}\\ \dot{E}_2=-\mathrm{j}4.44fN_2\dot{\Phi}_\mathrm{m}\end{aligned}\right\} \tag{3-6}$$

由上式可见，一次侧和二次侧感应电动势的大小与一次侧供电电源频率、绕组匝数及主磁通最大值成正比，且相位滞后主磁通 90°。

同理可以得出漏磁通感应的电动势为

$$\dot{E}_{1\sigma}=-\mathrm{j}\frac{2\pi f}{\sqrt{2}}N_1\dot{\Phi}_{1\sigma\mathrm{m}}=-\mathrm{j}4.44fN_1\dot{\Phi}_{1\sigma\mathrm{m}} \tag{3-7}$$

用电抗压降的形式可以表示为

$$\dot{E}_{1\sigma}=-\mathrm{j}\frac{2\pi f}{\sqrt{2}}N_1\dot{\Phi}_{1\sigma\mathrm{m}}=-\mathrm{j}2\pi f\frac{N_1\dot{\Phi}_{1\sigma\mathrm{m}}}{\sqrt{2}\dot{I}_0}\dot{I}_0=-\mathrm{j}2\pi fL_{1\sigma}\dot{I}_0=-\mathrm{j}X_1\dot{I}_0 \tag{3-8}$$

式中：$\Phi_{1\sigma\mathrm{m}}$为一次漏磁通最大值；$L_{1\sigma}=\frac{\Psi_{1\sigma}}{I_0}=\frac{N_1\Phi_{1\sigma}}{I_0}=\frac{N_1\Phi_{1\sigma\mathrm{m}}}{\sqrt{2}I_0}$为一次绕组漏感系数；$X_1=2\pi fL_{1\sigma}$为一次绕组漏电抗。由于漏磁通主要经过非铁磁路径，磁阻很大且为常数，X_1 通常很小，不随电源电压及负载变化而改变。

3.2.4 空载电流和空载损耗

1. 空载电流

1)空载电流的作用与组成

变压器空载运行时，一次绕组的空载电流 $\dot{I}_0$ 绝大部分用来产生主磁通，属于无功性质的，用 $\dot{I}_{0\mathrm{r}}$表示；另有很少一部分用来供给变压器的铁芯损耗，这部分电流属于有功性质的，用 $\dot{I}_{0\mathrm{a}}$表示。故空载电流可以写成

$$\dot{I}_0=\dot{I}_{0\mathrm{r}}+\dot{I}_{0\mathrm{a}} \tag{3-9}$$

2)空载电流的性质和大小

由于电力变压器的空载电流的无功分量远大于有功分量，即 $I_{0\mathrm{r}}\gg I_{0\mathrm{a}}$，故可近似认为空载电流是感性无功性质的，当忽略有功分量时有

$$I_0\approx I_{0\mathrm{r}} \tag{3-10}$$

故空载电流也称为励磁电流。感性无功性质的空载电流会使电网的功率因素降低，输送的有功功率减小，因此不允许变压器长期在电网中空载运行。

空载电流越小越好，其大小常用百分值 $I_0\%$表示，一般变压器的 $I_0\%$在 1%～10%之间，变压器容量越大，$I_0\%$越小。

2. 空载损耗

变压器空载运行时，二次侧虽然没有功率输出，但其一次侧仍会从电网吸收有功功率，并将其转化为热能散发到周围介质中，这部分功率称为空载损耗 P_0。

空载损耗包括铜损耗 P_{Cua} 和铁损耗 P_{Fe} 两部分，其中，$P_{Cua}=I_0^2R_1$，由于 I_0 和 R_1 均很小，空载时铜损耗很小，可忽略不计，这样空载损耗近似等于铁损耗，即

$$P_0 \approx P_{Fe} \tag{3-11}$$

对于已研制成的变压器，铁芯损耗与磁通密度幅值的平方成正比，与电源频率的 1.3 次方成正比，即

$$P_{Fe} \propto B_m^2 \cdot f^{1.3} \tag{3-12}$$

空载损耗约占额定容量的 0.2%～1%，该百分值随变压器容量的增大而减小。

3.2.5 空载运行时的电动势方程和等效电路

1. 电动势平衡方程

1）一次电动势平衡方程

根据基尔霍夫第二定律，由图 3-6 可知，有

$$\dot{U}_1=-\dot{E}_1-\dot{E}_{1\sigma}+\dot{I}_0R_1=-\dot{E}_1+\dot{I}_0R_1+\mathrm{j}\dot{I}_0X_1=-\dot{E}_1+\dot{I}_0Z_1 \tag{3-13}$$

式中：$Z_1=R_1+\mathrm{j}X_1$，为一次绕组的漏阻抗。由于 Z_1 和 I_0 均很小，故漏阻抗压降更小（$<0.5\%U_{1N}$），分析时可以忽略不计，式(3-13)变成

$$\dot{U}_1 \approx -\dot{E}_1 \tag{3-14}$$

可将上式改写为 $U_1 \approx E_1=4.44fN_1\Phi_m$，则有

$$\Phi_m=\frac{E_1}{4.44fN_1}\approx\frac{U_1}{4.44fN_1} \tag{3-15}$$

可知，影响变压器主磁通大小的因素有电源电压 $\dot{U}_1$ 和频率 f，还有结构因素 N_1。当电源电压和频率不变时，变压器主磁通的大小基本不变。

2）二次电动势平衡方程

由于空载运行时二次电流 $\dot{I}_2=0$，由基尔霍夫第二定律，有

$$\dot{U}_{20} \approx \dot{E}_2 \tag{3-16}$$

可见变压器空载时二次端电压与二次绕组主电动势相平衡。

2. 变压器变比

变压器一、二次绕组主电动势之比称为变比，用 k 表示，即

$$k=\frac{E_1}{E_2}=\frac{N_1}{N_2}\approx\frac{U_1}{U_{20}}=\frac{U_{1N}}{U_{2N}} \tag{3-17}$$

可知，变比也为两侧绕组匝数比或空载时两侧电压之比。

对于三相变压器，变比指一、二次相电动势之比，近似为一、二次额定相电压之比。而三相变压器的额定电压是指线电压，故其变比可以表示为

对于 Y，d 联结的三相变压器 $$k=\frac{U_{1N}}{\sqrt{3}U_{2N}} \tag{3-18}$$

对于 D，y 联结的三相变压器 $$k=\frac{\sqrt{3}U_{1N}}{U_{2N}} \tag{3-19}$$

对于 Y,y 和 D,d 联结的三相变压器,其关系式与式(3-17)相同,联结方式中,Y 或 y 表示三相绕组星形联结,D 或 d 表示三相绕组三角形联结,逗号前面的大写字母表示高压绕组接法,后面的表示低压绕组接法。

3. 空载时的等效电路

变压器的工作原理是建立在电磁感应定律的基础上的,运行中既有电路、磁路问题,又有电和磁之间的相互耦合,还存在磁路饱和现象,分析计算比较困难。等效电路就是用一个电路有条件地等效一台实际变压器的方法,这样可以将变压器用一个纯电路来分析,这将使变压器的分析和计算大为简化。

根据变压器的工作原理,空载电流在一次绕组中产生一个漏磁通 $\dot{\Phi}_{1\sigma}$感应出一次漏磁电动势 $\dot{E}_{1\sigma}$,在数值上可用空载电流 $\dot{I}_0$在漏抗 X_1 上的压降 $X_1\dot{I}_0$表示。同样,空载电流产生的主磁通在一次绕组感应出的主电动势 $\dot{E}_1$ 也可以引入某一参数的压降来表示,但交变的主磁通在铁芯中还存在铁损耗,不能用单纯的电抗表示,还需引入一个电阻参数 R_m,用 $I_0^2R_m$ 反映变压器的铁损耗。因此可以引入一个阻抗参数 Z_m,把 $\dot{E}_1$ 和 $\dot{I}_0$联系起来,此时$-\dot{E}_1$ 可以看做空载电流 $\dot{I}_0$ 在 Z_m 上的阻抗压降,即

$$-\dot{E}_1=Z_m\dot{I}_0=(R_m+jX_m)\dot{I}_0 \tag{3-20}$$

式中:Z_m 为励磁阻抗;R_m 为励磁电阻,对应于铁损耗的等效电阻;X_m 为励磁电抗,对应于主磁通的电抗。

将上式代入一次电动势平衡方程,有

$$\dot{U}_1=-\dot{E}_1+\dot{I}_0Z_1=\dot{I}_0Z_m+\dot{I}_0Z_1=\dot{I}_0(R_m+jX_m+R_1+jX_1) \tag{3-21}$$

根据上述分析和式(3-21),可以将变压器空载时的电路等效为图 3-7 所示电路。

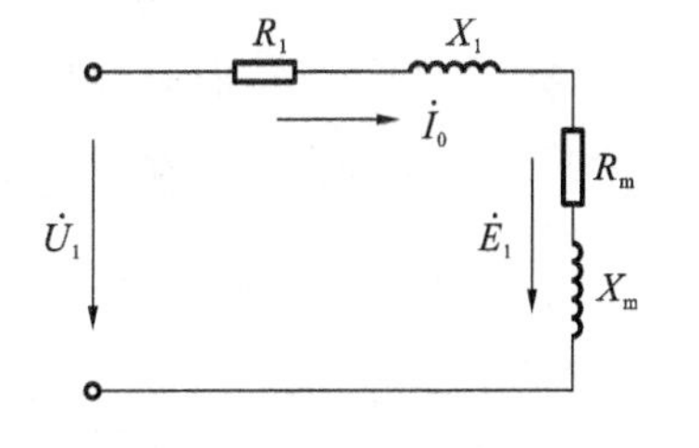

图 3-7 变压器空载等效电路

等效电路中一次漏抗 Z_1 为定值,铁芯磁路由于具有饱和特性,Z_m 随着外加电压 $\dot{U}_1$ 增大而减小。一般在变压器运行时外加电压 $\dot{U}_1$ 波动幅度不大,可近似将 Z_m 认为是常数。

对于电力变压器,$R_1 \ll R_m$,$X_1 \ll X_m$ 通常可将一次漏抗 Z_1 忽略不计,则变压器空载等效电路就成为只有一个励磁阻抗 Z_m 元件的电路了。所以在一定的外加电压下,空载电流的大小主要由励磁阻抗 Z_m 决定。从运行角度,希望空载电流越小越好,变压器铁芯采用高导磁性能的硅钢片的目的就是增大 Z_m,从而减小 I_0,提高变压器的效率和功率因素。

3.3 单相变压器的负载运行

变压器的一次侧接在额定频率和额定电压的交流电源上,二次侧接上负载的运行状态称为负载运行,如图 3-8 所示。

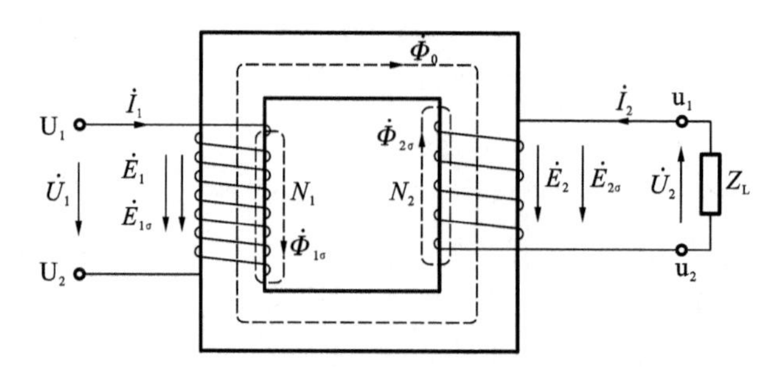

图 3-8 变压器负载运行示意图

3.3.1 负载运行时的电磁关系

变压器空载运行时，只在一次绕组中流过空载电流 $\dot{I}_0$，作用在铁芯上的磁动势只有 $\dot{F}_0=N_1\dot{I}_0$，在铁芯中产生主磁通 $\dot{\Phi}_0$，而在一、二次绕组中产生感应主电动势 $\dot{E}_1$ 和 $\dot{E}_2$，电源电压 $\dot{U}_1$ 与一次绕组的反电动势 $-\dot{E}_1$ 和漏阻抗压降 $\dot{I}_0Z_1$ 相平衡，此时变压器处于空载时的电磁平衡状态。

在变压器的二次侧接上负载后，二次绕组便有电流 $\dot{I}_2$ 流过，同一次绕组中的电流一样它将建立二次磁动势 $\dot{F}_2=N_2\dot{I}_2$，也作用在铁芯上。由于电源电压 $\dot{U}_1$ 为常值，相应的主磁通也保持不变，当二次磁动势力图改变铁芯中主磁通的磁动势时，一次绕组中将产生一个附加电流，习惯上用 $\dot{I}_{1L}$ 表示，附加电流产生的磁动势为 $N_1\dot{I}_{1L}$，恰好与二次磁动势 $N_2\dot{I}_2$ 相抵消。此时，一次绕组的电流 $\dot{I}_0$ 就变成了 $\dot{I}_1=\dot{I}_0+\dot{I}_{1L}$，作用在铁芯中的磁动势变为 $\dot{F}_1+\dot{F}_2=N_1\dot{I}_1+N_2\dot{I}_2$，它产生负载时的主磁通。

变压器负载运行时合成磁动势 $\dot{F}_1+\dot{F}_2$ 在一、二次绕组中产生感应电动势 $\dot{E}_1$ 和 $\dot{E}_2$，另外也会产生交链与自身的漏磁通 $\dot{\Phi}_{1\sigma}$和 $\dot{\Phi}_{2\sigma}$，并分别在一、二次绕组中感应出漏电动势 $\dot{E}_{1\sigma}$和 $\dot{E}_{2\sigma}$。此外，一、二次绕组电流 $\dot{I}_1$ 和 $\dot{I}_2$ 流过绕组时将产生压降 $R_1\dot{I}_1$ 和 $R_2\dot{I}_2$ 它们之间的关系如下：

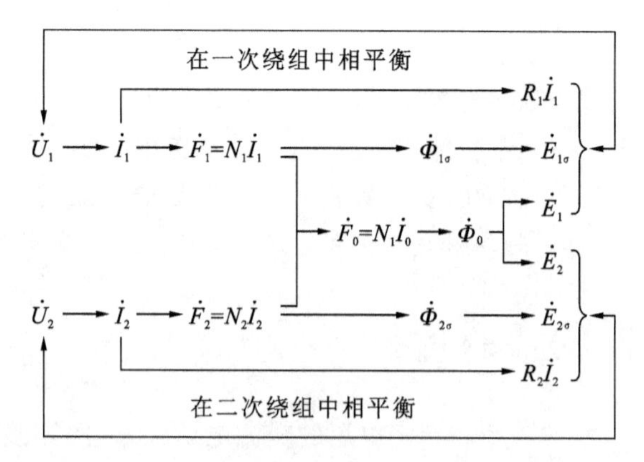

3.3.2　负载运行时的基本方程式

1. 磁动势平衡方程

根据上述分析可知，只要保持电源电压 $\dot{U}_1$ 不变，变压器空载时的主磁通的磁动势和负载时的合成磁动势基本相等，即

$$\left.\begin{aligned}\dot{F}_1+\dot{F}_2&=\dot{F}_0\\ N_1\dot{I}_1+N_2\dot{I}_2&=N_1\dot{I}_0\end{aligned}\right\}\tag{3-22}$$

将上式两边除以 N_1，有 $\dot{I}_1+\dfrac{N_2}{N_1}\dot{I}_2=\dot{I}_0$，或改写为

$$\dot{I}_1=\dot{I}_0+\left(-\frac{N_2}{N_1}\right)\dot{I}_2=\dot{I}_0+\left(-\frac{\dot{I}_2}{k}\right)=\dot{I}_0+\dot{I}_{1L}\tag{3-23}$$

式中：$\dot{I}_{1L}=-\dfrac{\dot{I}_2}{k}$，为一次绕组负载分量电流。

根据上述磁动势平衡方程可知，变压器负载运行时，一次电流由两个分量组成，一个是励磁电流 $\dot{I}_0$，用来建立负载时的主磁通 $\dot{\Phi}_0$，它不随负载大小而变动；另一个负载分量为 $\dot{I}_{1L}=-\dfrac{\dot{I}_2}{k}$，用来抵消二次磁动势的作用，它随负载大小而变动。这也说明变压器在运行时一次侧和二次侧电流通过磁动势平衡紧密联系在一起，二次侧电流的变化也会引起一次侧电流的改变，二次侧输出的功率的改变也会影响一次侧从电网吸收功率的多少。

负载运行时由于励磁分量远小于负载分量，故 I_0 可忽略不计，这样的话，一、二次侧电流之间的关系可以写为

$$\left.\begin{aligned}&\dot{I}_1\approx\left(-\frac{\dot{I}_2}{k}\right)\\ &\frac{I_1}{I_2}\approx\frac{N_2}{N_1}=\frac{1}{k}\end{aligned}\right\}\tag{3-24}$$

上式表明，一、二次侧电流的大小近似与匝数成反比，高压侧绕组匝数多，电流小；低压侧绕组匝数少，电流大。两侧绕组匝数不同，不仅可以改变电压，也能够改变电流。

2. 电动势平衡方程

根据基尔霍夫定律，一次侧有

$$\dot{U}_1=-\dot{E}_1-\dot{E}_{1\sigma}+\dot{I}_1R_1=-\dot{E}_1+\dot{I}_1R_1+\mathrm{j}\dot{I}_1X_1=-\dot{E}_1+\dot{I}_1Z_1\tag{3-25}$$

式中：$\dot{E}_{1\sigma}=-\mathrm{j}\dot{I}_1X_1$ 为一次漏磁电动势。二次侧有

$$\dot{U}_2=\dot{E}_2+\dot{E}_{2\sigma}-\dot{I}_2R_2=\dot{E}_2-\dot{I}_2(R_2+\mathrm{j}X_2)=\dot{E}_2-\dot{I}_2Z_2\tag{3-26}$$

式中：$\dot{E}_{2\sigma}=-\mathrm{j}\dot{I}_2X_2$ 为二次漏磁电动势；X_2 为二次漏电抗；Z_2 为二次漏阻抗，$Z_2=R_2+\mathrm{j}X_2$。

变压器负载运行中二次端电压也可以写成

$$\dot{U}_2=Z_L\dot{I}_2 \tag{3-27}$$

综上分析，变压器负载运行时的基本电磁关系可归纳起来得到以下基本方程式组。

$$\left.\begin{aligned}
&\dot{U}_1=-\dot{E}_1+\dot{I}_1(R_1+jX_1)\\
&\dot{U}_2=\dot{E}_2-\dot{I}_2(R_2+jX_2)\\
&\dot{I}_1=\dot{I}_0+(-\dot{I}_2/k)\\
&\dot{E}_1/\dot{E}_2=k\\
&\dot{E}_1=-Z_m\dot{I}_0\\
&\dot{U}_2=Z_L\dot{I}_2
\end{aligned}\right\} \tag{3-28}$$

3.3.3 负载运行时的等效电路

变压器的基本方程式反映了变压器内部的电磁关系，利用这些式子可以对变压器进行定量计算，但方程组十分烦琐。另外，在一般情况下一次绕组匝数和二次绕组匝数不相等，所以 $\dot{E}_1\neq\dot{E}_2$，这就给变压器的定量分析和相量图的绘制带来了麻烦。为了解决这个问题，常用一个假想的绕组来代替其中一个绕组，使之变成一台变比 $k=1$ 的变压器，这种方法称为绕组折算方法。折算后实际的变压器就变成一个单纯的电路，没有磁的联系，这种电路称为等效电路。利用折算后的等效电路，用电路的理论对其进行计算和分析，可以大大简化变压器的分析计算过程。

1. 绕组折算

变压器在负载运行时有两个独立的电路，相互间靠磁路联系在一起，主磁通做媒介。折算时通常假想认为二次侧匝数与一次侧匝数相等，即将二次侧折算到一次侧，如图 3-9 所示的是将二次侧各量折算到一次侧的情况，图中右上角加“′”的量表示折算后的电磁量，不如“′”的量表示折算前的电磁量。

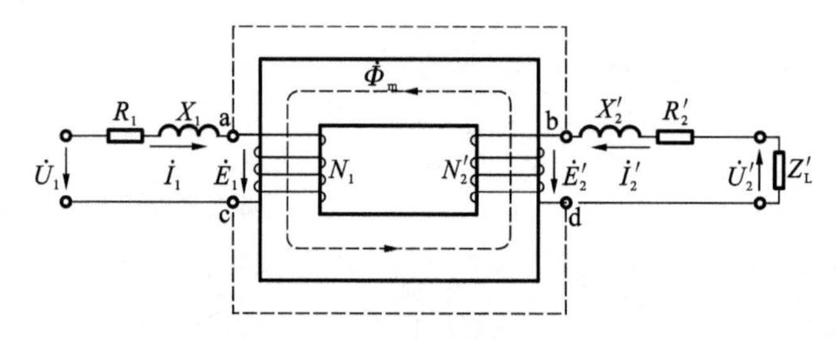

图 3-9 分析折算时的等效电路示意图

绕组折算的同时还必须对变压器的各电磁量做相应的变换，以保持变压器两侧的电磁关系不变，变换时要遵守以下原则。

(1)保持二次磁动势 $\dot{F}_2$ 不变。

(2)保持二次侧各功率(或损耗)不变。

这样就可以保证变压器主磁通、漏磁通不变，保持原来从电网吸收的功率传递到二次侧，从而折算使一次侧物理量不受影响，不致改变变压器的原电磁关系。

根据上述原则将变压器二次侧折算到一次侧，可以导出各量的折算值。

1)二次侧电动势的折算值

由于折算前后主磁场和漏磁场均不改变,根据电动势和匝数成正比关系,有

$$\frac{E_2'}{E_2}=\frac{N_2'}{N_2}=\frac{N_1}{N_2}=k$$

则有
$$\dot{E}_2'=k\dot{E}_2 \tag{3-29}$$

同理有
$$\dot{E}_{2\sigma}'=k\dot{E}_{2\sigma} \tag{3-30}$$

2)二次电流的折算值

根据折算前后二次磁动势 $\dot{F}_2$ 不变的原则,有

$$N_1\dot{I}_2'=N_2\dot{I}_2$$

得
$$\dot{I}_2'=\frac{N_2}{N_1}\dot{I}_2=\frac{1}{k}\dot{I}_2 \tag{3-31}$$

3)二次漏阻抗的折算值

折算前后二次绕组铜损耗保持不变,则有

$$R_2'I_2'^2=R_2I_2^2$$

所以
$$R_2'=R_2\left(\frac{I_2}{I_2'}\right)^2=k^2R_2 \tag{3-32}$$

折算前后二次绕组漏磁无功损耗不变,则有

$$X_2'I_2'^2=X_2I_2^2$$

所以
$$X_2'=X_2\left(\frac{I_2}{I_2'}\right)^2=k^2X_2 \tag{3-33}$$

4)二次电压的折算值

根据基尔霍夫定律,有

$$\dot{U}_2'=\dot{E}_2'-Z_2'\dot{I}_2'=k\dot{E}_2-k^2Z_2\frac{1}{k}\dot{I}_2=k(\dot{E}_2-Z_2\dot{I}_2)=k\dot{U}_2 \tag{3-34}$$

5)负载阻抗的折算值

因为阻抗为电压与电流之比,便有

$$Z_L'=\frac{\dot{U}_2'}{\dot{I}_2'}=\frac{k\dot{U}_2}{\frac{1}{k}\dot{I}_2}=k^2\frac{\dot{U}_2}{\dot{I}_2}=k^2Z_L \tag{3-35}$$

综上分析,把变压器的二次侧折算到一次侧后,电动势和电压的折算值为实际值乘以变比 k,电流的折算值等于实际值除以变比 k,而电阻、漏抗及阻抗的折算值等于实际值乘以 k^2。经过折算后,变压器负载运行时的基本方程式就变为

$$\left.\begin{aligned}
&\dot{U}_1=-\dot{E}_1+\dot{I}_1(R_1+\mathrm{j}X_1)\\
&\dot{U}_2'=\dot{E}_2'-\dot{I}_2'(R_2'+\mathrm{j}X_2')\\
&\dot{I}_0=\dot{I}_1+\dot{I}_2'\\
&\dot{E}_1=\dot{E}_2'\\
&\dot{E}_1=-Z_m\dot{I}_0\\
&\dot{U}_2'=Z_L'\dot{I}_2'
\end{aligned}\right\} \tag{3-36}$$

2. 等效电路

进行折算后，变压器两个独立的电路就可直接连在一起，然后再把铁芯磁路的工作状态用纯电路的形式代替，即得变压器负载时的等效电路。

1)T 形等效电路

根据所学过的电路知识，联系基本方程组式(3-36)可知，相应的等效电路应该具有两个节点(只有一个 KCL 方程)、两个单孔回路(有两个 KVL 方程)，具体电路如图 3-10 所示。

图 3-10 所示的二次侧各量均已折算到一次侧，即 $N_2'=N_1$，$\dot{E}_2'=\dot{E}_1$，可用导线将 c 点和 d 点连接，a 点和 b 点连接，将两个绕组合并成一个绕组，并且对一、二次回路没有任何影响，如此变换就将磁耦合变压器变成了直接电联系的等效电路。合并后的绕组中有励磁电流 $\dot{I}_0=\dot{I}_1+\dot{I}_2'$流过，称为励磁支路，如图 3-10(b)所示。如同在空载时的等效电路一样，可以用等效阻抗 $Z_m=R_m+jX_m$ 来代替励磁支路。这样就从物理概念导出了变压器负载运行时的"T"形等效电路，如图 3-10(c)所示。

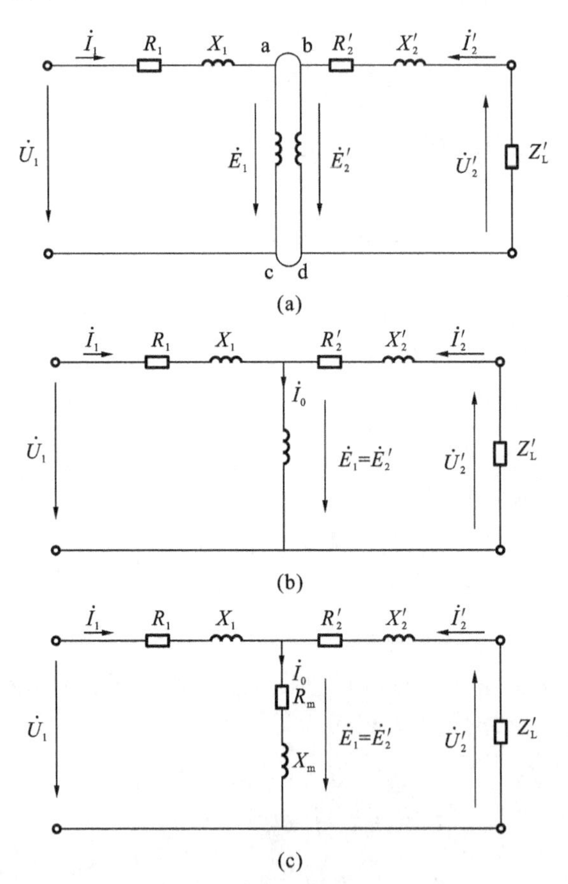

图 3-10　变压器 T 形等效电路及形成过程

消耗在电阻 R_1 和 R_2'上的电功率 $R_1I_1^2$ 和 $R_2'I_2'^2$ 分别代表一次、二次绕组的铜损耗 P_{Cu1} 和 P_{Cu2}，消耗在励磁电阻 R_m 上的电功率 $R_mI_0^2$ 代表变压器的铁损耗 P_{Fe}，U_1I_1 为变压器输入的视在功率 S_1，$U_2'I_2'$为输出的视在功率 S_2'，$E_1I_1=E_2'I_2'$为变压器一次侧通过电磁感应传递给二次侧的视在功率。

2)近似等效电路

"T"形等效电路能正确反映变压器内部的电磁关系,但结构上为串、并联混合电路,计算比较复杂,为此可以在"T"形等效电路的基础上做一定的简化,得出近似等效电路。

在"T"形等效电路中,由于 $I_0 \ll I_1$,$Z_1 \ll Z_m$,故 $I_0 Z_1$ 很小,可忽略不计;$I_1 Z_1$ 通常小于 5% U_{1N},也很小,也可以忽略不计,这样便可以把励磁支路从"T"形电路中部移至电源端得出图3-11所示的近似等效电路。由于近似等效电路中阻抗元件支路构成一个"Γ"形,故也称为 Γ 形等效电路。

3)简化等效电路

由于一般的变压器 $I_0 \ll I_N$,在进行工程计算中,可以把励磁电流 I_0 忽略,即去掉励磁支路,得到一个由一、二次侧的漏阻抗构成的更为简单的串联电路,如图 3-12 所示,称为变压器的简化等效电路。

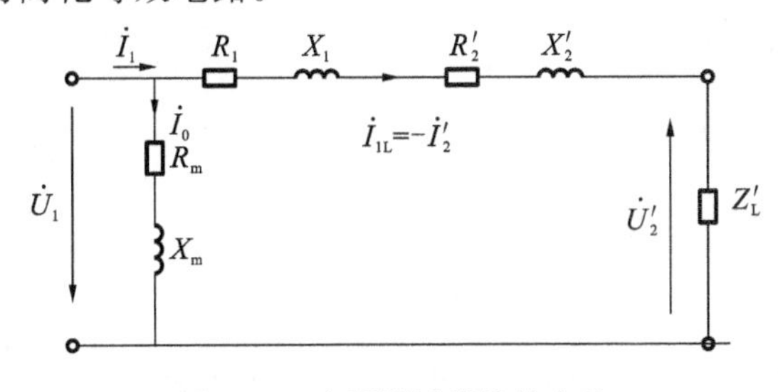

图 3-11 变压器近似等效电路

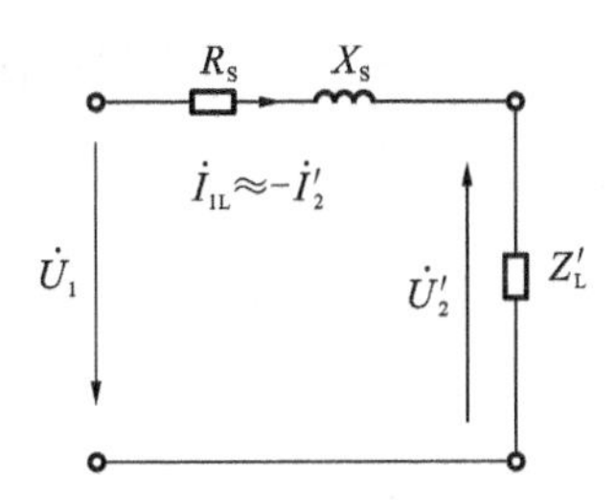

图 3-12 变压器简化等效电路

在图 3-12 中,有

$$\left.\begin{aligned} R_S &= R_1 + R_2' \\ X_S &= X_1 + X_2' \\ Z_S &= R_S + jX_S' \end{aligned}\right\} \tag{3-37}$$

式中:R_S 为短路电阻;X_S 为短路电抗;Z_S 为短路阻抗。

变压器的短路阻抗为一、二次侧漏阻抗之和,其值较小且为常数。由简化等效电路图可知,当变压器发生稳态短路时,短路电流 $I_S = U_1/Z_S$ 通常较大,可达额定电流的 10～20 倍。另外,Z_S 越大,则短路电流越小,可见短路阻抗能起到限制短路电流的作用。

3.4 变压器参数的测定

根据上文的分析,要用基本方程式或等效电路分析变压器的运行性能时,必须知道变压器的参数。这些参数直接影响变压器的运行性能,在设计变压器时,可根据所使用的材料及结构尺寸把它们计算出来,而对已制成的变压器,可用试验的方法求得。

3.4.1 空载试验

变压器空载试验的目的是,通过测量空载电流 I_0、一次和二次电压 U_1 和 U_{20} 及空载损耗 P_0 来计算变比 k、空载电流百分值 $I_0\%$、铁芯损耗 P_{Fe} 和励磁阻抗 $Z_m = R_m + jX_m$ 等。

单相变压器空载试验的接线图,如图 3-13 所示。空载试验可以在一次侧做,也可以在二次侧做,通常为了试验安全和读数方便,选择在低压侧加电压,将高压侧开路。为了测出空载电流和空载损耗随电压变化而变化的关系,外加电压 U_1 在 $0\sim1.2U_N$ 范围内调节,在不同的外加电压下,分别测出所对应的 U_{20}、I_0 及 P_0 值,便可画出曲线 $I_0=f(U_1)$、$P_0=f(U_1)$,如图 3-14 所示。

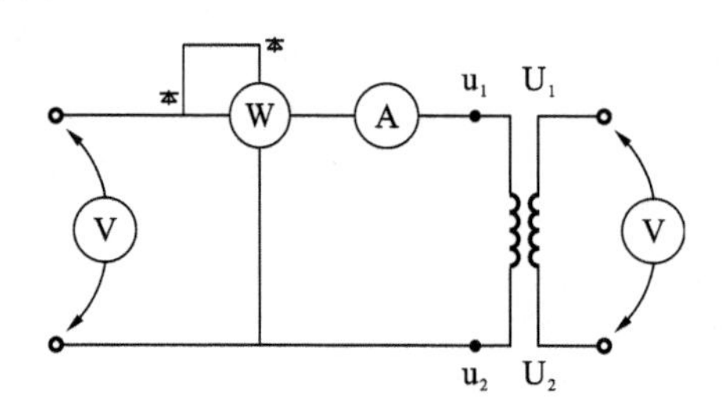

图 3-13 单相变压器空载试验接线图

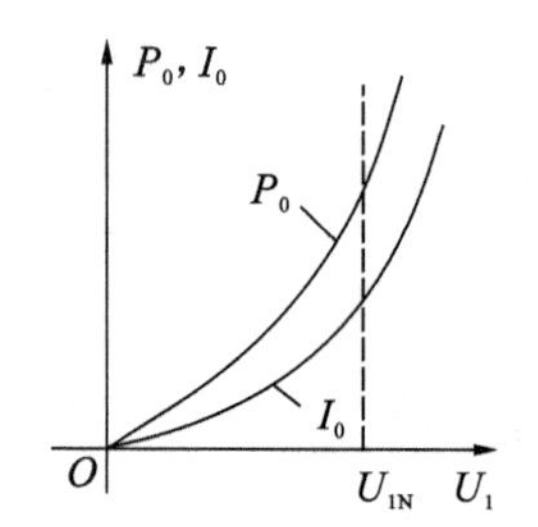

图 3-14 变压器空载特性曲线

根据所测得的数据可以求出其他相关参数,即

$$\left.\begin{aligned} k&=\frac{U_{20}}{U_1}\\ I_0\%&=\frac{I_0}{I_{1N}}\times100\%\\ P_{Fe}&=P_0 \end{aligned}\right\}\tag{3-38}$$

空载试验时,变压器没有输出功率,此时输入的有功功率 P_0 包含一次绕组铜损耗 $R_1I_0^2$ 和铁芯中铁损耗 $P_{Fe}=R_mI_0^2$ 两部分。由于 $R_1\ll R_m$,因此 $P_0\approx P_{Fe}$。

由空载等效电路,忽略 R_1、X_1,可求得

$$\left.\begin{aligned} Z_m&=\frac{U_{1N}}{I_0}\\ R_m&=\frac{P_0}{I_0^2}\\ X_m&=\sqrt{Z_m^2-R_m^2} \end{aligned}\right\}\tag{3-39}$$

空载试验还应注意如下几个问题。①由于励磁参数(空载电流、铁芯损耗及励磁阻抗)与铁芯磁路的饱和程度有关,所以,应取额定电压时的值来计算励磁参数。②由于空载试验在低压侧进行,若要求折算到高压侧的励磁阻抗,必须乘以 k^2,即高压侧的励磁阻抗为 k^2Z_m。③由于铁芯磁路具有磁滞现象,调节电压时应单方向励磁。④对于三相变压器,应用式(3-39)时,必须采用每相值,即用某一相的损耗以及相电压和相电流等来进行计算,而 k 值也应取相电压之比。⑤由于变压器空载运行时功率因素很低,为减小误差,应采用低功率因素的功率表来测量空载功率。

3.4.2 短路试验

短路试验的目的是,通过测量短路电流 I_S、短路电压 U_S 及短路功率 P_S 来计算短路电压百分值 $U_S\%$、铜损耗 P_{Cua} 和短路阻抗 $Z_S=R_S+jX_S$。

单相变压器的短路试验的试验接线如图 3-15 所示。短路试验可以在任何一侧做,为了便

于测量，短路试验通常在高压侧加电压，将低压侧短路。由于一般电力变压器的短路阻抗很小，为了避免过大的短路电流损坏变压器绕组，短路试验应降低电压进行。通过调节外加电压，使电流在0～1.3I_N范围内变化，分别测出它所对应的I_S、U_S和P_S值。试验时，同时记录试验室的室温θ，并且画出短路电流、短路损耗随电压变化的短路特性曲线$I_S=f(U_S)$和$P_S=f(U_S)$，如图3-16所示。

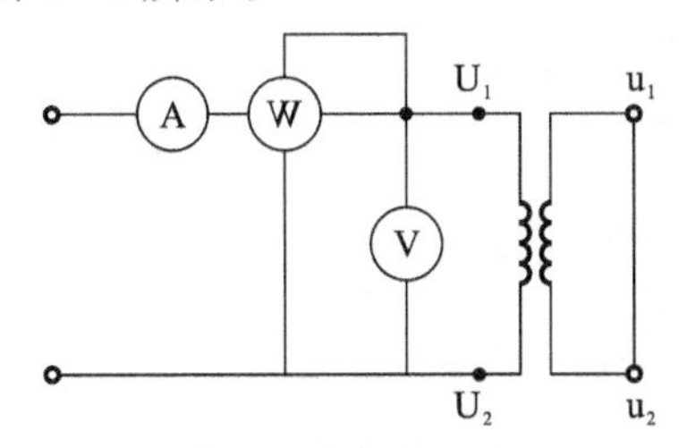

图3-15 单相变压器短路试验接线图

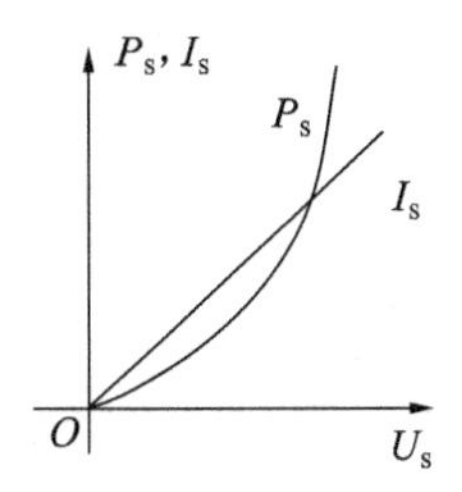

图3-16 变压器短路特性曲线

由于短路试验时外加电压较额定电压小得多，铁芯中主磁通很小，磁滞和涡流损耗都很小，可略去不计，认为短路损耗就是一、二次绕组电阻上的铜损耗，即$P_S=P_{Cu}$，也就是说，可以认为等效电路中的励磁支路处于开路状态，于是，由所测数据可求得短路参数为

$$\left.\begin{aligned}Z_S&=\frac{U_S}{I_S}=\frac{U_{SN}}{I_N}\\R_S&=\frac{P_S}{I_S^2}=\frac{P_{SN}}{I_N^2}\\X_S&=\sqrt{Z_S^2-R_S^2}\end{aligned}\right\}\tag{3-40}$$

对于T形等效电路，可认为$R_1\approx R_2'=\frac{1}{2}R_S$，$X_1\approx X_2'=\frac{1}{2}X_S$。

由于线圈电阻随温度变化而变化，而短路试验一般在室温下进行，故测得的电阻应该换算成基准工作温度时的数值。按国家标准规定，油浸变压器的短路电阻应换算成75℃时的数值。

对于铜线变压器，有

$$R_{S75℃}=\frac{234.5+75}{234.5+\theta}R_S\tag{3-41}$$

75℃时的短路阻抗为

$$Z_{S75℃}=\sqrt{R_{S75℃}^2+X_S^2}\tag{3-42}$$

式中：θ为试验时的室温。

对于铝线变压器，式(3-41)中的常数234.5应改为228。

短路损耗P_S和短路电压U_S也应换算到75℃时的数值，即

$$P_{S75℃}=R_{S75℃}I_{1N}^2\tag{3-43}$$

$$U_{S75℃}=Z_{S75℃}I_{1N}\tag{3-44}$$

同空载试验一样，短路试验也有一些值得注意的问题。①由于短路试验一般在高压侧进行，故测得的短路参数是高压侧的数值，若需要折算到低压侧，应除以k^2。②对于三相变压器，在应用式(3-40)时，U_S、I_S和P_S应该采用每相值来计算。

短路试验时，使短路电流为额定电流时一次侧所加的电压，称为短路电压，记作 U_{SN}，由等效电路，得

$$U_{SN}=Z_{S75℃}I_{1N} \tag{3-45}$$

它为额定电流在短路阻抗上的压降，故也称为阻抗电压。

短路电压通常以额定电压的百分值表示，即

$$\left.\begin{aligned} u_S\%&=\frac{I_{1N}Z_{S75℃}}{U_{1N}}\times 100\% \\ u_{Sa}\%&=\frac{I_{1N}R_{S75℃}}{U_{1N}}\times 100\% \\ u_{Sr}\%&=\frac{I_{1N}X_S}{U_{1N}}\times 100\% \end{aligned}\right\} \tag{3-46}$$

式中：$u_S\%$ 为短路电压百分值；$u_{Sa}\%$ 为短路电压电阻(或有功)分量的百分值；$u_{Sr}\%$ 为短路电压电抗(或无功)分量的百分值。

短路电压的大小直接反映了短路阻抗的大小，而短路阻抗又直接影响变压器的运行性能。从正常运行的角度看，希望它小些，这样负载变化时，二次电压波动小些；但从短路故障的角度，则希望它大些，相应的短路电流就小些。一般中、小型电力变压器的 $U_S\%=4\%\sim10.5\%$，大型电力变压器的 $u_S\%=12.5\%\sim17.5\%$。

【例 3.1】 一台三相电力变压器型号为 SL-750/10，$S_N=750$ kV·A，$U_{1N}/U_{2N}=10000$ V/400 V，Y，yn 联结。在低压侧做空载试验，测得数据为，$U_0=400$ V，$I_0=60$ A，$P_0=3800$ W。在高压侧做短路试验，测出数据为，$U_S=440$ V，$I_S=43.3$ A，$P_S=10900$ W，室温为20 ℃。试求：(1)以高压侧为基准的 T 形等效电路参数(设 $R_1=R_2'$，$X_1=X_2'$)。(2)短路电压百分值及其电阻分量和电抗分量的百分值。

解 (1)由空载试验数据求励磁参数。

励磁阻抗为 $$Z_m=\frac{U_0/\sqrt{3}}{I_0}=\frac{400/\sqrt{3}}{60}\ \Omega=3.85\ \Omega$$

励磁电阻为 $$R_m=\frac{P_0/3}{I_0^2}=\frac{3800/3}{60^2}\ \Omega=0.35\ \Omega$$

励磁电抗为 $$X_m=\sqrt{Z_m^2-R_m^2}=3.83\ \Omega$$

折算到高压侧的值如下。

变比为 $$k=\frac{U_{1N}/\sqrt{3}}{U_{2N}/\sqrt{3}}=\frac{10000/\sqrt{3}}{400/\sqrt{3}}=25$$

$$Z_m'=k^2Z_m=25^2\times3.85\ \Omega=2406.25\ \Omega$$

$$R_m'=k^2R_m=25^2\times0.35\ \Omega=218.75\ \Omega$$

$$X_m'=k^2X_m=25^2\times3.83\ \Omega=2393.75\ \Omega$$

由短路试验数据求短路参数如下。

短路阻抗为 $$Z_S=\frac{U_S/\sqrt{3}}{I_S}=\frac{440/\sqrt{3}}{43.3}\ \Omega=5.87\ \Omega$$

短路电阻为 $$R_S=\frac{P_S/3}{I_S^2}=\frac{10900/3}{43.3^2}\ \Omega=1.94\ \Omega$$

短路电抗为 $X_S=\sqrt{Z_S^2-R_S^2}=5.54\ \Omega$

换算到75℃时的值如下。

$$R_{S75℃}=\frac{228+75}{228+20}\times1.94\ \Omega=2.37\ \Omega$$

$$Z_{S75℃}=\sqrt{R_{S75℃}^2+X_S^2}=6.03\ \Omega$$

则

$$R_1=R_2'=\frac{1}{2}R_{S75℃}=\frac{1}{2}\times2.37\ \Omega=1.19\ \Omega$$

$$X_1=X_2'=\frac{1}{2}X_S=\frac{1}{2}\times5.54\ \Omega=2.77\ \Omega$$

(2)计算一次额定电流。一次额定电流为

$$I_{1N}=\frac{S_N}{\sqrt{3}U_{1N}}=\frac{750}{\sqrt{3}\times10}\ A=43.3\ A$$

短路电压百分值及其分量的百分值分别为

$$u_S\%=\frac{I_{1N}Z_{S75℃}}{U_{1N}/\sqrt{3}}\times100\%=\frac{43.3\times6.03}{10000/\sqrt{3}}\times100\%=4.52\%$$

$$u_{Sa}\%=\frac{I_{1N}R_{S75℃}}{U_{1N}/\sqrt{3}}\times100\%=\frac{43.3\times2.37}{10000/\sqrt{3}}\times100\%=1.78\%$$

$$u_{Sr}\%=\frac{I_{1N}X_S}{U_{1N}/\sqrt{3}}\times100\%=\frac{43.3\times5.54}{10000/\sqrt{3}}\times100\%=4.15\%$$

3.5 三相变压器

现在的电力系统普遍采用三相制供电，因此三相变压器应用得最为广泛。目前，存在两种形式的三相变压器可供选择，一种是由3个单相变压器所组成的三相组式变压器；另一种是由铁轭把三个铁芯柱连接在一起而构成的三相芯式变压器。在实际运行过程中，三相变压器的电压、电流基本上是对称的，当所带负载为对称负载时，各相电压、电流大小相等，相位依次相差120°，所以只要知道任何一相的电压、电流，其余两相的就可以根据对称关系求出。在对其中的一相进行分析时，其等效电路、基本方程式与单相变压器的完全一样。因此，本节只对三相变压器的磁路系统和电路系统加以分析。

3.5.1 三相变压器的磁路系统

三相变压器的磁路系统按其铁芯结构可分为组式磁路和芯式磁路等两类。

1. 组式(磁路)变压器

三相组式变压器是由3个磁路相互独立的单相变压器所组成的，所以三相之间没有磁的联系，只有电的联系，如图3-17所示。一、二次绕组可根据要求接成星形(Y)或三角形(△)，在一次侧施加对称电压(用U、V、W或A、B、C表示)后，由于三相磁路对称，三相的磁通必然对称，三相空载电流也是对称的。

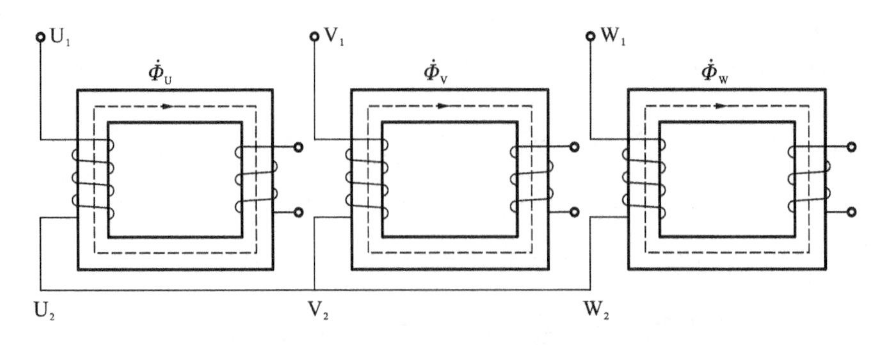

图 3-17　三相组式变压器磁路系统

2. 芯式(磁路)变压器

与三相组式变压器不同，三相心式变压器的磁路相互关联。它是通过铁轭把 3 个铁芯柱连在一起的，如图 3-18 所示。这种铁芯结构是从单相变压器演变过来的，把 3 个单相变压器铁芯柱的一边组合到一起，而将每相绕组缠绕在未组合的铁芯柱上。由于在外加对称的三相电压时，组合在一起的铁芯柱中磁通 $\dot{\Phi}_U+\dot{\Phi}_V+\dot{\Phi}_W=0$，故可以省去，如图 3-18(b)所示。通常为了制造方便和降低成本，把 V 相铁轭缩短，并且把三个铁芯柱置于同一平面，便得出三相芯式变压器铁芯结构，如图 3-18(c)所示。

三相芯式变压器中，由于三相磁路长度不同，当外施对称三相电压时，三相励磁电流也不相等。但由于励磁电流本身较小，所以励磁电流的不对称对变压器运行的影响不大，可以忽略不计。

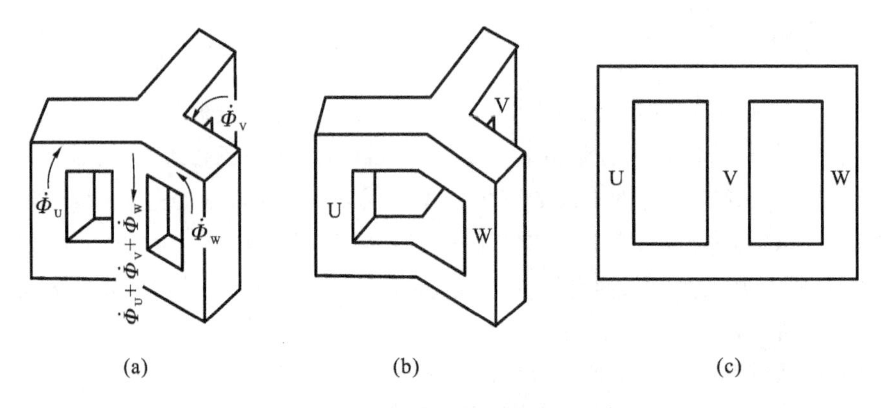

图 3-18　三相芯式变压器磁路系统

与同容量的三相组式变压器相比，三相芯式变压器所用的材料较少、质量轻、成本低，维修方便，使用比较广泛。但采用三相芯式变压器供电时，任何一相发生故障，整个变压器都要进行更换，如果采用三相组式变压器，只要更换出现故障的一相即可。所以三相芯式变压器的备用容量为组式变压器的 3 倍；另外，对于大型变压器来说，如果采用芯式结构，体积较大，运输不便。

通常为节省材料，多数三相变压器采用芯式结构。但对于大型变压器而言，为减少备用容量以及确保运输方便，一般都采用三相组式的结构形式。

3.5.2　三相变压器的电路系统

1. 三相绕组的连接方法

为了在使用变压器时能正确联结不发生错误，变压器绕组的每个出线端都设置了一个标志，电力变压器绕组的首、末端的标志如表 3-1 所示。

表 3-1　变压器绕组的首、末端标记

绕组名称	单相变压器		三相变压器		中性点
	首段	末端	首段	末端	
高压绕组	U_1	U_2	U_1、V_1、W_1	U_2、V_2、W_2	N
低压绕组	u_1	u_2	u_1、v_1、w_1	u_2、v_2、w_2	n

理论上来说，三相变压器的一、二次绕组都可以根据需要接成星形(Y)或三角形(△)，如图 3-19 所示。把三相绕组的三个末端连接在一起，把三个首端作为引出端，便是星形联结，为方便起见，用 Y，y 表示一、二次侧绕组的星形接法；把一相绕组的末端和另一相绕组的首端连接在一起，顺次连接成一个闭合回路，以三个首端引出，便是三角形联结，用 D，d 来表示一、二次侧绕组的三角形接法。这样，用符号就可以表示的变压器联结方式，例如：YN，d 表示一次绕组为星形接法，并且有中线引出，二次绕组为三角形接法；D，y 表示一次绕组为三角形接法，二次绕组为星形接法，无中线引出。

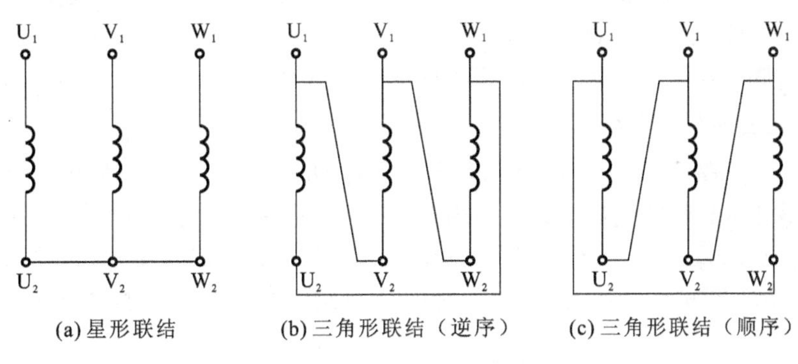

图 3-19　三相绕组的连接方法

2. 单相变压器的极性

由于三相变压器可以看成由三台单相变压器组成，所以分析单相变压器一、二次电动势之间的关系是基础，这里先引入单相变压器的极性这个重要概念。

单相变压器的主磁通及一、二次绕组的感应电动势都是交变的，没有固定极性，任何时刻两个绕组的感应电动势都会在某一端呈现高电位的同时，在另外一端呈现出低电位。由电路理论的知识，把一、二次绕组中同时呈现高电位(低电位)的端点称为同名端，并在该端点旁加“•”来表示，如图 3-20 所示。根据一、二次线圈的绕向不同，同极性端可能在绕组的对应端，如图 3-20(a)所示，也有可能在绕组的非对应端，如图 3-20(b)所示。

当绕组线圈绕向不同时，感应电动势的方向也不同，习惯上规定一、二次绕组感应电动势的方向均从首端指向末端。一旦两个绕组的首、末端已定义，即感应电动势的方向确定后，同极性端便唯一由绕组的绕向决定。当同极性端同时为一、二次绕组的首端(末端)时，感应电动

势 $\dot{E}_U$ 和 $\dot{E}_u$ 同相位，如图 3-20(a)所示；否则，感应电动势 $\dot{E}_U$ 和 $\dot{E}_u$ 相位相差180°即反相位，如图 3-20(b)所示。

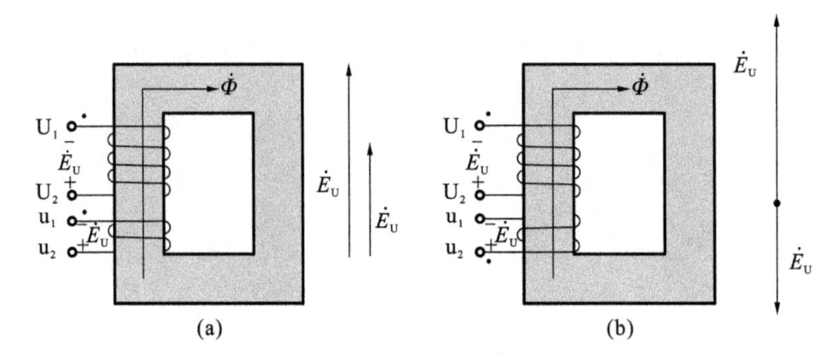

图 3-20 线圈的同极性端

综上分析，在单相变压器中，一、二次绕组感应电动势之间的相位关系要么相同，要么相反，它取决于绕组的绕向和首末端标记，同极性端的标号相同时电动势同相位。

为了形象地表示高、低绕组电动势之间的相位关系，采用所谓的“时钟表示法”。即把高压绕组电动势相量 $\dot{E}_U$ 作为时钟的长针，并固定在 12 点位置上，低压绕组的 $\dot{E}_u$ 作为时钟的短针，其所指的数字即为单相变压器联结组的组别号。例如，图 3-20(a)所示的组别号可以写成：I,I0，图 3-21(b)所示的可写成 I,I6，其中，I 和 I0 中的 I 表示高、低压绕组均为单相绕组，0 表示两绕组电动势同相位，6 表示反相位。

我国国家规定，单相变压器以 I,I0 作为标准联结组别。

3. 三相变压器的联结组别

由于三相变压器的一、二次绕组均可以采用 Y,y 联结或 YN,yn 联结，也可以采用 D,d 联结，括号内表示低压三相绕组联结方式。因此，三相变压器的连接方式有 Y,yn；Y,d；YN,d；Y,y；YN,y；D,yn；D,y；D,d 等多种组合，其中前三种联结方式最常见，逗号前的大写字母表示高压绕组的连接方式，逗号后的小写字母表示低压绕组的联结方式，N 或 n 表示有中性点引出。

由于三相绕组可以采用不同连接，三相变压器一、二次绕组的线电动势之间出现不同的相位差，因此可以按一、二次线电动势的相位关系把变压器的绕组连接分成各种不同联结组别。理论与实践证明，无论采用什么连接方式，一、二次线电动势的相位差总是30°的整数倍，因此仍可以采用时钟表示法，这时短针所指的数字即为三相变压器联结组别的标号，用该数字乘以30°得到的就是二次绕组线电动势滞后于一次绕组相应线电动势的相位角。

以下简单介绍几种不同的联结组别。

1)Y,y 联结

图 3-21(a)所示的为三相变压器 Y,y 联结时的接线图，其中同极性端标在对应端，一、二次侧对应的相电动势同相位，同时一、二次侧对应的线电动势 $\dot{E}_{UV}$ 和 $\dot{E}_{uv}$ 也同相位，如果 $\dot{E}_{UV}$ 指向“12”点，则 $\dot{E}_{uv}$ 也指向“12”点，联结组可以写成 Y,y0。

如果高压绕组三相标志不变，而将低压绕组三相标志依次后移一个铁芯柱，则得 Y,y4 联结；如果后移两个铁芯柱，则得 Y，y8 联结。

在图 3-21(a)所示接线中，如果将一、二次绕组的异极性端标在对应端，如图 3-21(b)所示，由于一、二次侧对应相的电动势反向，则线电动势 $\dot{E}_{UV}$ 和 $\dot{E}_{uv}$ 也反向，则得 Y，y6 联结。同理，将低压侧三相绕组依次后移一个或两个铁芯柱，便得 Y，y10 或 Y，y2 联结。

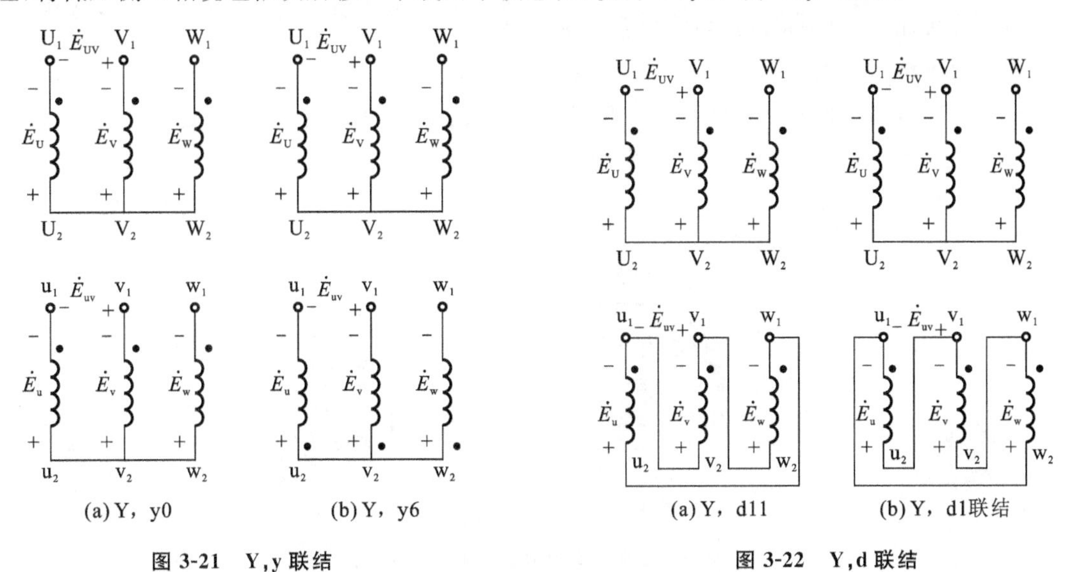

图 3-21 Y，y 联结

图 3-22 Y，d 联结

综上分析可知，Y，y 联结变压器共有 6 种，联结组标号分别为 0，2，4，6，8，10，均为偶数。

2) Y，d 联结

图 3-22(a)所示的是三相变压器 Y，d 联结的接线图。图 3-22 所示接线中将一、二次绕组的同极性端标在首端(或末端)，二次绕组按 u_1u_2—w_1w_2—v_1v_2 的顺序做三角形联结，这时一、二次侧对应的相电动势也同相位，但线电动势 $\dot{E}_{UV}$ 和 $\dot{E}_{uv}$ 的相位差为 330°，按照时钟表示法，当 $\dot{E}_{UV}$ 指向“12”点时，$\dot{E}_{uv}$ 指向“11”点，故其组号为 11，可以用 Y，d11 表示。同理，高压绕组不变，而相应改变低压绕组的标号，可以得到 Y，d3 和 Y，d7 联结。如果将二次绕组按照 u_1u_2—v_1v_2—w_1w_2 顺序做三角形联结，如图 3-22(b)所示，这时一、二次侧对应的相电动势也同相位，但线电动势 $\dot{E}_{UV}$ 和 $\dot{E}_{uv}$ 的相位差为 30°，故其组号为 1，可以用 Y，d1 表示。同理，将低压绕组三相标志后移一个或两个铁芯柱，则得到 Y，d5 和 Y，d9 联结组。

综上分析可知，Y，d 联结变压器共有 6 种，联结组标号分别为 1、3、5、7、9、11，均为奇数。

变压器的联结组别种类很多，为了便于制造和并联运行，国家标准规定 Y，yn0；Y，d11；YN，d11；YN，y0 和 Y，y0 等 5 种作为三相双绕组电力变压器的标准联结组，其中前 3 种最为常用。Y，yn0 联结组的二次绕组可引出中性线，称为三相四线制，作为配电变压器时可兼供动力和照明负载。Y，d11 联结组用于低压侧电压超过 400 V 的线路中。YN，d11 联结组主要用于高压输电线中，使电力系统的高压侧可以接地。

3.6 自耦变压器

电力系统和工业生产中，除了大量采用双绕组变压器外，还用到一些特殊用途的变压器。

例如，自耦变压器、三绕组变压器、互感器、电焊变压器和整流变压器等，虽然这些变压器用途各异，但是其基本工作原理与双绕组变压器的相同或相似，本节仅介绍自耦变压器。

普通的双绕组变压器一、二次绕组是相互绝缘的，它们之间只有磁的耦合，没有电的直接联系。如果将双绕组变压器的一、二次绕组串联起来作为新的一次侧，而二次绕组仍然作为二次侧与负载相连，这样便得到一台降压自耦变压器。

1. 作用与结构特点

自耦变压器的原理及接线图如图 3-23 所示，U_1U_2 为高压绕组，u_1u_2 为低压绕组，又称公共绕组，U_1u_1 为串联绕组。显然，自耦变压器一、二次绕组间不但有磁的联系，而且有电的联系。

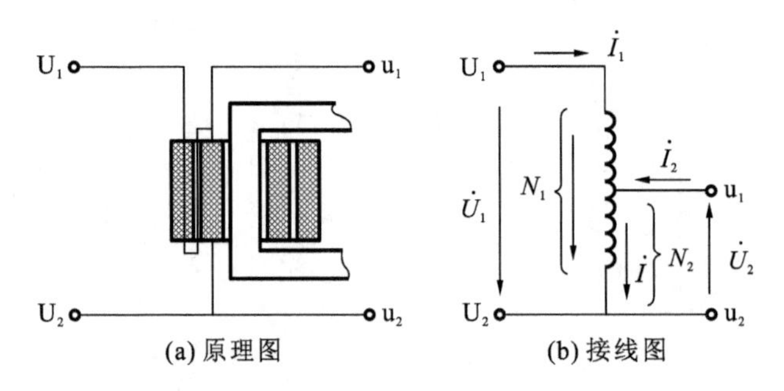

图 3-23　降压自耦变压器的原理及接线图

自耦变压器在结构上可以节省材料，降低成本，减小变压器的体积，目前它主要用在高电压，大容量的系统中，用来连接两个电压等级相近的电力网，作联络变压器之用。在实验室中还常将二次侧有滑动接触器的自耦变压器作调压器用，此外，它还可以用做异步电动机的启动补偿器。

2. 电压、电流及容量补偿关系

1）电压关系

自耦变压器也是利用电磁感应定理工作的，当一次绕组 U_1、U_2 两端加交流电压 $\dot{U}_1$ 时，铁芯中会产生磁通，并分别在一、二次绕组中产生感应电动势。在忽略漏阻抗压降时有

$$\left.\begin{aligned}U_1\approx E_1=4.44fN_1\Phi_m\\U_2\approx E_2=4.44fN_2\Phi_m\end{aligned}\right\}\tag{3-47}$$

所以自耦变压器的变比为

$$k_a=\frac{E_1}{E_2}=\frac{N_1}{N_2}\approx\frac{U_1}{U_2}\tag{3-48}$$

2）电流关系

自耦变压器负载运行时，外加电压为额定电压，所以主磁通近似为常数，总励磁磁动势和空载时励磁磁动势相等。磁动势平衡方程为

$$N_1\dot{I}_1+N_2\dot{I}_2=N_1\dot{I}_0\tag{3-49}$$

若忽略励磁电流，得

$$N_1\dot{I}_1+N_2\dot{I}_2=0$$

则

$$\dot{I}_1=-\frac{N_2}{N_1}\dot{I}_2=-\frac{\dot{I}_2}{k}\tag{3-50}$$

可见，一、二次绕组的电流的大小与匝数成反比，在相位上相差180°。因此，流经公共绕组中的电流为

$$\dot{I}=\dot{I}_1+\dot{I}_2=-\frac{\dot{I}_2}{k}+\dot{I}_2=\left(1-\frac{1}{k}\right)\dot{I}_2 \tag{3-51}$$

在数值上，

$$I=I_2-I_1$$

或

$$I_2=I+I_1 \tag{3-52}$$

可见，自耦变压器的输出电流为公共绕组中电流与一次绕组电流之和，所以流经公共绕组中的电流总是小于输出电流。

3)容量关系

普通双绕组变压器的铭牌容量（又称通过容量）和绕组的额定容量（又称电磁容量或设备容量）相等，但是对于自耦变压器这二者不相等。下面以单相自耦变压器为例说明，单相自耦变压器铭牌容量为

$$S_N=U_{1N}I_{1N}=U_{2N}I_{2N} \tag{3-53}$$

而串联绕组段的额定容量为

$$S_{U1u1}=U_{U1u1}I_{1N}=\frac{N_1-N_2}{N_1}U_{1N}I_{1N}=\left(1-\frac{1}{k_a}\right)S_N \tag{3-54}$$

公共绕组段的额定容量为

$$S_{u1u2}=U_{u1u2}I=U_{2N}I_{2N}\left(1-\frac{1}{k_a}\right)=\left(1-\frac{1}{k_a}\right)S_N \tag{3-55}$$

比较上述公式可以发现，串联绕组段和公共绕组段的额定容量相等，并且都小于自耦变压器铭牌容量。

自耦变压器工作时，其输出容量为

$$S_2=U_2I_2=U_2(I+I_1)=U_2I+U_2I_1 \tag{3-56}$$

说明自耦变压器输出功率由两部分组成，U_2I 部分为电磁功率，是通过电磁感应从一次绕组传递到负载中去的；U_2I_1 部分为传导功率，直接由电源经串联绕组传递到负载中去。其中第二部分功率只有在一、二次绕组之间有了电的联系时才可能出现，它不需要增加绕组容量，也正是如此，自耦变压器的绕组容量才会小于其额定容量。另外，自耦变压器变比 k_a 越接近于1，绕组容量就越小，其优越性就越显著，所以自耦变压器主要用于 $k_a<2$ 的场合。

3. 主要优缺点

1)优点

由于自耦变压器的设计容量小于其额定容量，所以在同样额定容量下，自耦变压器的主要尺寸小，所需有效材料（硅钢片和铜线）和结构材料（钢材）都较少，从而降低了成本；有效材料的减少使得铜损耗和铁损耗也相应减少，故效率较高；尺寸小，质量轻使得它便于运输和安装，占地面积也小。

2)缺点

和同容量普通变压器相比，它的短路阻抗小，短路电流大，所以要加强短路保护。由于一、二次绕组之间有电的直接联系，运行中一、二次侧都需要装设避雷器，防止高压侧过电压引起低压绕组绝缘的损坏，为了防止高压侧发生单相接地故障引起非接地相对地电压升得较高，造

成对地绝缘击穿，自耦变压器中性点必须可靠接地。

思考题与习题

3.1　变压器一次绕组若接在直流电源上，二次侧会有稳定的直流电压吗？为什么？

3.2　变压器空载电流的性质和作用如何，其大小与哪些因素有关？

3.3　一台频率为 60 Hz 的变压器若接在 50 Hz 的电源上运行，其他条件都不变，问主磁通、空载电流、铁损耗和漏抗有何变化？为什么？

3.4　变压器运行时电源电压降低，试分析对变压器铁芯饱和程度、励磁电流、励磁阻抗和铁损耗有什么影响。

3.5　变压器负载运行时引起二次电压变化的原因是什么？电压变化率是如何定义的，它与哪些因素有关？当二次侧带什么性质的负载时电压变化率有可能为零？

3.6　三相芯式变压器和三相组式变压器相比，有哪些优点？在测取三相芯式变压器的空载电流时，为何中间一相的电流小于两边相的电流？

3.7　什么是三相变压器的联结组别？影响其组别的因素有哪些？如何用时钟法来表示？

3.8　试说明三相组式变压器不能采用 Y，y 及 Y，yn 联结的原因，而为什么小容量芯式变压器却可以采用此种连接方式？为什么三相变压器中希望有一边做三角形联结？

3.9　试写出 Y，y；D，d；Y，d 及 D，y 联结三相变压器变比 k 与两侧线电压的关系。

3.10　三相变压器的一、二次绕组按题 3.10 图所示的连接，请判断出它们的联结组别。

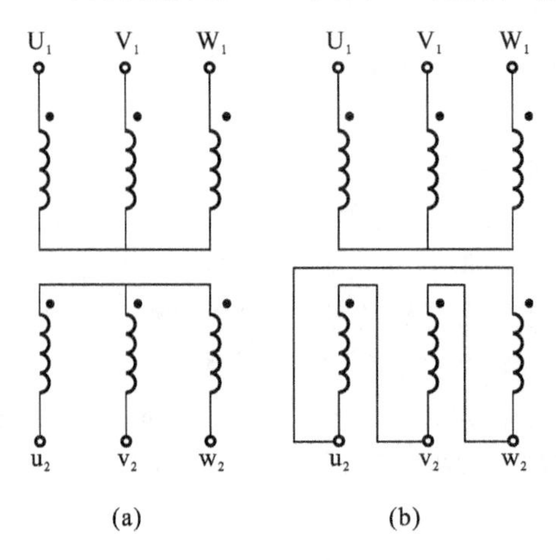

题 3.10 图

3.11　自耦变压器的功率是如何传递的？为什么它的设计容量比额定容量小？

3.12　有一台单相变压器，$S_N=50$ kV·A，$U_{1N}/U_{2N}=10500$ V/230 V，试求一、二次绕组的额定电流。

3.13　有一台 $S_N=5000$ kV·A，$U_{1N}/U_{2N}=10$ kV/6.3 kV，Y，d 联结的三相变压器，求：(1)变压器的额定电压和额定电流；(2)变压器一、二次绕组的额定电压和额定电流。

3.14　某三相变压器容量为 500 kV·A，Y，yn 联结，电压为 6300 V/400 V，先将电源电压由 6300 V 改为 10000 V，如保持低压绕组匝数每相 40 匝不变，试求原来高压绕组匝数及新的高压绕组匝数。

3.15 一台三相变压器，$S_N=5600$ kV·A，$U_{1N}/U_{2N}=35$ kV/6.3 kV，Y，d 联结，$f_N=50$ Hz，在高压侧做短路试验得：$U_S=2610$ V，$I_S=92.3$ A，$P_S=53$ kW。当 $U_1=U_{1N}$、$I_2=I_{2N}$ 时，测得二次端电压恰为额定值，即 $U_2=U_{2N}$，求此时负载的功率因素角，并说明负载的性质（不考虑温度换算）。

第4章 三相异步电动机

交流电机主要分为异步电机和同步电机等两大类。异步电机主要作为电动机使用，作为发电机使用时性能较差。异步电动机按照相数的不同，可以分为三相、两相和单相异步电动机等三类；按转子结构形式，可分为鼠笼式异步电动机、绕线式异步电动机等两类。

异步电动机具有结构简单、价格便宜、运行可靠及效率较高等优点，缺点是功率因数较低、启动和调速性能较差。近年来，随着电力电子技术、自动控制技术及计算机应用技术的发展，异步电动机的调速性能有了很大改善，因此在工农业生产中得到了广泛应用。本章主要讨论三相异步电动机。

4.1 三相异步电动机的工作原理与基本结构

4.1.1 三相异步电动机的基本结构

三相异步电动机主要由定子和转子两部分组成，定子和转子之间有一缝隙，称为气隙。图4-1所示的为绕线式异步电动机的结构图。

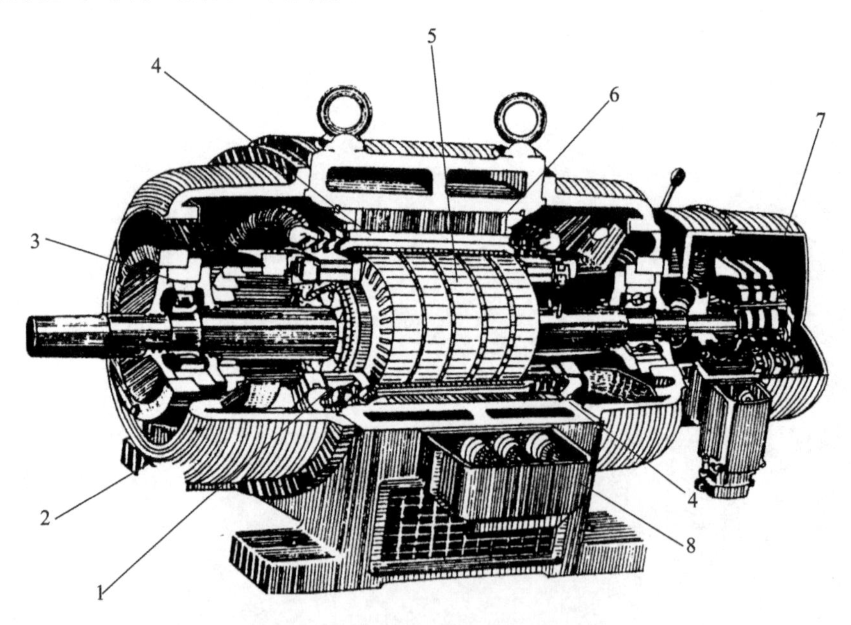

图4-1 绕线式异步电动机的结构图

1—转子绕组；2—端盖；3—轴承；4—定子绕组；

5—转子；6—定子；7—集电环；8—出线盒

1. 定子部分

定子部分主要由定子铁芯、定子绕组和机座三部分组成。

1)定子铁芯

定子铁芯安放在机座里,是电机磁路的一部分。为了减小铁芯损耗,定子铁芯由 0.5 mm 厚的硅钢片冲槽叠压而成。冲槽后的硅钢片称为定子铁芯冲片,在其槽内嵌放定子绕组。中、小型电动机的定子铁芯采用整圆冲片,如图 4-2 所示。

2)定子绕组

定子绕组嵌放在定子铁芯的内圆槽内,是电动机的电路部分,其作用是产生圆形旋转磁场和输入电网中的电能。定子绕组为三相对称交流绕组,分为单层和双层等两种。一般小型异步电动机采用单层绕组,大、中型异步电动机采用双层绕组。

3)机座

定子部分最外层的是机座,主要作用是固定和支撑定子铁芯及端盖,因此机座应具有良好的力学强度和刚度,一般电动机的机座用铸铁或钢板制成。

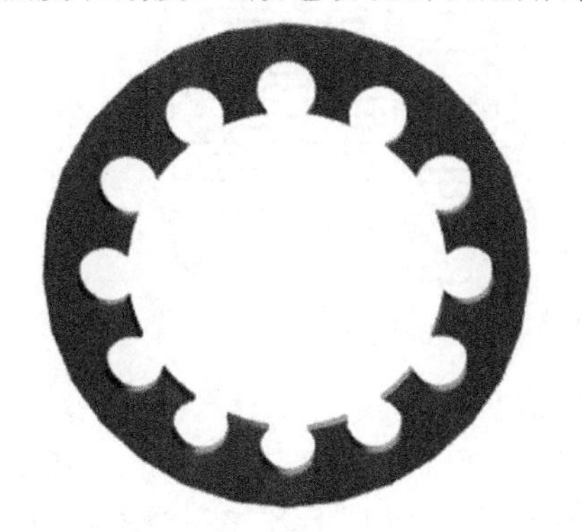

图 4-2　定子铁芯冲片

图 4-3　转子铁芯冲片

2. 转子部分

转子部分主要由转子铁芯、转子绕组和转轴三部分组成。

1)转子铁芯

转子铁芯固定在转轴上,是电动机磁路的一部分,一般由 0.5 mm 的硅钢片叠成。转子铁芯冲片的结构如图 4-3 所示,冲片外圆上均匀分布的槽可用于嵌放转子绕组。

2)转子绕组

转子绕组的作用是产生感应电动势、流过感应电流并产生电磁转矩。按其结构形式,可分为笼式转子绕组和绕线式转子绕组等两种。

(1)笼式转子绕组。在转子铁芯的每个槽中放置一根导条,然后在铁芯两端分别用两个名为端环的导电环将导条焊接成一个整体,形成一个自身闭合的多相短路绕组。如果去掉转子铁芯,整个绕组的外形犹如一个笼子,故称为笼式转子。中小型异步电动机的笼式转子一般都采用铸铝材料,将导条、端环以及端环上的风扇叶片一起铸出,如图 4-4 所示。中大型电动机为减小损耗、提高效率,一般由铜条焊接而成,如图 4-5 所示。

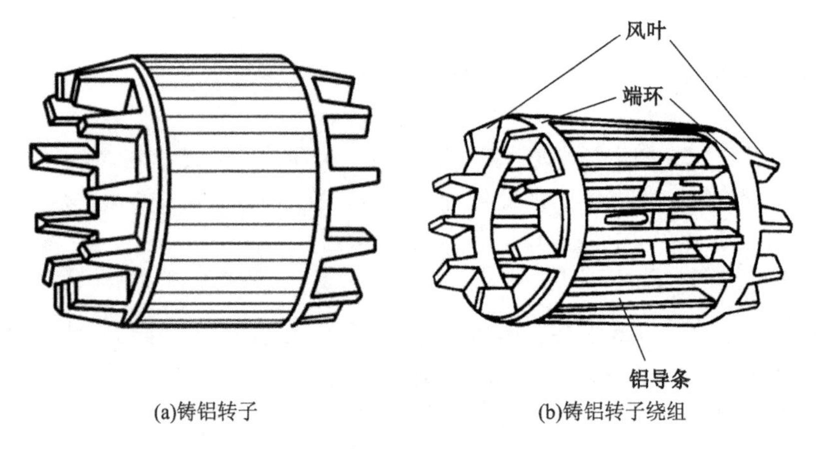

图 4-4　铸铝转子结构

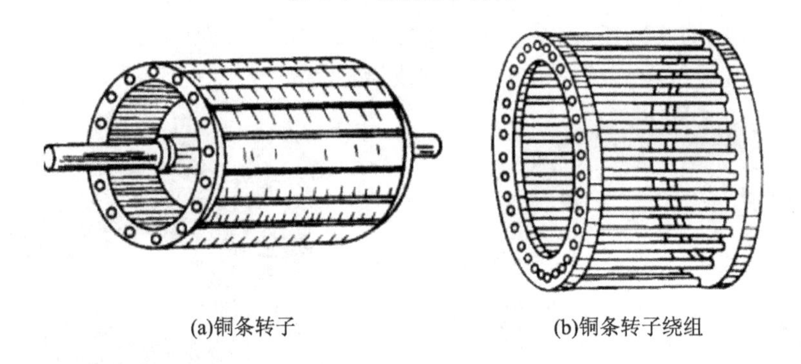

图 4-5　铜条转子结构

(2)绕线转子绕组与定子绕组相似,也是一个对称三相绕组,一般接成星形。转轴的一端装有三个滑环,三相绕组的三个出线端分别接到滑环上,每个滑环上各有一个电刷,电刷将转子绕组与外电路连接,如图 4-6 所示。滑环和电刷可以把外部的附加电阻串联到转子绕组回路中,用于改善异步电动机的启动和调速性能。

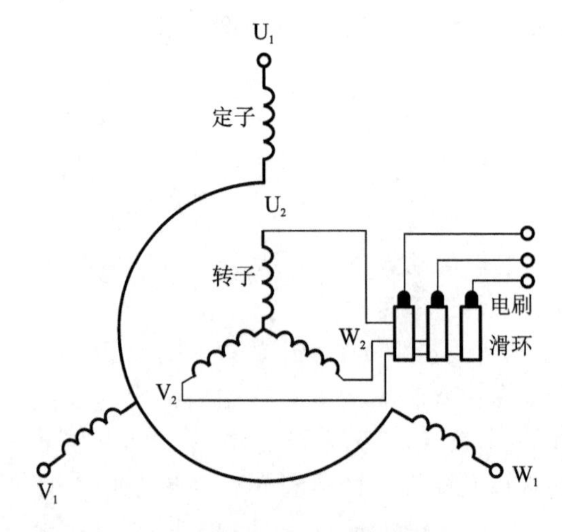

图 4-6　绕线转子绕组的接线示意图

3）转轴

转轴主要起着支撑转子的作用，一般由强度和刚度都较高的低碳钢制成。

3. 气隙

气隙越大，由电网供给的励磁电流就越大，功率因数则越低。为了提高功率因数，应尽量减小气隙；但气隙过小，又会使电动机装配困难，运行也不可靠。因此，气隙大小应综合考虑机械和电磁等多种因素再决定。在中小型异步电动机中，气隙大小一般为 0.2～2 mm。

4.1.2　三相异步电动机的工作原理

电动机转动的基本原理是通有电流的导体在磁场中受力而产生转矩。因此要讨论三相异步电动机，要先讨论其中的磁场，它是一个旋转磁场。

1. 旋转磁场

1）旋转磁场的产生

三相异步电动机的定子铁芯中放有三相对称绕组 U_1-U_2、V_1-V_2、W_1-W_2，如图 4-7(a)所示。图中，U_1、V_1、W_1为绕组的首端，U_2、V_2、W_2为绕组的末端。若将三相绕组连接成星形，接在三相电源上，如图 4-7(b)所示，绕组中便通入三相对称电流，分别是

$$\begin{cases} i_1 = I_m \sin(\omega t) \\ i_2 = I_m \sin(\omega t - 120°) \\ i_3 = I_m \sin(\omega t + 120°) \end{cases}$$

其波形如图 4-8 所示。假设各相电流的参考方向是从绕组的首端流向末端。

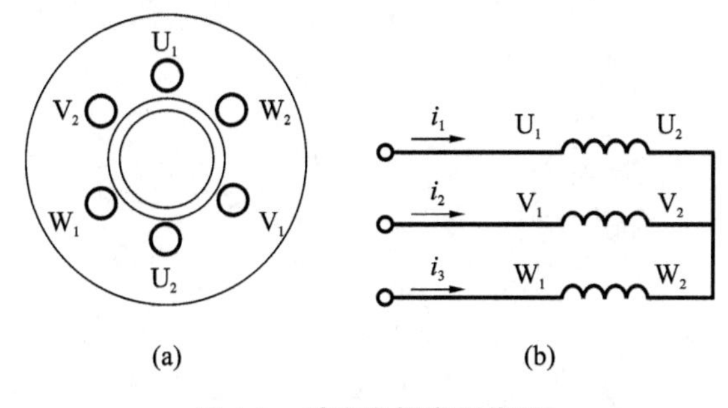

图 4-7　对称三相定子绕组

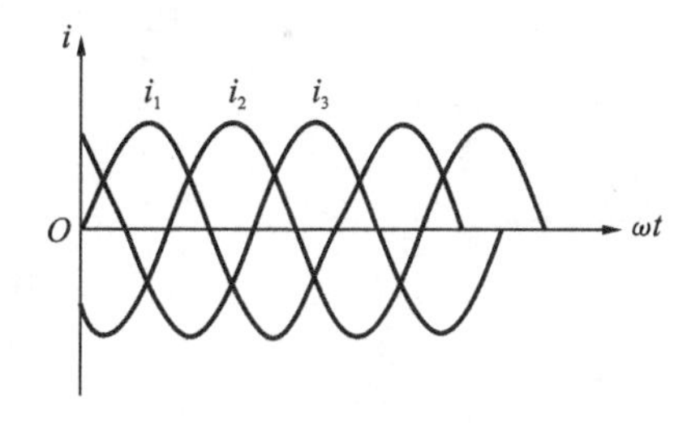

图 4-8　三相对称电流

(1) $\omega t = 0°$时，$i_1 = 0$，$i_2 < 0$，$i_3 > 0$

此时，U 相绕组没有电流；V 相绕组电流 i_2 是负的，其方向与参考方向相反，即自 V_2 到 V_1；W 相绕组电流 i_3 是正的，其方向与参考方向相同，即自 W_1 到 W_2，如图 4-9(a)所示。根据右手螺旋定则，可以判断三相电流产生的合成磁场的方向，自上而下从 N 极到 S 极。

(2) $\omega t = 60°$时，$i_1 > 0$，$i_2 < 0$，$i_3 = 0$

此时，U 相绕组电流 i_1 的实际方向为自 U_1 到 U_2；V 相绕组电流 i_2 的实际方向为自 V_2 到 V_1；W 相绕组没有电流。由此产生的合成磁场方向，如图 4-9(b)所示，其方向按顺时针转过了 60°。

同理可得在 $\omega t = 90°$和 $\omega t = 180°$时的三相电流的合成磁场，如图 4-9(c)、(d)所示。

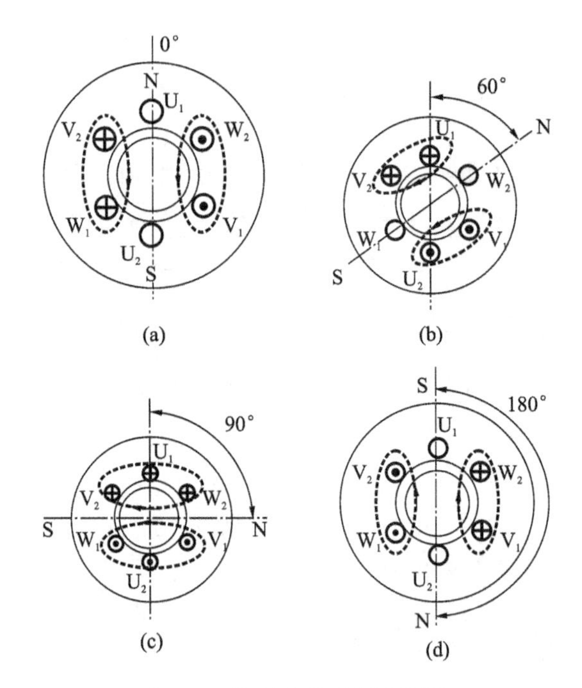

图 4-9　两极旋转磁场示意图

由上述可知，当三相对称电流通过三相对称的定子绕组时，电动机内便会产生一个旋转磁场。电流变化一个周期，两极旋转磁场在空间转过一周。

如图 4-10 所示，如果将定子每相绕组改为由两个线圈串联组成，则在电动机内会形成一个四极旋转磁场，如图 4-11(a)所示。此时，若电流方向变化 60°，合成旋转磁场便会在空间旋转 30°，如图 4-11(b)所示，转速是两极旋转磁场转速的 1/2。

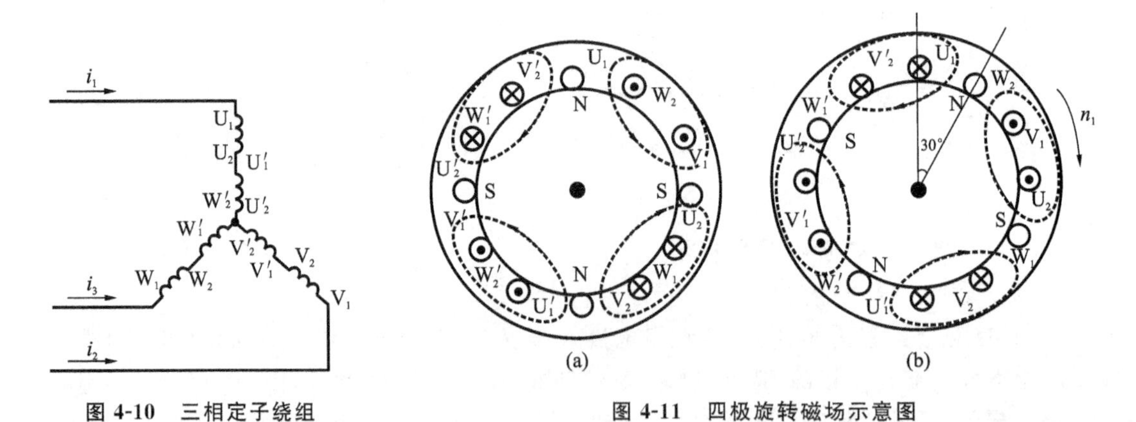

图 4-10　三相定子绕组

图 4-11　四极旋转磁场示意图

2）旋转磁场的转速和转向

如前所述，当电流变化一个周期时，两极($p=1$)的旋转磁场在空间也旋转了一周，而四极($p=2$)的旋转磁场在空间旋转了半周。设交变电流的频率为 f_1，则旋转磁场的转速可以表示为

$$n_1=\frac{60f_1}{p} \tag{4-1}$$

式中：n_1 为同步转速，其大小取决于电网的频率 f_1 和电机的极对数 p。

在我国，工频 $f_1=50$ Hz，于是由式(4-1)可得出对应于不同极对数 p 的旋转磁场转速 n_1，见表 4-1。

表 4-1　工频下不同极对数与磁场转速的对应关系

p	1	2	3	4	5	6
n_1/(r/min)	3000	1500	1000	750	600	500

此外，从前面的分析可以看出，旋转磁场的转向与三相绕组中三相电流的相序是一致的。改变三相绕组中电流的相序，就可以改变旋转磁场的转向。

2. 基本工作原理

图 4-12 是异步电动机的工作原理示意图，图中 N、S 表示旋转磁场的两个磁极，转子中只标出了两根导条（铜或铝）。起初，电动机的转子是静止的，当旋转磁场以转速 n_1 沿顺时针方向旋转时，转子与旋转磁场之间有相对运动，转子导条切割气隙磁力线而产生感应电动势，其方向可由右手定则判定。由于转子导条是闭合的，转子导条内会有感应电流通过，转子导条中电流（有功分量）方向与感应电动势的相同。载有有功分量电流的转子导条在旋转磁场的作用下，将产生电磁力 f，其方向可由左手定则判定。电磁力 f 对转轴形成一个电磁转矩，其作用方向与旋转磁场方向一致，拖着转子以转速 n 沿着旋转磁场方向旋转，将输入的电能变成转子旋转的机械能。如果电动机轴上带有机械负载，则机械负载便随电动机转动起来。

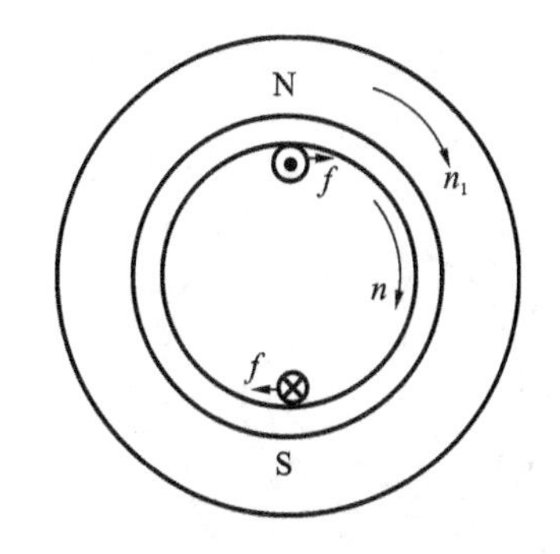

图 4-12　异步电动机的工作原理示意图

综上所述，三相异步电动机转动的基本工作原理是：

(1)三相对称绕组中通以三相对称的电流产生圆形旋转磁场；

(2)转子导体切割旋转磁场产生感应电动势和感应电流；

(3)转子导体在磁场中受到电磁力作用形成电磁转矩，驱动转子转动。

异步电动机的转子旋转方向始终与旋转磁场的方向相同，而旋转磁场的方向又取决于通入定子绕组的三相电流的相序，因此只要改变定子电流的相序，即任意对调电动机的两根电源线，便可使电动机反转。

3. 转差率

异步电动机转子的转速 n 总是低于旋转磁场的转速 n_1。因为，如果 $n=n_1$，则转子绕组与旋转磁场之间就没有相对运动，转子绕组中也就没有感应电动势，进而感应电流和电磁转矩也不会存在。这样，转子就不可能继续以 n_1 的转速转动。因此，转子转速与旋转磁场的转速之间必须有差别，这就是异步电动机名称的由来。又因为异步电动机转子电流是通过电磁感应作用产生的，所以又称为感应电动机。通常将同步转速 n_1 与转子转速 n 之差和同步转速 n_1 的比值称为转差率，用字母 s 表示，即

$$s=\frac{n_1-n}{n_1} \tag{4-2}$$

转差率 s 是异步电动机的一个重要参数，与电动机的负载大小以及运行状态有着密切的关系。式(4-2)也可写为

$$n=(1-s)n_1 \tag{4-3}$$

异步电动机正常运行时转差率很小，一般在 0.01～0.06 之间，即异步电动机的转速接近于同步转速。

4. 异步电机的三种运行状态

根据转差率的大小和正负，异步电机有三种运行状态。

1)电动机运行状态

异步电机定子绕组接电源，转子就会在驱动性质的电磁转矩作用下旋转，其转向与旋转磁场方向相同，如图 4-13(a)所示。此时电机把从电网吸收的电功率转换为机械功率，由转轴传输给负载，因此异步电机处于电动机运行状态，这时 $0<n<n_1$，$0<s<1$。

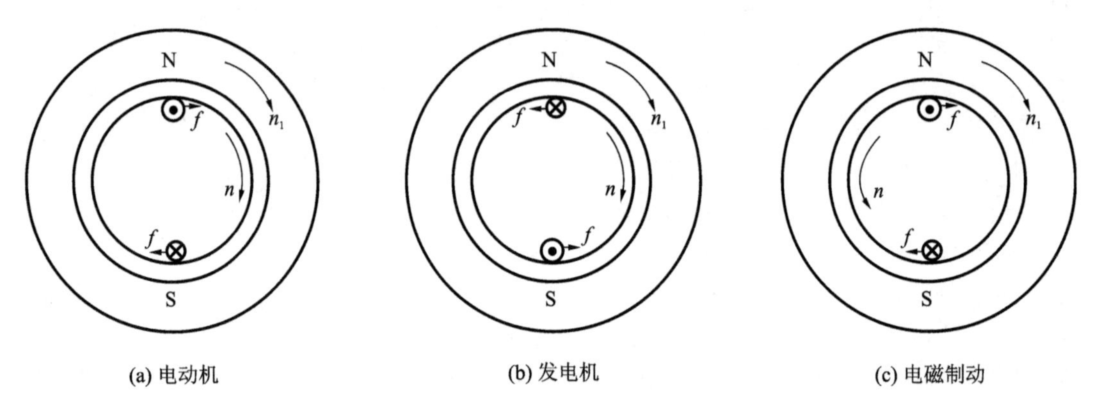

图 4-13　异步电机的三种运行状态

2)发电机运行状态

异步电机定子绕组仍接电源，转轴部分用一台原动机拖动，使异步电机的转子以 $n>n_1$ 的速度顺着旋转磁场方向旋转。此时，转子导体切割磁场的方向与其在电动机状态时的方向相反，因此产生的感应电动势、感应电流以及电磁转矩方向均与电动机状态时相反，如图 4-13(b)所示。此时电磁转矩的方向与转子转向相反，为制动性质的。为了维持转子速度大于同步转速，原动机必须向异步电机输入机械功率、克服电磁转矩做功、输入的机械功率转化为定子侧的电功率输送给电网，因此异步电机处于发电机运行状态，这时 $n>n_1$，$s<0$。

3)电磁制动运行状态

定子绕组仍接至电源，再施以外力拖动电机逆着旋转磁场的旋转方向转动，如图 4-13(c)所示。此时电磁转矩的方向与转子转动方向相反，起制动作用。电机定子仍从电网吸收电功率，同时转子从外部吸收机械功率，这两部分功率都在电机内部转化为热能消耗掉。这种运行状态称为电磁制动运行状态，这时 $n<0$，$s>1$。

综上所述，异步电机可以在电动机、发电机和电磁制动三种状态下运行，但一般作电动机运行，很少用做发电机，在生产过程中可以短时处于电磁制动状态。

4.1.3　异步电动机的铭牌

1. 铭牌

在电动机的铭牌上标有电动机的型号、额定值和有关技术数据，这些都是正确选择、使用和维护电动机的依据。电动机按铭牌上所规定的额定值和工作条件运行，称为额定运行。

1）额定值

额定功率 P_N：指电动机额定运行时转轴上输出的机械功率，单位为 W 或 kW。

额定电压 U_N：指额定运行时电网加在定子绕组上的线电压，单位为 V 或 kV。

额定电流 I_N：指额定运行时，电动机定子绕组的线电流，单位为 A 或 kA。

额定转速 n_N：指额定运行时电动机的转速，单位为 r/min。

额定频率 f_N：指额定运行时，电动机所接电源的频率，我国规定工业用电的频率为 50Hz；

对于三相异步电动机，额定电压 U_N、额定电流 I_N 以及额定功率 P_N 之间的关系为

$$P_N=\sqrt{3}U_N I_N \eta_N \cos\varphi_N \times 10^{-3} \tag{4-4}$$

式中：η_N 为额定效率；$\cos\varphi_N$ 为额定功率因素；U_N 的单位为 V；I_N 的单位为 A；P_N 的单位为 kW。

2）型号

异步电动机的型号一般由大写印刷体的汉语拼音字母和阿拉伯数字组成。例如，电动机型号 Y2-200M2-2 的含义为：

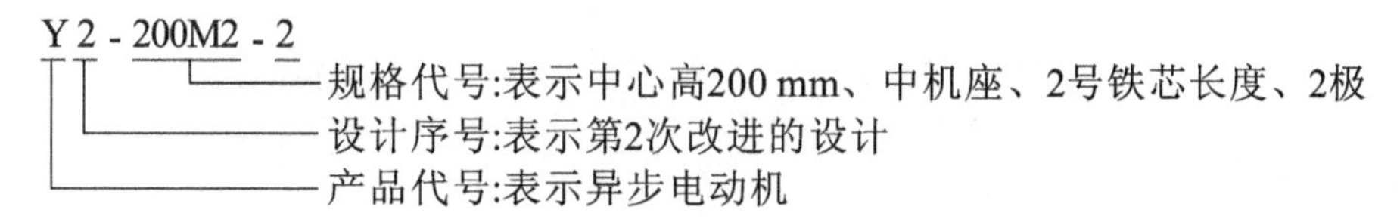

3）接线方式

接线方式是指额定运行时电动机定子三相绕组的联结方式，有星形联结和三角形联结两种，具体采用哪种接线方式取决于相绕组能承受的电压设计值。绕组线圈的首端用 U_1、V_1、W_1 表示，末端用 U_2、V_2、W_2 表示，具体的接线方式如图 4-14 所示。

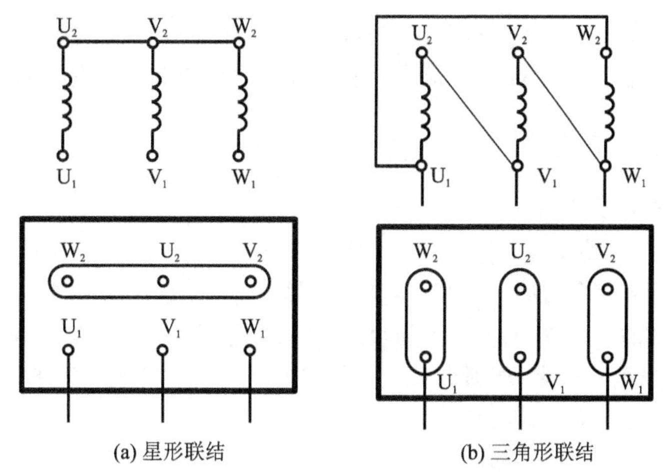

图 4-14　三相异步电动机的接线

2. 国产电动机主要系列

异步电动机的主要产品系列有以下几种。

Y 系列：Y 系列产品是一般用途的小型笼型全封闭自冷式三相异步电动机，取代了原先的 JO_2 系列。

Y2 和 Y3 系列：Y2 系列产品是在 Y 系列的基础上采用新技术开发出来的升级换代产品，而 Y3 系列产品则是在 Y2 的基础上开发的更新换代产品。

YR 系列：YR 系列产品为三相绕线转子异步电动机。

YD 系列：YD 系列产品为变级多速三相异步电动机。

YQ 系列：YQ 系列产品为高启动转矩异步电动机。

YZ 和 YZR 系列：YZ 和 YZR 系列产品为起重和冶金用三相异步电动机，YZ 系列产品为笼型异步电动机，YZR 系列产品为绕线式异步电动机。

YB 系列：YB 系列产品为防爆式笼型异步电动机。

YCT 系列：YCT 系列产品为电磁调速异步电动机。

【例 4.1】 一台三相异步电动机，已知额定功率 $P_N=55$ kW，电网频率为 50 Hz，额定电压 $U_N=380$ V，额定效率 $\eta_N=79\%$，额定功率因素 $\cos\varphi_N=0.89$，额定转速 $n_N=570$ r/min，试求：(1)同步转速 n_1；(2)额定电流 I_N；(3)额定负载时的转差率 s_N。

解 (1)因为电动机额定运行时的转速一般接近于同步转速，所以 $n_1=600$ r/min。

(2)额定电流为

$$I_N=\frac{P_N\times 10^3}{\sqrt{3}U_N\cos\varphi_N\eta_N}=\frac{55\times 10^3}{\sqrt{3}\times 380\times 0.89\times 0.79}\ \text{A}=119\text{A}$$

(3)转差率为

$$s_N=\frac{n_1-n_N}{n_1}=\frac{600-570}{600}=0.05$$

4.2 交流电机的绕组

绕组由线圈构成，是电机实现机电能量转换的主要部件。要研究交流电机的电磁关系、电动势、磁动势以及电机的运行情况，必须先对交流绕组的构成和连接规律有一个基本的了解。

4.2.1 交流绕组基本知识

1. 交流绕组的基本要求

交流绕组种类很多，按相数，可分为单相、两相、三相和多相绕组等四种；按槽内层数，可分为单层绕组和双层绕组等两种，其中单层绕组又分为等元件式、交叉式和同心式绕组等三种，双层绕组又分为叠绕组和波绕组等两种；按每极每相槽数，可分为整数槽绕组和分数槽绕组等两种。

交流绕组的种类虽然很多，但对各种交流绕组的基本要求却是相同的。

(1)绕组产生的电动势和磁动势接近正弦波。

(2)三相绕组的基波电动势和磁动势必须对称。

(3)在导体数一定时能获得较大的基波电动势和磁动势。

(4)绕组用铜量少,绝缘性能好,力学强度可靠,散热条件好。

(5)制造工艺简单,检修方便。

2. 交流绕组的基本术语

1)极距 τ

相邻两个磁极轴线之间沿定子铁芯内表面的距离称为极距 τ,如图 4-15 所示。极距一般用每个极面下所占的槽数来表示。若定子槽数为 Z,极对数为 p,则

$$\tau=\frac{Z}{2p} \tag{4-5}$$

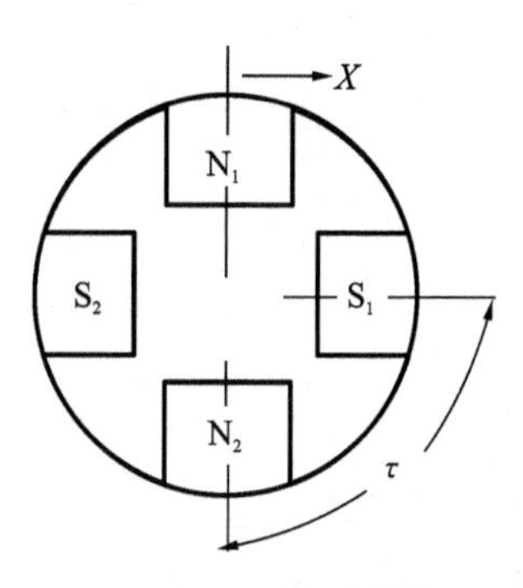

图 4-15　交流电机的极距

2)线圈节距 y_1

与直流电动机一样,一个线圈的两个有效边之间所跨过的距离称为线圈节距 y_1。节距一般用线圈跨过的槽数来表示。为使每个线圈获得尽可能大的电动势或磁动势,节距应等于或接近于极距,$y_1=\tau$ 的线圈称为整距线圈,$y_1<\tau$ 的线圈称为短距线圈,其对应的绕组分别称为整距绕组和短距绕组。

3)电角度

电动机圆周的几何角度为 360°,称为机械角度。若磁场在空间按正弦波分布,则经过 N、S 一对磁极恰好相当于正弦波的一个周期,将一对磁极所占有的空间定为 360°电角度。那么,一个具有 p 对磁极的电动机,电动机圆周按电角度计算就为 $p\times 360°$。电角度与机械角度的关系为

$$\text{电角度}=p\times\text{机械角度} \tag{4-6}$$

4)槽距角 α

相邻两个槽之间的电角度称为槽距角 α。若定子槽数为 Z,电机极对数为 p,则有

$$\alpha=\frac{p\times 360°}{Z} \tag{4-7}$$

5)每极每相槽数 q

每相绕组在每个极距下所占有的槽数称为每极每相槽数,用 q 表示。若绕组相数为 m,则有

$$q=\frac{Z}{2pm} \tag{4-8}$$

6)相带

每相绕组在每个极距中所占有的区域,用电角度表示,称为相带。一个极距为 180°电角度,对于三相绕组而言,一相占有 60°电角度,称为 60°相带。一对磁极为 360°电角度,有 6 个相带。一相绕组在一对磁极下占两个相带,相差 180°电角度,则三相绕组 U_1-U_2、V_1-V_2、W_1-W_2 中,U_1 与 U_2、V_1 与 V_2、W_1 与 W_2 分别相差 180°电角度。为了构成三相对称绕组,U_1、V_1、W_1 之间应互差 120°电角度,因此三相对称绕组的 6 个相带在槽中安放的次序为 $U_1-W_2-V_1-U_2-W_1-V_2$,如图 4-16 所示。

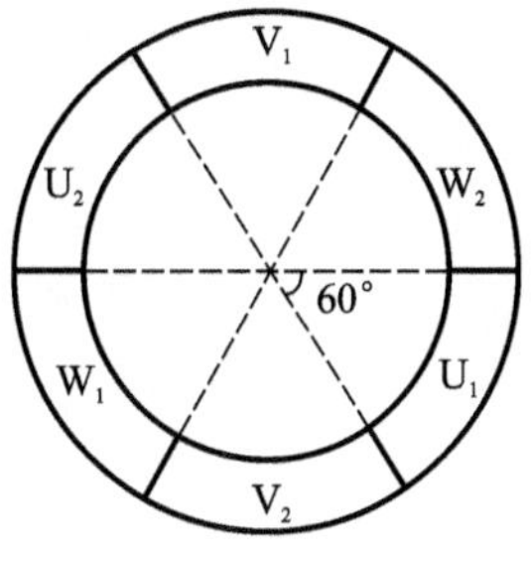

图 4-16　60°相带三相绕组(2 极)

4.2.2　三相单层绕组

单层绕组的每个槽内只放置一个线圈边，一个线圈有两条有效边，所以线圈总数等于槽数的一半。单层绕组可以分为等元件式、交叉式和同心式绕组等三类。本节以单层等元件式绕组为例，说明绕组的连接规律。

【例4.2】 已知电动机定子的槽数 $Z=24$，极数 $2p=4$，并联支路数 $a=1$，试绘出三相单层等元件绕组的展开图。

解 (1)计算绕组数据。

$$\tau=\frac{Z}{2p}=\frac{24}{4}=6$$

$$q=\frac{Z}{2pm}=\frac{24}{2\times2\times3}=2$$

$$\alpha=\frac{p\times360^\circ}{Z}=\frac{2\times360^\circ}{24}=30^\circ$$

(2)划分相带。

将槽依次编号，按60°相带的排列次序，可得各相带所属的槽号如表4-2所示。

表4-2　相带与槽号对照表

第一对极	相带	U_1	W_2	V_1	U_2	W_1	V_2
	槽号	1、2	3、4	5、6	7、8	9、10	11、12
第一对极	相带	U_1	W_2	V_1	U_2	W_1	V_2
	槽号	13、14	15、16	17、18	19、20	21、22	23、24

(3)组成线圈组。

将属于U相的1号槽的线圈边和7号槽的线圈边组成一个线圈($y_1=\tau=6$)，将2号与8号槽的线圈边组成一个线圈，再将这两个线圈串联成一个线圈组。同理，将13、19和14、20号槽中的线圈边分别组成线圈后再串联成一个线圈组。

(4)构成一相绕组。

同一相的两个线圈组可以串联或并联组成一相绕组。图4-17所示的为U相的两个线圈组串联形式，每相只有一条支路($a=1$)。

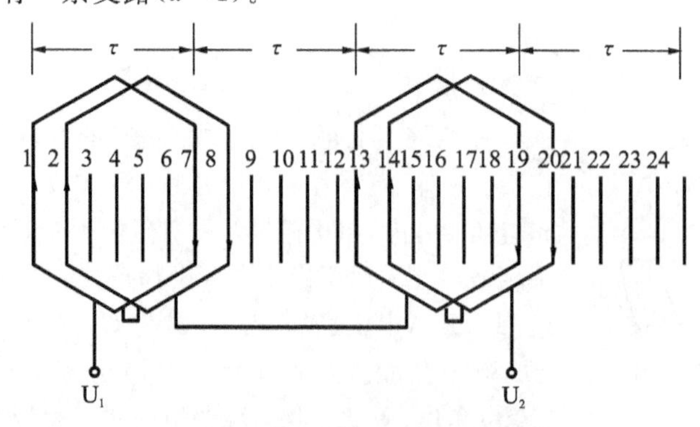

图4-17　三相单层等元件U相绕组展开图

采用图 4-17 所示的连接法时，每个线圈的形状和大小都是一样的，故称为等元件式绕组。在等元件式绕组的基础上，单层绕组还可以发展出许多其他的连接形式。

单层绕组的优点是线圈数仅为槽数的一半，嵌线方便，槽内无层间绝缘，槽的利用率较高。其缺点是，不能灵活选择线圈节距来削弱谐波电动势和磁动势，且漏电抗也较大。通常功率在 10kW 以下的异步电动机大多采用单层绕组。

4.2.3　三相双层绕组

双层绕组每个槽内有上下两个线圈边，同一个线圈的一个边放在某一槽的上层，另一边则放在相隔节距 y_1 的槽内的下层，绕组的线圈数等于槽数。三相双层绕组分为叠绕组和波绕组等两种。本节仅介绍双层叠绕组。

【例 4.3】　电动机参数同例 4.2，试绘出三相双层叠绕组展开图。

解　(1)计算绕组数据。

数据同例 4.2，不同的是双层绕组一般采用短距，这里取 $y_1=5$。

(2)划分相带。

方法同例 4.2，只是划分的各相带的槽号都是线圈的上层边，而下层边的槽号由 y_1 决定。

(3)组成线圈组。

每个槽内放两个有效边，在展开图上用实线表示上层边，虚线表示下层边。以 U 相为例，分配给 U 相的槽仍为 1、2，7、8，13、14 和 19、20 四组，上层边选这四组槽，下层边按照 $y_1=5$ 选择，从而构造成线圈(上层边的槽号也代表线圈号)。比如，1 号线圈的上层边在 1 号槽中，则下层边在加一个节距的 6 号槽中，2 号线圈的上层边在 2 号槽中，则下层边在加一个节距的 7 号槽中，依此类推，得到 8 个线圈。然后将 1 号线圈的尾端与 2 号线圈的首端相连，构成一个线圈组；将 7 号线圈的尾端与 8 号线圈的首端相连又构成一个线圈组。同理，将 13、14 和 19、20 号线圈分别连接成线圈组，形成 U 相的 4 个线圈组。

(4)构成一相绕组。

此例 $a=1$，故将 U 相的 4 个线圈组串联起来成为一相绕组，如图 4-18 所示。V、W 相的绕组相类同。

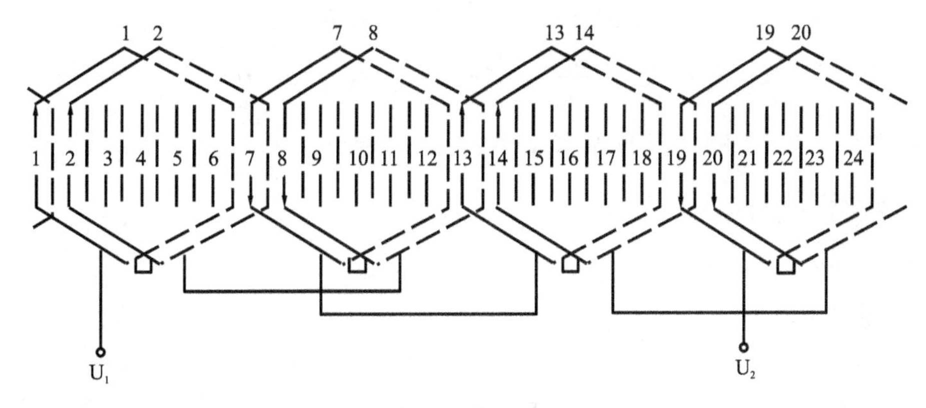

图 4-18　三相双层叠绕组 U 相展开图

双层绕组的优点是，可以灵活选择节距来改善电动势或磁动势的波形；所有线圈尺寸相同，便于绕制；端部排列整齐，利于散热。其缺点是，线圈组之间的连接线较长，在多极电机中这些连接线用铜量很大。一般容量较大的电动机均采用双层绕组。

4.3 交流电机绕组的感应电动势

定子绕组的电动势是由气隙磁场与定子绕组相对运动而产生的。在本节中假定磁场在气隙空间分布为正弦分布，幅值不变。

4.3.1 导体的感应电动势

图 4-19 所示的为一台交流发电机的原理示意图，转子上有一对磁极 N、S，由原动机拖动，以恒定转速沿某一方向旋转；定子上靠近铁芯内圆表面的槽内，放置一根长度为 l 的导体 A。根据电磁感应定律，导体 A 与磁极之间有相对运动时，导体 A 中会产生感应电动势。

图 4-19 交流发电机原理示意图

每当一对磁极切割导体 A 时，导体 A 中产生的感应电动势就经历一个完整的周期。如果转子上有 p 对磁极，则转子旋转一周，导体感应电动势就经历 p 个完整的周期。若转子以转速 n_1（单位为 r/min）旋转，则导体 A 中感应电动势变化的频率为

$$f=\frac{pn_1}{60} \tag{4-9}$$

在正弦分布磁场下，导体感应电动势的变化形状也为正弦波，根据电动势公式 $e=Blv$，可得导体感应电动势的最大值为

$$E_{\mathrm{cm1}}=B_{\mathrm{m1}}lv \tag{4-10}$$

式中：B_{m1} 为正弦分布的气隙磁通密度的幅值。用每极磁通 Φ_1 表示，则可写为

$$B_{\mathrm{m1}}=\frac{\pi}{2}\frac{1}{l\tau}\Phi_1 \tag{4-11}$$

将式(4-11)代入式(4-10)可得一根导体感应电动势的有效值为

$$E_{\mathrm{c1}}=\frac{E_{\mathrm{cm1}}}{\sqrt{2}}=\frac{B_{\mathrm{m1}}l}{\sqrt{2}}\times\frac{2p\tau}{60}n_1=\frac{\pi}{\sqrt{2}}f\Phi_1=2.22f\Phi_1 \tag{4-12}$$

取磁通 Φ_1 单位为 Wb，频率 f 单位为 Hz，则电动势 E_{c1} 单位为 V。

4.3.2 线圈的感应电动势

先讨论匝电动势，即单匝线圈的两个有效边导体的电动势相量和。

1. 整距线匝电动势

对于整距线匝（$y_1=\tau$），如果线匝的一个有效边处在 N 极的中心线下，则另一个有效边刚好处在 S 极的中心线下。两个有效边内感应电动势的瞬时值大小相等而方向相反，线匝电动势为两个有效边的合成电动势。若两个有效边的电动势参考方向都规定为从上向下，如图 4-20(a)所示，当用相量表示时，两个相量相位差为 180°，如图 4-20(b)所示。于是，根据电路定

律，可得整距线匝的电动势为

$$\dot{E}_{t1(y_1=\tau)}=\dot{E}_{c1}-\dot{E}'_{c1}=2\dot{E}_{c1} \tag{4-13}$$

整距线匝电动势的有效值为

$$E_{t1(y_1=\tau)}=2E_{c1}=4.44f\Phi_1 \tag{4-14}$$

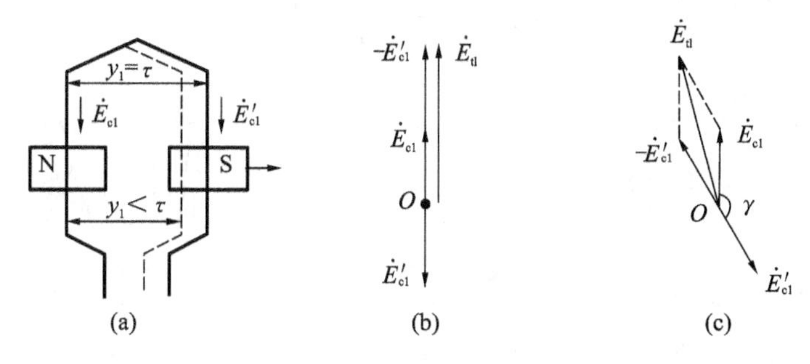

图 4-20　匝电动势计算

2. 短距线匝电动势

对于短距线匝（$y_1<\tau$），如图 4-20(a)虚线所示。导体电动势 $\dot{E}_{c1}$ 和 $\dot{E}'_{c1}$ 相位差不是 180°，而是 γ，如图 4-20(c)所示。γ 是线圈节距 y 所对应的电角度，有

$$\gamma=\frac{y}{\tau}\times 180° \tag{4-15}$$

短距线匝电动势为

$$\dot{E}_{t1(y_1<\tau)}=\dot{E}_{c1}-\dot{E}'_{c1}=\dot{E}_{c1}+(-\dot{E}'_{c1}) \tag{4-16}$$

其有效值为

$$E_{t1(y_1<\tau)}=2E_{c1}\sin\frac{\gamma}{2}=4.44f\Phi_1 k_{y1} \tag{4-17}$$

式中：$k_{y1}=\sin\frac{\gamma}{2}$称为基波短距系数。它表示短距的关系，使得匝电动势比整距时的小，应打 k_{y1} 的折扣。

3. 线圈电动势

电机槽内每个线圈往往不止一匝，而是 N_c 匝串联而成，每匝电势均相等，所以 N_c 匝线圈电动势的有效值为

$$E_{y1}=N_c E_{t1}=4.44fN_c\Phi_1 k_{y1} \tag{4-18}$$

对于短距线圈，$k_{y1}<1$，对于整距线圈，$k_{y1}=1$。

4.3.3　线圈组的感应电动势

线圈组由 q 个线圈串联组成，若是集中绕组（q 个线圈均放在同一槽中），则每个线圈的电动势大小和相位都相同，线圈组电动势为

$$E_{q1(集中)}=qE_{y1}=4.44fqN_c k_{y1}\Phi_1 \tag{4-19}$$

对于分布绕组，q 个线圈嵌放在槽距角为 α 相邻的 q 个槽中，各线圈电动势的大小相同，但相位依次相差 α 电角度。线圈组电动势为 q 个线圈电动势的相量和。如图 4-21(a)所示的

线圈组由3个线圈组成，每个线圈的电动势相量如图4-21(b)所示，相位上互差一个槽距角α，将三个电动势相量加起来就可得到一个线圈组电动势，如图4-21(c)所示，O为线圈电动势相量多边形的外接圆圆心，设圆的半径为R，则有

$$\sin\frac{\alpha}{2}=\frac{\frac{E_{y1}}{2}}{R}$$

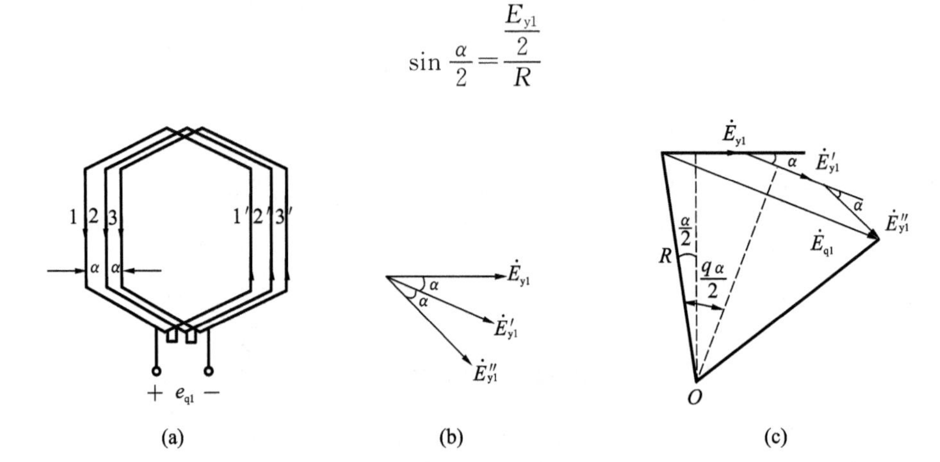

图4-21　线圈组电动势的计算

每个线圈中感应电动势为

$$E_{y1}=2R\sin\frac{\alpha}{2}$$

q个线圈组成的线圈组感应电动势为

$$E_{q1}=2R\sin\frac{q\alpha}{2}=qE_{y1}\frac{\sin\frac{q\alpha}{2}}{q\sin\frac{\alpha}{2}}=qE_{y1}k_{q1} \tag{4-20}$$

式中：k_{q1}为绕组的基波分布系数，也就是q个分布线圈的合成电动势与q个集中线圈的合成电动势之比，即

$$k_{q1}=\frac{E_{q1}}{qE_{y1}}=\frac{\sin\frac{q\alpha}{2}}{q\sin\frac{\alpha}{2}} \tag{4-21}$$

它表示由于分布的关系，使得线圈组电动势比集中绕组时的小些，应打k_{q1}的折扣。除集中绕组$k_{q1}=1$外，分布绕组的k_{q1}总是小于1的。

将式(4-18)代入式(4-20)，便得考虑分布和短距时的线圈组电动势为

$$E_{q1}=4.44fqN_{c}k_{y1}k_{q1}\Phi_{1}=4.44fqN_{c}k_{w1}\Phi_{1} \tag{4-22}$$

式中：$k_{w1}=k_{y1}k_{q1}$称为绕组基波系数，它表示同时考虑了短距和分布影响时，线圈组电动势应打的折扣。

4.3.4　相绕组的感应电动势

对于双层绕组，一相绕组在每一个极下有一个线圈组，如果电机有p对磁极，则一相绕组共有$2p$个线圈组，若组成a条并联支路，则每条支路由$2p/a$个线圈组串联而成。所以每相

绕组电动势为

$$E_{p1}=4.44fqN_c\frac{2p}{a}k_{w1}\Phi_1 \tag{4-23}$$

单层绕组的线圈组数是双层绕组的一半，所以每相绕组电动势为

$$E_{p1}=4.44fqN_c\frac{p}{a}k_{w1}\Phi_1 \tag{4-24}$$

综合以上两式可写出相绕组电动势有效值的计算公式为

$$E_{p1}=4.44fNk_{w1}\Phi_1 \tag{4-25}$$

式中：N 为每条支路的串联总匝数。

对于双层绕组，

$$N=qN_c\frac{2p}{a} \tag{4-26}$$

对于单层绕组，

$$N=qN_c\frac{p}{a} \tag{4-27}$$

式(4-25)是计算交流绕组每相电动势有效值的一个普遍公式。它与变压器中绕组感应电动势的计算公式十分相似，仅多一项绕组系数 k_{w1}。事实上，因为变压器绕组中每个线匝的电动势大小、相位都相同，因此变压器绕组实际上是个集中整距绕组，即 $k_{w1}=1$。

4.4　交流电机绕组的磁动势

在交流电机中，定子绕组通过交流电流将产生磁动势，它对电机能量转换和运行性能都有很大影响。本节先分析单相绕组形成的脉动磁动势，再讨论三相绕组的旋转磁动势。

4.4.1　单相绕组的磁动势

图 4-22 所示的为一单相绕组 AX，其有效匝数为 Nk_w，当正弦交流电流 i(设 $i=I_m\sin(\omega t)$)通过该绕组时，建立的磁场如图 4-22(a)虚线所示，磁场的磁极对数 $p=1$。图 4-23 所示相绕组由线圈 A_1X_1 和 A_2X_2 串联而成，产生的磁场的磁极对数 $p=2$。

根据全电流定律，在图 4-22(a)所示磁场中，每一闭合磁路的绕组磁动势大小为 Nk_wi。由图 4-22 可知，每一闭合磁路都两次穿过气隙，其余部分通过定子与转子铁芯。由于构成铁芯的硅钢片比气隙的磁导率大得多，所以可以忽略铁芯中所消耗的磁动势，认为每一闭合磁路的绕组磁动势 k_wNi 全部消耗在两段气隙上。每段气隙磁动势的大小为$\frac{1}{2}Nk_wi$。若规定从转子穿过气隙进入定子的气隙磁动势为正，可画出沿气隙圆周磁动势分布的波形图，如图 4-22(b)所示。可见，磁动势波形为一矩形波，高度为$\frac{1}{2}Nk_wi$，导体所在位置为磁动势方向改变的转折点。

由于导体中所通过的电流 i 为交流电，当 $\omega t=2k\pi+\frac{\pi}{2}$时，$i$ 为最大值 I_m；当 $\omega t=k\pi$ 时，$i=0$；当 $\omega t=2k\pi-\frac{\pi}{2}$时，$i$ 为负的最大值 $-I_m$(k 为任意整数)。可见，在空间按矩形分布的磁动势波的大小和方向随时间变化而变化，但空间位置不变，具有这种性质的磁动势，称为脉动磁动势。

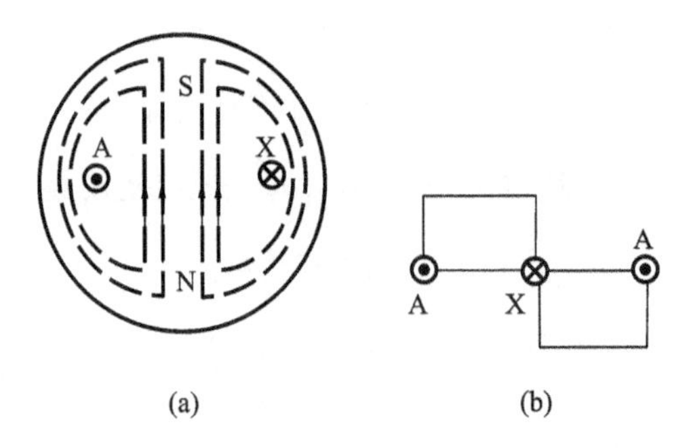

图 4-22　2 极单相绕组的脉动磁场和磁势波

在图 4-23 所示磁场中，线圈 A_1X_1 和 A_2X_2 的匝数是绕组匝数的一半，即为 $\frac{1}{2}Nk_w$，线圈磁动势也为绕组磁动势的一半，每段气隙上的磁动势则为绕组磁动势的 $\frac{1}{4}$，它沿气隙也呈周期性矩形波规律分布，如图 4-23(b)所示。

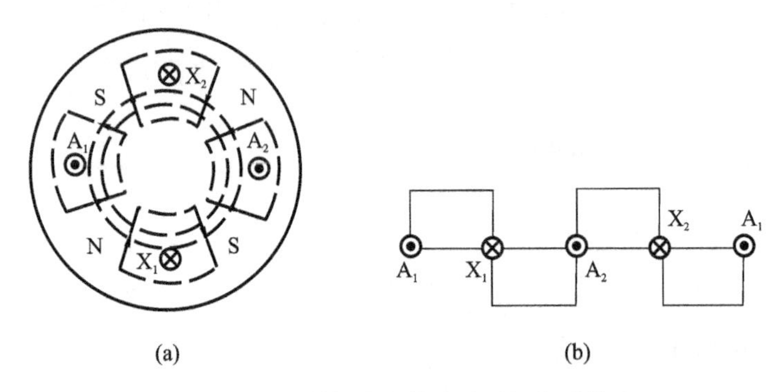

图 4-23　4 极单相绕组的脉动磁场和磁势波

根据上述分析可知，对于一般形式，在极对数为 p 的磁场中，气隙磁动势等于绕组磁动势的 $\frac{1}{2p}$。

对于空间作矩形分布的脉动磁动势，可运用傅里叶级数分解成基波和一系列的高次谐波，即

$$f_P(x,t)=\frac{2}{\pi}\frac{NI_m}{p}\sin(\omega t)\sum_{n=1}^{\infty}k_{wn}\frac{1}{n}\sin(nx)$$

式中：x 为沿气隙方向的空间距离，用电角度表示。

高次谐波磁动势很小，而基波磁动势是主要的工作磁动势，所以这里仅讨论基波磁动势。

分解后的基波磁动势为

$$f_{P1}(x,t)=\frac{2}{\pi}\frac{Nk_{w1}I_m}{p}\sin(\omega t)\sin x=F_{Pm1}\sin(\omega t)\sin x \tag{4-28}$$

基波磁动势的幅值为

$$F_{Pm1}=\frac{2}{\pi}\frac{Nk_{w1}I_m}{p}=\frac{2\sqrt{2}}{\pi}\frac{Nk_{w1}I_P}{p}=0.9\frac{Nk_{w1}}{p}I_P \tag{4-29}$$

4.4.2　三相绕组的基波合成磁动势

在三相对称绕组 U_1-U_2、V_1-V_2 和 W_1-W_2 中分别通入对称三相交流电流 i_A、i_B 和 i_C。设 $i_A = I_m \sin(\omega t)$，则 $i_B = I_m \sin(\omega t - 120°)$，$i_C = I_m \sin(\omega t + 120°)$。

三相绕组产生的气隙基波磁动势分别为

$$f_{A1} = F_{Pm1} \sin\omega t \sin x$$
$$f_{B1} = F_{Pm1} \sin(\omega t - 120°) \sin(x - 120°)$$
$$f_{C1} = F_{Pm1} \sin(\omega t + 120°) \sin(x + 120°)$$

将三相绕组产生的气隙磁动势相加，并运用三角函数积化和差公式，可得气隙中总的合成基波磁动势为

$$\begin{aligned} f_1 &= f_{A1} + f_{B1} + f_{C1} \\ &= F_{Pm1}[\sin\omega t \sin x + \sin(\omega t - 120°)\sin(x - 120°) \\ &\quad + \sin(\omega t + 120°)\sin(x + 120°)] \\ &= \frac{3}{2} F_{Pm1} \cos(\omega t - x) \end{aligned} \tag{4-30}$$

这是一个幅值大小恒定不变的旋转磁动势波，对其分析如下。

(1) 当 $\omega t = 0°$ 时，合成基波磁动势 $f_1 = \frac{3}{2} F_{Pm1} \cos(-x)$，其最大值 $f_{m1} = \frac{3}{2} F_{Pm1}$ 出现在 $x = 0°$ 处。如图 4-6 中的实线所示。

(2) 当 $\omega t = 90°$ 时，合成基波磁动势 $f_1 = \frac{3}{2} F_{Pm1} \cos(90° - x)$，其最大值 $f_{m1} = \frac{3}{2} F_{Pm1}$ 出现在 $x = 90°$ 处。如图 4-24 的虚线所示。

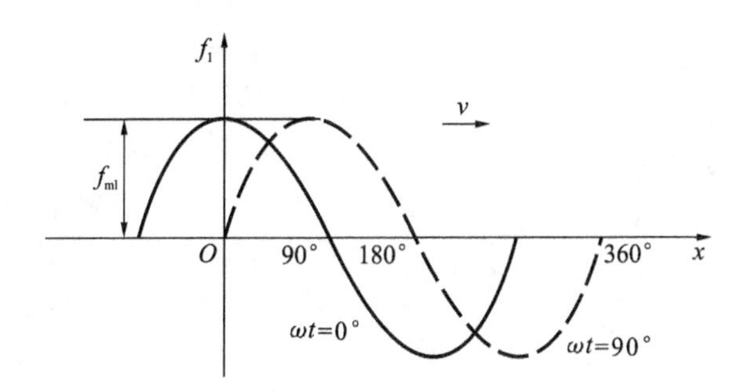

图 4-24　三相绕组合成基波磁动势

由此可见，f_1 为一沿空间按正弦规律分布、幅值恒定不变，但随着时间的推移，整个正弦波沿 x 的正方向移动的磁动势波。由于电机的气隙是一个圆，故此移动的磁动势波即为一个旋转的磁动势波。

由图 4-24 可见，当 ωt 从 0°变化到 90°时，即时间 t 从 0 变到 $T/4$（T 为电流变化的周期）时，电流变化 1/4 周期，此时磁动势波沿 x 轴正方向移动了 90°空间电角度，相当于 1/4 基波波长所占的电角度。于是，当电流变化一个周期 T 时，磁动势波将移动 $4 \times 90° = 360°$ 电角度，即一个波长。

由于电流每分钟变化 $60f$ 个周期，则磁动势波每分钟移动 $60f$ 个波长，而电机气隙圆周共有 p 个波长，故得旋转磁动势波的转速为

$$n_1=\frac{60f}{p}$$

由此旋转磁动势波产生电机内的旋转磁场，其同步转速为 n_1。

4.5 三相异步电动机的空载运行

与变压器的工作原理一样，三相异步电动机的定子和转子之间只有磁的耦合，没有电的直接联系，它靠电磁感应作用，将能量从定子传递到转子。异步电动机的定子绕组相当于变压器的一次绕组，转子绕组相当于变压器的二次绕组。因此，分析变压器内部电磁关系的基本方法也适用于异步电动机。

4.5.1 空载运行时的电磁关系

三相异步电动机定子绕组接在对称的三相电源上，转子轴上不带机械负载时的运行，称为空载运行。

异步电动机空载运行时，定子三相绕组会流过三相对称电流，称为空载电流，用 $\dot{I}_0$ 表示，三相空载电流将产生一个旋转磁动势，称为空载磁动势，用 $\dot{F}_0$ 表示。由于轴上不带机械负载，电动机空载转速很高，接近于同步转速。定子旋转磁场与转子之间几乎无相对运动，于是转子感应电动势 $\dot{E}_{2s}\approx 0$，转子电流 $\dot{I}_2\approx 0$，转子磁动势 $\dot{F}_2\approx 0$。

1. 主磁通与漏磁通

根据磁通路径和性质，异步电动机磁通可分为主磁通和漏磁通等两种，如图 4-25 所示。

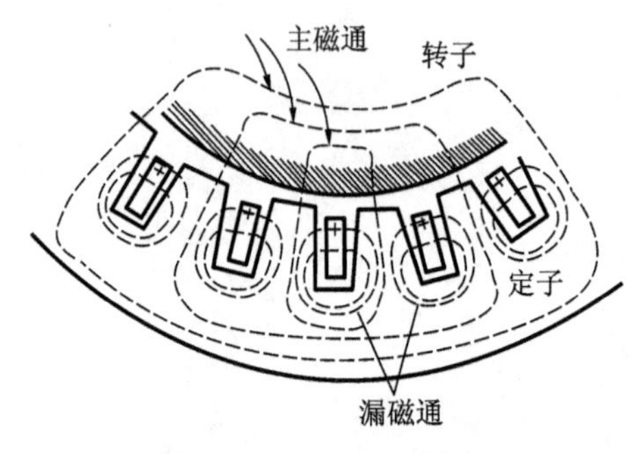

图 4-25 主磁通与漏磁通

1）主磁通 $\dot{\Phi}_0$

空载磁动势产生的磁通绝大部分通过定子铁芯、转子铁芯及气隙形成闭合回路，并同时与定子、转子绕组相交链，这部分磁通称为主磁通，用 $\dot{\Phi}_0$ 表示。

主磁通同时交链定、转子绕组，在定、转子绕组中产生感应电动势，闭合的转子绕组进而有感应电流通过。转子电流与定子磁场相互作用产生电磁转矩，实现异步电动机的机电能量转换。因此，主磁通起转换能量的媒介作用。

2）定子漏磁通 $\dot{\Phi}_{1\sigma}$

空载磁动势除产生主磁通 $\dot{\Phi}_0$ 外，另一部分磁通 $\dot{\Phi}_{1\sigma}$ 仅与定子绕组交链，称为定子漏磁通。漏磁通相对于主磁通比较小，且定子漏磁通只在定子绕组上产生漏电动势，因此不能起能量转换的媒介作用，只起电抗压降的作用。

2. 电磁关系

由以上分析可得出，异步电动机空载运行时的电磁关系如下。

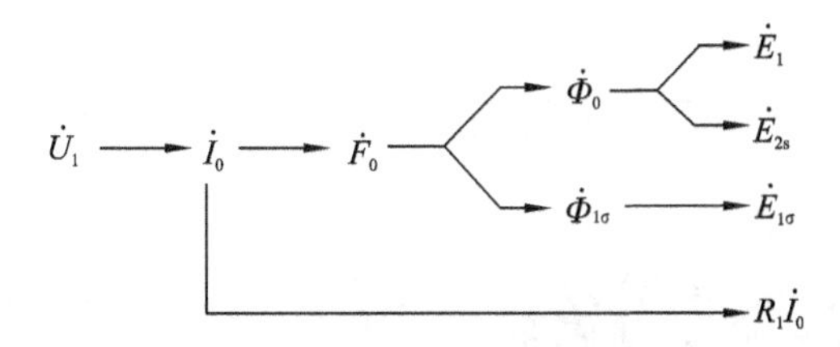

4.5.2　空载运行时的基本方程式和等效电路

1. 主、漏磁通感应的电动势

主磁通在定子绕组中感应的电动势为

$$\dot{E}_1=-\mathrm{j}4.44f_1N_1k_{w1}\dot{\Phi}_0 \tag{4-31}$$

定子漏磁通在定子绕组中感应的漏电动势为

$$\dot{E}_{1\sigma}=-\mathrm{j}4.44f_1N_1k_{w1}\dot{\Phi}_{1\sigma} \tag{4-32}$$

仿照分析变压器的方法，定子漏电动势也可以视为定子漏电抗压降，即

$$\dot{E}_{1\sigma}=-\mathrm{j}X_1\dot{I}_0 \tag{4-33}$$

式中：X_1 为定子绕组的漏电抗，它是对应于定子漏磁通的电抗。

2. 电压平衡方程及等效电路

设定子每相绕组所加端电压为 $\dot{U}_1$，相电流为 $\dot{I}_0$，主磁通 $\dot{\Phi}_0$ 在定子每相绕组中感应的电动势为 $\dot{E}_1$，定子漏磁通 $\dot{\Phi}_{1\sigma}$ 在定子每相绕组中感应的电动势为 $\dot{E}_{1\sigma}$，定子每相电阻为 R_1。类似于变压器空载时的一次侧，根据基尔霍夫第二定律，定子每相电路的电压平衡方程式为

$$\dot{U}_1=-\dot{E}_1-\dot{E}_{1\sigma}+R_1\dot{I}_0=-\dot{E}_1+\mathrm{j}X_1\dot{I}_0+R_1\dot{I}_0=-\dot{E}_1+Z_1\dot{I}_0 \tag{4-34}$$

式中：Z_1 为定子绕组的漏阻抗，$Z_1=R_1+\mathrm{j}X_1$。

与分析变压器相似，可写出

$$-\dot{E}_1=Z_m\dot{I}_0=(R_m+\mathrm{j}X_m)\dot{I}_0 \tag{4-35}$$

式中：Z_m 为励磁阻抗，$Z_m=R_m+\mathrm{j}X_m$；R_m 为励磁电阻，是反映铁损耗的等效电阻；X_m 为励磁电抗，它是对应于主磁通 $\dot{\Phi}_0$ 的电抗。

由式(4-34)和式(4-35)，可画出异步电动机空载时的等效电路，如图 4-26 所示。

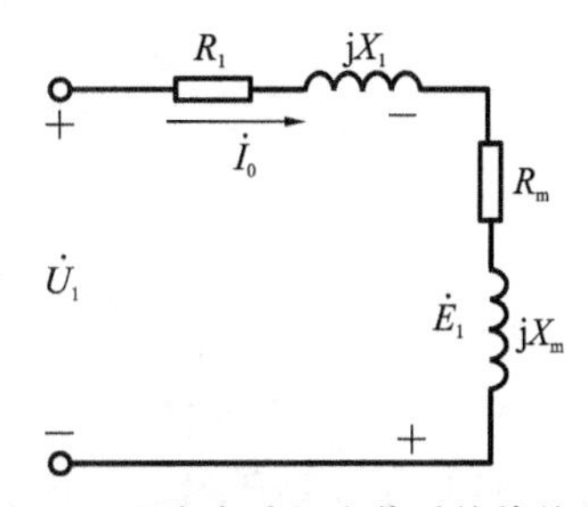

图 4-26　异步电动机空载时的等效电路

异步电动机电磁关系与变压器有很多相似之处，但也存在如下差异。

(1)磁动势表现形式不同，变压器磁动势是交变磁动势，而异步电动机的是旋转磁动势。

(2)磁路不一样，变压器磁路是由硅钢片组成的磁路，磁阻很小，励磁电流也小，仅占一次侧额定电流的 2%～10%，而异步电动机磁路中有定子和转子间的气隙存在，磁阻要大得多，所以励磁电流大，为定子额定电流的 20%～50%。

(3)变压器空载时，$\dot{E}_2\neq0$，$\dot{I}_2=0$，而异步电动机空载时，$\dot{E}_{2s}\approx0$，$\dot{I}_2\approx0$，即实际有微小的数值。

(4)由于气隙的存在及绕组结构形式的不同,异步电动机的漏磁通和漏电抗均比变压器的大。

(5)异步电动机通常采用短距、分布绕组,故需要考虑绕组系数,而变压器采用的是整距、集中绕组,绕组系数为 1。

4.6 三相异步电动机的负载运行

4.6.1 负载运行时的电磁关系

异步电动机空载运行时,转子转速 n 接近同步转速 n_1,转子感应电动势 $\dot{E}_{2s}\approx0$,转子电流 $\dot{I}_2\approx0$,转子磁动势 $\dot{F}_2\approx0$。

当异步电动机带上机械负载时,转子转速下降,定子旋转磁场切割转子绕组的相对速度 $\Delta n=n_1-n$ 增大,转子感应电动势 $\dot{E}_{2s}$和转子电流 $\dot{I}_2$增大。此时,除了定子三相电流 $\dot{I}_1$产生定子磁动势 $\dot{F}_1$ 外,转子对称三相(或多相)电流 $\dot{I}_2$还将产生转子磁动势 $\dot{F}_2$,二者共同作用在定、转子气隙中同速、同向旋转,形成合成磁动势 $\dot{F}_1+\dot{F}_2$,由此建立气隙主磁通。与分析变压器相似,异步电动机的主磁通大小也主要取决于电源电压 $\dot{U}_1$,只要 $\dot{U}_1$ 保持不变,则异步电动机由空载到负载其主磁通基本保持不变,仍用 $\dot{\Phi}_0$ 表示,且有 $\dot{F}_1+\dot{F}_2=\dot{F}_0$。主磁通 $\dot{\Phi}_0$ 分别交链于定、转子绕组,并分别在定、转子绕组中感应电动势 $\dot{E}_1$ 和 $\dot{E}_{2s}$。同时定、转子磁动势 $\dot{F}_1$ 和 $\dot{F}_2$ 分别产生只交链于本侧的漏磁通 $\dot{\Phi}_{1\sigma}$和 $\dot{\Phi}_{2\sigma}$,并感应出相应的漏电动势 $\dot{E}_{1\sigma}$和 $\dot{E}_{2\sigma}$。三相异步电动机负载运行时的电磁关系如下。

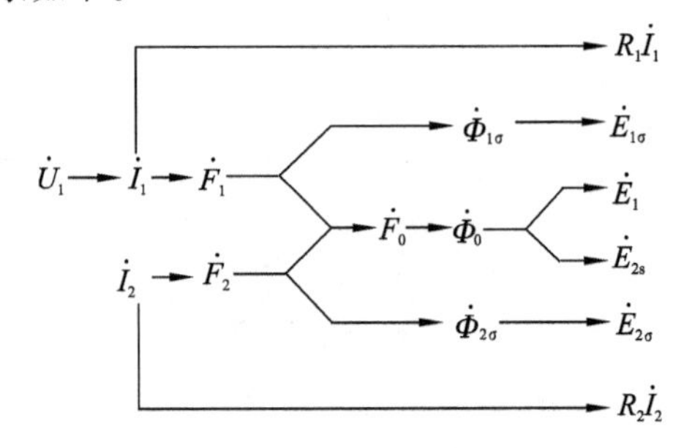

4.6.2 转子绕组各电磁量

转子不转时,气隙旋转磁场以同步转速 n_1 切割转子绕组,在转子以转速 n 旋转后,旋转磁场就以 $\Delta n=n_1-n$ 的相对速度切割转子绕组,因此,当转子转速 n 变化时,转子绕组各电磁量将随之变化。

1. 转子感应电动势的频率

当转子以转速 n 旋转时,旋转磁场与转子绕组的相对切割速度为(n_1-n),故转子绕组感应电动势的频率为

$$f_2=\frac{p(n_1-n)}{60}=\frac{n_1-n}{n_1}\times\frac{pn_1}{60}=sf_1 \tag{4-36}$$

式中：f_1 为电源频率。

由上式可知，当电源频率 f_1 一定时，$f_2 \propto s$。当转子不动（如启动瞬间）时，$n=0$，$s=1$，则 $f_2=f_1$；当转子转速接近同步转速（如空载运行）时，$n \approx n_1$，$s \approx 0$，则 $f_2 \approx 0$。异步电动机在正常情况下运行时，转差率 s 很小，转子频率 f_2 很低。

2. 转子绕组的感应电动势

转子旋转时，$f_2=sf_1$，则此时转子绕组感应电动势为

$$E_{2s}=4.44f_2N_2k_{w2}\Phi_0=4.44sf_1N_2k_{w2}\Phi_0=sE_2 \tag{4-37}$$

式中：$E_2=4.44f_1N_2k_{w2}\Phi_0$ 为静止时的转子感应电动势。当电源电压 U_1 一定时，Φ_0 一定，故 E_2 为常数，则 $E_{2s} \propto s$。

3. 转子绕组的漏电抗

因为电抗与频率成正比，故旋转时的转子漏电抗为

$$X_{2s}=2\pi f_2L_2=2\pi sf_1L_2=sX_2 \tag{4-38}$$

式中：$X_2=2\pi f_1L_2$ 为静止时的转子漏电抗；L_2 为转子绕组的漏电感。上式表明 $X_{2s} \propto s$。

4. 转子绕组电流

异步电动机的转子绕组正常运行时处于短接状态，其端电压 $\dot{U}_2=0$，如图 4-27 所示，转子每相电流 $\dot{I}_2$ 为

$$\dot{I}_2=\frac{\dot{E}_{2s}}{R_2+jX_{2s}}=\frac{s\dot{E}_2}{R_2+jsX_2} \tag{4-39}$$

其有效值为

$$I_2=\frac{sE_2}{\sqrt{R_2^2+(sX_2)^2}} \tag{4-40}$$

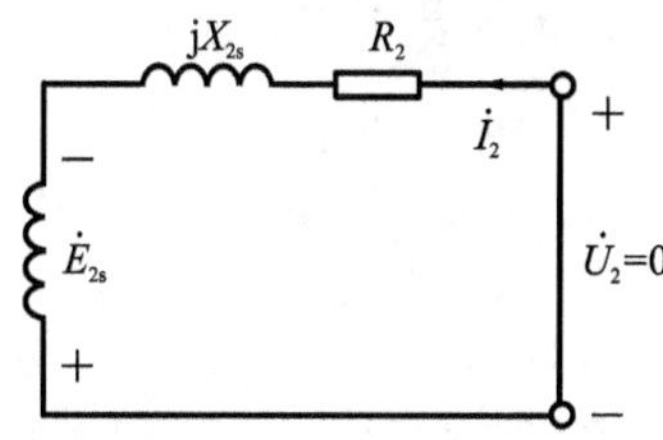

图 4-27　转子绕组一相电路

式(4-40)说明，转子绕组电流 I_2 与转差率 s 有关。当 $s=0$ 时，$I_2=0$；当 s 增大时，I_2 也随之增大。

5. 转子绕组功率因数

转子绕组功率因素 $\cos\varphi_2$ 为

$$\cos\varphi_2=\frac{R_2}{\sqrt{R_2^2+(sX_2)^2}} \tag{4-41}$$

式(4-41)说明，转子绕组功率因素 $\cos\varphi_2$ 也与转差率 s 有关。当 $s=0$ 时，$\cos\varphi_2=1$；当 s 增大时，$\cos\varphi_2$ 则减小。

4.6.3　负载运行时的基本方程式

1. 磁动势平衡方程

与分析变压器相似，可写出异步电动机负载时的磁动势平衡方程为

$$\dot{F}_1+\dot{F}_2=\dot{F}_0 \tag{4-42}$$

上式也可改写成

$$\dot{F}_1=\dot{F}_0+(-\dot{F}_2) \tag{4-43}$$

式(4-43)说明定子磁动势包括两个分量，即产生主磁通 $\dot{\Phi}_0$ 的励磁分量 $\dot{F}_0$ 和抵消转子磁动势的负载分量 $-\dot{F}_2$。

根据旋转磁动势幅值公式，可写出定子磁动势、转子磁动势和励磁磁动势的幅值分别为

$$F_1=\frac{m_1}{2}\times 0.9\frac{N_1k_{w1}}{p}I_1 \tag{4-44}$$

$$F_2=\frac{m_2}{2}\times 0.9\frac{N_2k_{w2}}{p}I_2 \tag{4-45}$$

$$F_0=\frac{m_1}{2}\times 0.9\frac{N_1k_{w1}}{p}I_0 \tag{4-46}$$

式中：I_0 为励磁电流；m_1、m_2 为定、转子绕组相数。

将式(4-44)、式(4-45)和式(4-46)分别代入式(4-42)，整理得

$$\dot{I}_1+\frac{\dot{I}_2}{k_i}=\dot{I}_0 \tag{4-47}$$

式中：$k_i=\frac{m_1N_1k_{w1}}{m_2N_2k_{w2}}$为异步电动机的电流变比。

2. 电动势平衡方程

异步电动机负载运行时，定子绕组电动势平衡方程与空载时的相同，此时定子电流为 $\dot{I}_1$，即

$$\dot{U}_1=-\dot{E}_1+\mathrm{j}X_1\dot{I}_1+R_1\dot{I}_1 \tag{4-48}$$

在转子电路中，由于转子为短路绕组，所以 $\dot{U}_2=0$，转子绕组电动势平衡方程为

$$0=\dot{E}_{2s}-R_2\dot{I}_2-\mathrm{j}X_{2s}\dot{I}_2 \tag{4-49}$$

4.6.4 负载运行时的等效电路

在分析异步电动机运行及计算时，也采用与变压器相似的等效电路方法，即设法将磁耦合的定、转子电路变为有直接电联系的电路。

根据电动势平衡方程，可画出如图 4-28 所示异步电动机旋转时定、转子电路图。与变压器不同的是，异步电动机是旋转电机，其定、转子频率不相等，因此在作出等效电路时，首先要进行频率折算，将转子频率 f_2 折算为定子频率 f_1；然后再进行绕组折算，将转子绕组折算为定子绕组。

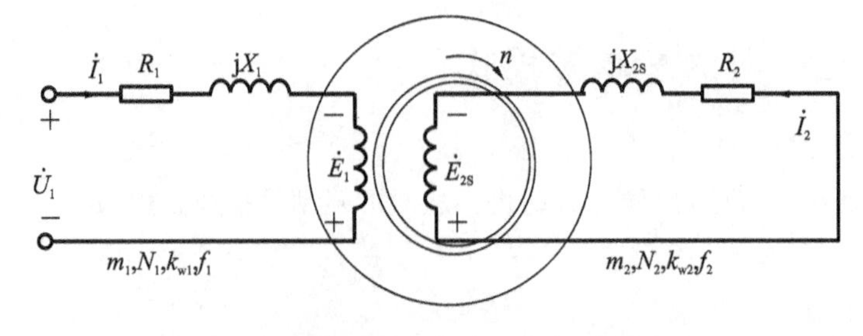

图 4-28 旋转时异步电动机的定、转子电路

1. 频率折算

频率折算就是在不影响定子侧各物理量的前提下，使等效转子中的频率与定子的频率相等的过程。当异步电动机转子静止时，转子频率等于定子频率，所以频率折算的实质就是把旋转的转子等效成静止的转子。

在等效过程中，为了保持电动机的电磁效应不变，折算必须遵循的原则有两条：一是折算前后转子磁动势不变，以保持转子电路对定子电路的影响不变；二是被等效的转子电路功率和损耗与原转子旋转时的一样。

要使折算前后 $\dot{F}_2$ 不变，只要保证折算前后转子电流 $\dot{I}_2$ 的大小和相位不变即可实现。由式(4-39)可知，转子旋转时的转子电流为

$$\dot{I}_2=\frac{\dot{E}_{2s}}{R_2+jX_{2s}}=\frac{s\dot{E}_2}{R_2+jsX_2}\qquad (频率为\ f_2) \tag{4-50}$$

将上式分子、分母同除以 s，得

$$\dot{I}_2=\frac{\dot{E}_2}{\frac{R_2}{s}+jX_2}\qquad (频率为\ f_1) \tag{4-51}$$

比较式(4-51)和式(4-50)可见，要将转子频率 f_2 折算为 f_1，只需将转子电路中的感应电动势 $\dot{E}_{2s}$ 改成 $\dot{E}_2$，R_2 改为 $\frac{R_2}{s}$（相当于是串入一个附加电阻 $\frac{1-s}{s}R_2$），转子漏电抗由 X_{2s} 改成 X_2 即可，如图 4-29 所示。这样，旋转的转子就可以用一个等效的静止的转子来代替。下面进一步说明这个附加电阻的物理意义。实际旋转的转子在转轴上有机械功率输出并且转子还会产生机械损耗，而等效成静止的转子后，就不会有机械功率输出和机械损耗，但会产生附加电阻 $\frac{1-s}{s}R_2$ 的功率损耗。根据能量守恒定律，该附加电阻所消耗的功率 $m_2I_2^2\frac{1-s}{s}R_2$ 就应等于转轴上输出的机械功率和转子的机械损耗之和，这部分功率称为总机械功率，附加电阻 $\frac{1-s}{s}R_2$ 称为模拟总机械功率的等值电阻。

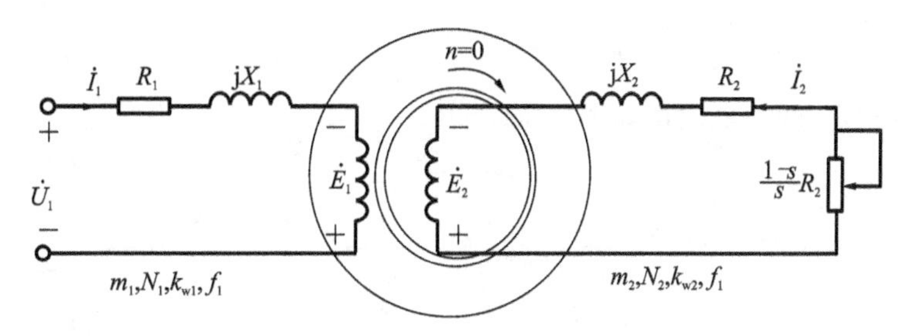

图 4-29　频率折算后的定、转子电路

2. 转子绕组的折算

转子绕组的折算就是用一个和定子绕组具有相同相数 m_1、匝数 N_1 及绕组系数 k_{w1} 的等效转子绕组来代替原来的相数为 m_2、匝数为 N_2 及绕组系数为 k_{w2} 的实际转子绕组。其折算原则和方法与变压器的基本相同。

1)电流的折算

根据折算前后转子磁动势不变的原则,有

$$\frac{m_2}{2}\times 0.9\frac{N_2k_{w2}}{p}I_2=\frac{m_1}{2}\times 0.9\frac{N_1k_{w1}}{p}I_2'$$

折算后的转子电流为

$$I_2'=\frac{m_2N_2k_{w2}}{m_1N_1k_{w1}}I_2=\frac{I_2}{k_i} \tag{4-52}$$

式中:$k_i=\frac{m_1N_1k_{w1}}{m_2N_2k_{w2}}$为电流变比。

2)电动势的折算

根据折算前后传递到转子侧的视在功率不变的原则,有

$$m_2E_2I_2=m_1E_2'I_2'$$

折算后的转子电动势为

$$E_2'=\frac{N_1k_{w1}}{N_2k_{w2}}E_2=k_eE_2 \tag{4-53}$$

式中:$k_e=\frac{N_1k_{w1}}{N_2k_{w2}}$为电动势变比。

3)阻抗的折算

根据折算前后转子铜损耗不变的原则,有

$$m_2I_2^2R_2=m_1I_2'R_2'$$

折算后的转子电阻为

$$R_2'=\frac{m_2I_2^2}{m_1I_2'^2}R_2=\frac{m_2}{m_1}\left(\frac{m_1N_1k_{w1}}{m_2N_2k_{w2}}\right)^2R_2=k_ek_iR_2 \tag{4-54}$$

同理,根据磁场储能不变,可得折算后的转子漏电抗为

$$X_2'=k_ek_iX_2 \tag{4-55}$$

式中:k_ek_i 为阻抗变比。

转子漏阻抗的折算值为

$$Z_2'=k_ek_iZ_2=R_2'+\mathrm{j}X_2' \tag{4-56}$$

绕组折算后的定、转子电路图如图 4-30 所示。

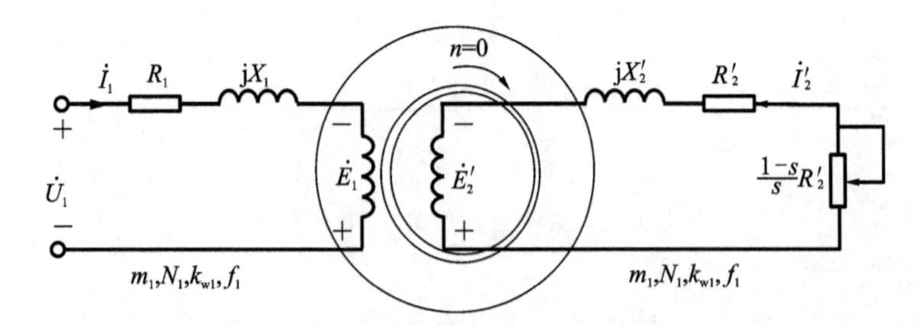

图 4-30　绕组折算后的定、转子电路

3. 基本方程式

经过频率和绕组折算后,可列出三相异步电动机的基本方程式为

$$
\left.
\begin{aligned}
&\dot{U}_1=-\dot{E}_1+(R_1+\mathrm{j}X_1)\dot{I}_1\\
&E_2'=\left(\frac{R_2'}{s}+\mathrm{j}X_2'\right)\dot{I}_2'=\left(Z_2'+\frac{1-s}{s}R_2'\right)\dot{I}_2'\\
&\dot{I}_1+\dot{I}_2'=\dot{I}_0\\
&\dot{E}_1=-(R_\mathrm{m}+\mathrm{j}X_\mathrm{m})\dot{I}_0\\
&\dot{E}_2'=\dot{E}_1
\end{aligned}
\right\}
\tag{4-57}
$$

4. 等效电路

根据基本方程式，再仿照变压器的分析方法，可画出异步电动机的 T 形等效电路，如图4-31所示。

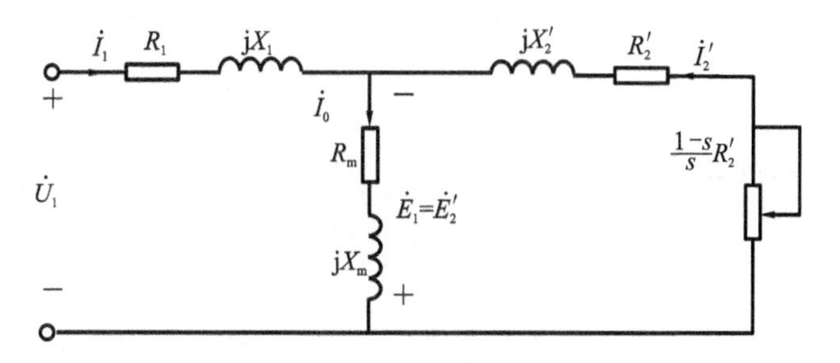

图 4-31　异步电动机的 T 形等效电路

由等效电路分析可得如下结论。

(1)当转子不转(如堵转)时，$n=0$，$s=1$，则附加电阻$\frac{1-s}{s}R_2'=0$，总机械功率为零，此时异步电动机处于短路运行状态，定、转子电流均很大。

(2)当转子接近同步转速旋转时，$n\approx n_1$，$s\approx 0$，则附加电阻$\frac{1-s}{s}R_2'\to\infty$，等效电路近乎开路，转子电流很小，总机械功率也很小，异步电动机相当于空载运行。

4.7　三相异步电动机的功率和转矩

4.7.1　三相异步电动机的功率平衡

异步电动机运行时，定子从电网吸收的电功率转换为转子轴上输出的机械功率。电动机在实现机电能量转换的过程中，必然会产生各种损耗。根据能量守恒定律，输出功率应等于输入功率减去总损耗。

1) 输入功率 P_1

由电网供给电动机的功率称为输入功率，其计算公式为

$$P_1=m_1U_1I_1\cos\varphi_1 \tag{4-58}$$

式中：m_1 为定子绕组相数；U_1 为定子相电压；I_1 为定子相电流；$\cos\varphi_1$ 为定子的功率因数。

2）定子铜损耗 P_{Cu1}

定子电流 I_1 流过定子绕组时，在定子绕组电阻 R_1 上产生的功率损耗为定子铜损耗，即

$$P_{Cu1}=m_1R_1I_1^2 \tag{4-59}$$

3）铁芯损耗 P_{Fe}

旋转磁场在定、转子铁芯中还将产生铁损耗。由于异步电动机在正常运行时，转子频率很低，通常只有 1～3 Hz，因此转子铁芯损耗很小，可忽略不计，所以 P_{Fe} 实际上只是定子铁芯损耗，其值可看做励磁电流 I_0 在励磁电阻上所消耗的功率，即

$$P_{Fe}=m_1R_mI_0^2 \tag{4-60}$$

4）电磁功率 P_{em}

输入功率扣除定子铜损耗和铁芯损耗后，剩余的功率便是由气隙磁场通过电磁感应传递到转子侧的电磁功率 P_{em}，即

$$P_{em}=P_1-P_{Cu1}-P_{Fe} \tag{4-61}$$

由 T 形等效电路，可得

$$P_{em}=m_1E_2'I_2'\cos\varphi_2=m_1I_2'^2\frac{R_2'}{s} \tag{4-62}$$

5）转子铜损耗 P_{Cu2}

转子电流 I_2' 流过转子绕组时，在转子绕组电阻 R_2' 上产生的功率损耗为转子铜损耗，即

$$P_{Cu2}=m_1R_2'I_2'^2 \tag{4-63}$$

6）总机械功率 P_{MEC}

传递到转子侧的电磁功率扣除转子铜损耗，即是电动机转子上的总机械功率，即

$$P_{MEC}=P_{em}-P_{Cu2}=m_1I_2'^2\frac{R_2'}{s}-m_1R_2'I_2'^2=m_1\frac{1-s}{s}R_2'I_2'^2 \tag{4-64}$$

该式说明了 T 形等效电路中附加电阻 $\frac{1-s}{s}R_2'$ 的物理意义。

由式(4-62)、式(4-63)和式(4-64)，可得

$$P_{Cu2}=sP_{em} \tag{4-65}$$

$$P_{MEC}=(1-s)P_{em} \tag{4-66}$$

以上两式说明，转差率 s 越大，消耗在转子上的铜损耗就越大，电动机效率就越低，所以异步电动机正常运行时的 s 都很小。

7）机械损耗 P_{mec} 和附加损耗 P_{ad}

机械损耗 P_{mec} 是由轴承及风阻等摩擦引起的损耗；附加损耗 P_{ad} 是由于定、转子上有齿槽存在及磁场的高次谐波引起的损耗。这两种损耗都会在电动机转子上产生制动性质的转矩。

8）输出功率 P_2

总机械功率 P_{MEC} 扣除机械损耗 P_{mec} 和附加损耗 P_{ad}，剩下的就是电动机转轴上输出的机械功率 P_2，即

$$P_2 = P_{MEC} - (P_{mec} + P_{ad}) = P_{MEC} - P_0 \tag{4-67}$$

式中：$P_0 = P_{mec} + P_{ad}$ 为异步电动机的空载损耗。

综上所述，异步电动机运行时从电源输入电功率 P_1 到转轴上输出机械功率 P_2 的全过程用功率平衡方程式表示为

$$P_2 = P_1 - (P_{Cu1} + P_{Fe} + P_{Cu2} + P_{mec} + P_{ad}) = P_1 - P_\Sigma \tag{4-68}$$

式中：P_Σ 为电动机的总损耗。

异步电动机的功率流程如图 4-32 所示。

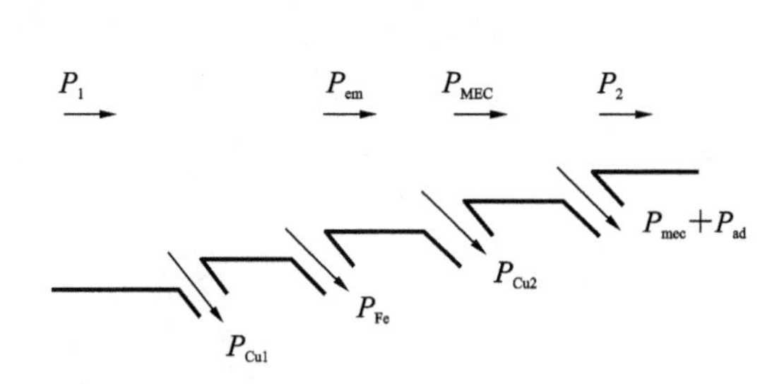

图 4-32　异步电动机的功率流程图

4.7.2　三相异步电动机的转矩平衡

1. 转矩平衡方程式

由动力学可知，旋转体的机械功率等于转矩乘以机械角速度。式(4-67)可写成

$$T_2\Omega = T_{em}\Omega - T_0\Omega$$

式中：Ω 为转子旋转的机械角速度，$\Omega = \frac{2\pi n}{60}$(rad/s)；$T_{em}$ 为电磁转矩；T_2 为负载转矩；T_0 为空载转矩。

将上式两边同除以 Ω，并移相后得到转矩平衡方程式

$$T_{em} = T_2 + T_0 \tag{4-69}$$

式(4-69)说明，当异步电动机稳定运行时，驱动性质的电磁转矩 T_{em} 与制动性质的负载转矩 T_2 及空载转矩 T_0 相平衡。

至于电磁功率 P_{em} 与电磁转矩 T_{em} 的关系可从式(4-66)推得，即

$$T_{em} = \frac{P_{MEC}}{\Omega} = \frac{(1-s)P_{em}}{\frac{2\pi n}{60}} = \frac{P_{em}}{\frac{2\pi n_1}{60}} = \frac{P_{em}}{\Omega_1} \tag{4-70}$$

式中：Ω_1 为旋转磁场的机械角速度(同步机械角速度)(rad/s)；$\Omega = \frac{2\pi n_1}{60}$。

式(4-70)说明，电磁转矩既可以用总机械功率除以转子旋转的机械角速度来计算，也可以用电磁功率除以同步机械角速度来计算。

2. 电磁转矩的物理表达式

由式(4-62)、式(4-70)以及转子电动势公式，可推得

$$T_{em}=\frac{P_{em}}{\Omega_1}=\frac{m_1E_2'I_2'\cos\varphi_2}{\frac{2\pi n_1}{60}}=\frac{m_1\times 4.44f_1N_1k_{w1}\Phi_0I_2'\cos\varphi_2}{\frac{2\pi f_1}{p}}$$

$$=\frac{4.44m_1pN_1k_{w1}}{2\pi}\Phi_0I_2'\cos\varphi_2=C_T\Phi_0I_2'\cos\varphi_2 \tag{4-71}$$

式中：$C_T=\frac{4.44}{2\pi}m_1pN_1k_{w1}$ 为异步电动机的转矩常数。

式(4-71)表明，异步电动机的电磁转矩与主磁通 Φ_0 及转子电流的有功分量 $I_2'\cos\varphi_2$ 的乘积成正比，即电磁转矩是由气隙磁场与转子电流有功分量相互作用而产生的，在形式上与直流电动机的电磁转矩表达式 $T_{em}=C_T\Phi I_a$ 相似，它是电磁力定律在异步电动机中的具体体现。

【例 4.4】 一台 $P_N=7.5$ kW，$U_N=380$ V，$n_N=962$ r/min 的 6 极三相异步电动机，定子为三角形联结，额定负载时 $\cos\varphi_1=0.827$，$P_{Cu1}=470$ W，$P_{Fe}=234$ W，$P_{mec}=45$ W，$P_{ad}=80$ W。试求额定负载时的转差率 s_N、转子频率 f_2、转子铜损耗 P_{Cu2}、额定电流 I_N 以及电磁转矩 T_{em}。

解 (1)求额定转差率 s_N。

$$n_1=\frac{60f_1}{p}=\frac{60\times 50}{3}\ \text{r/min}=1000\ \text{r/min}$$

$$s_N=\frac{n_1-n_N}{n_1}=\frac{1000-962}{1000}=0.038$$

(2)求转子频率 f_2。

$$f_2=s_Nf_1=0.038\times 50\ \text{Hz}=1.9\ \text{Hz}$$

(3)求转子铜损耗 P_{Cu2}。

$$P_{MEC}=P_2+P_{mec}+P_{ad}=(7500+45+80)\ \text{W}=7625\ \text{W}$$

$$P_{Cu2}=\frac{s_N}{1-s_N}P_{MEC}=\frac{0.038}{1-0.038}\times 7625\ \text{W}=301.2\ \text{W}$$

(4)求额定电流 I_N。

$$P_1=P_2+P_{Cu1}+P_{Fe}+P_{Cu2}+P_{mec}+P_{ad}$$
$$=(7500+470+234+301.2+45+80)\ \text{W}$$
$$=8630.2\ \text{W}$$

$$I_N=\frac{P_1}{\sqrt{3}U_N\cos\varphi_1}=\frac{8630.2}{\sqrt{3}\times 380\times 0.827}\ \text{A}=15.85\ \text{A}$$

(5)求电磁转矩 T_{em}。

$$T_{em}=\frac{P_{MEC}}{\Omega_N}=\frac{7625}{2\pi\frac{962}{60}}\ \text{N}\cdot\text{m}=75.69\ \text{N}\cdot\text{m}$$

4.8　三相异步电动机的工作特性

三相异步电动机的工作特性是指电源电压和频率为额定值时，电动机的转速 n、输出转矩 T_2、定子电流 I_1、功率因数 $\cos\varphi_1$、效率 η 与输出功率 P_2 之间的关系曲线，如图 4-33 所示。

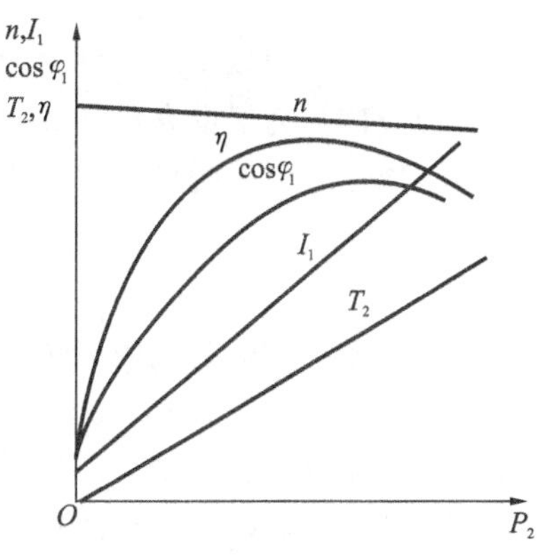

图 4-33　异步电动机的工作特性

1. 转速特性 $n=f(P_2)$

空载时，输出功率 $P_2=0$，$n\approx n_1$，$s\approx 0$；负载时，随着输出功率 P_2 的增加，转速 n 下降。额定运行时，转差率很小，一般在 0.01～0.06 范围内，相应的转速与同步转速 n_1 接近，故转速特性 $n=f(P_2)$是一条稍向下倾斜的曲线。

2. 转矩特性 $T_2=f(P_2)$

异步电动机的输出转矩为

$$T_2=\frac{P_2}{\Omega}=\frac{P_2}{\dfrac{2\pi n}{60}}$$

电动机空载时，$P_2=0$，$T_2=0$；从空载到额定负载运行时，转速略有下降，变化不大，故 $T_2=f(P_2)$是一条过零点稍向上翘的曲线。

3. 定子电流特性 $I_1=f(P_2)$

由 $\dot{I}_1=\dot{I}_0+(-\dot{I}_2')$可知，空载时，$\dot{I}_2'\approx 0$，故 $\dot{I}_1\approx\dot{I}_0$。负载时，随着输出功率 P_2 的增加，$\dot{I}_2'$增大，定子电流将随之增大，所以 $I_1=f(P_2)$是一条不过原点的上翘曲线。

4. 功率因数特性 $\cos\varphi_1=f(P_2)$

空载时，定子电流就是产生主磁通的无功励磁电流，故功率因数 $\cos\varphi_1$ 很低，通常不超过 0.2。负载运行时，随着负载的增加，定子电流中的有功分量增加，功率因数逐渐提高，在额定负载附近，功率因数达到最大值。如果负载继续增加，转速降低，转差率 s 增大，从而 $\varphi_2=\arctan\frac{sX_2'}{R_2'}$增大，转子电路的功率因数 $\cos\varphi_2$ 下降，进而定子的功率因数 $\cos\varphi_1$ 趋于下降。

5. 效率特性 $\eta=f(P_2)$

异步电动机的效率为

$$\eta=\frac{P_2}{P_1}\times 100\%=\left(1-\frac{P_\Sigma}{P_2+P_\Sigma}\right)\times 100\%$$

式中：$P_\Sigma=P_{Cu1}+P_{Fe}+P_{Cu2}+P_{mec}+P_{ad}$。

从空载到额定负载，由于主磁通和转速变化不大，可认为 P_{Fe}和 P_{mec}基本不变，称为不变损耗，而 P_{Cu1}、P_{Cu2}和 P_{ad}是随负载变化而变化的，称为可变损耗。

电动机空载时，$P_2=0$，$\eta=0$，带负载运行时，随着输出功率 P_2 的增加，效率 η 也在增加。

当负载增大到使可变损耗等于不变损耗时，效率达最高。若负载继续增大，则与电流平方成正比的定、转子铜损耗增加很快，故效率反而下降。常用的中小型异步电动机最高效率一般在$(0.7\sim1.0)P_N$范围内，额定效率一般为75%～95%。

综上所述，三相异步电动机的功率因数和效率都是在额定负载附近达到最大值的。因此在选用电动机时，为了提高经济效益和保证电动机应有的使用寿命，电动机的容量不宜选得过大或过小，应尽量使电动机在额定值附近运行。

思考题与习题

4.1　三相异步电动机的旋转磁场是怎样产生的？

4.2　简述三相异步电动机的工作原理，并解释“异步”的含义。

4.3　三相绕线式异步电动机与鼠笼式异步电动机结构上主要有什么区别？

4.4　什么是异步电动机的转差率？如何根据转差率来判断异步电动机的运行状态？

4.5　三相异步电动机主磁通和漏磁通是如何定义的？主磁通在定、转子绕组中感应电动势的频率一样吗？两个频率之间数量关系如何？

4.6　为什么三相异步电动机的功率因数总是滞后的？

4.7　异步电动机等效电路中的附加电阻$\frac{1-s}{s}R_2'$的物理意义是什么？能否用电抗或电容代替这个附加电阻？为什么？

4.8　为什么要进行频率折算？折算应遵循什么样的基本原则？

4.9　三相异步电动机的电磁功率、转子铜损耗和机械功率之间在数量上存在着什么关系？

4.10　已知一台三相异步电动机定子输入为60 kW，定子铜损耗为600 kW，铁损耗为400 kW，转差率为0.03，试求电磁功率P_{em}、总机械功率P_{MEC}和转子铜损耗P_{Cu2}。

4.11　一台四极异步电动机，$P_N=10$ kW，$U_N=380$ V，$f=50$ Hz，转子铜损耗$P_{Cu2}=314$ W，附加损耗$P_{ad}=102$ W，机械损耗$P_{mec}=175$ W，求电动机的额定转速及额定电磁转矩。

4.12　已知一台三相四极异步电动机的额定数据为$P_N=10$ kW，$U_N=380$ V，$I_N=11$ A，定子绕组为星形联结，额定运行时，$P_{Cu1}=557$ W，$P_{Cu2}=314$ W，$P_{Fe}=276$ W，$P_{mec}=77$ W，$P_{ad}=200$ W。试求：(1)额定转速；(2)空载转矩；(3)电磁转矩；(4)电动机轴上的输出转矩。

4.13　已知一台三相50 Hz绕线转子异步电动机，额定数据为：$P_N=100$ kW，$U_N=380$ V，$n_N=950$ r/min。在额定转速下运行时，机械损耗$P_{mec}=0.8$ kW，附加损耗$P_{ad}=0.2$ kW，求额定运行时的：(1)额定转差率s_N；(2)电磁功率P_{em}；(3)转子铜耗P_{Cu2}；(4)输出转矩T_2。

第 5 章　三相异步电动机的电力拖动

要研究交流电动机的电力拖动，必须了解电动机的机械特性以及负载转矩特性。后者在直流电机部分已经讨论过，本章主要分析研究三相异步电动机的机械特性和各种运动状态。

5.1　三相异步电动机的机械特性

三相异步电动机的机械特性与直流电动机的机械特性定义相同，指的是电动机的转速 n 与电磁转矩 T_{em} 之间的关系 $n = f(T_{em})$。由于异步电动机的转速 n 与转差率 s 及旋转磁场的同步转速 n_1 之间的关系为 $n=(1-s)n_1$，所以异步电动机的机械特性往往用 $T_{em} = f(s)$ 的形式表示。

5.1.1　机械特性的三种表达式

1. 机械特性的物理表达式

在第 4 章已导出了机械特性物理表达式为

$$T_{em} = C_T\Phi_0 I'_2\cos\varphi_2 \tag{5-1}$$

式中：$I'_2=\dfrac{E'_2}{\sqrt{(R'_2/s)^2+X'^2_2}}$ 和 $\cos\varphi_2 = \dfrac{R'_2/s}{\sqrt{(R'_2/s)^2+X'^2_2}}$ 都会随电机转差率 s 的变化而变化，因此 T_{em} 也会随 s 变化而变化。虽然机械特性物理表达式的概念清晰，但是它没有反映电磁转矩与定子电压、转子转速(或转差率)之间的关系，因此，机械特性的物理表达式在电机拖动系统中应用较少。

2. 机械特性的参数表达式

从第 4 章可知，电磁转矩可用下式计算

$$T_{em} = \frac{P_{em}}{\Omega_1} = \frac{m_1}{\Omega_1}I'^2_2\frac{R'_2}{s} = \frac{3I'^2_2\dfrac{R'_2}{s}}{\dfrac{2\pi n_1}{60}} = \frac{3I'^2_2\dfrac{R'_2}{s}}{\dfrac{2\pi f_1}{p}} \tag{5-2}$$

根据异步机的 T 形等效电路，可得

$$I'_2=\frac{U_1}{\sqrt{\left(R_1+\dfrac{R'_2}{s}\right)^2+(X_1+X'_2)^2}}$$

代入式(5-2)可得

$$T_{em} = \frac{3pU_1^2\dfrac{R'_2}{s}}{2\pi f_1\left[\left(R_1+\dfrac{R'_2}{s}\right)^2+(X_1+X'_2)^2\right]} \tag{5-3}$$

式(5-3)就是机械特性的参数表达式。等式右边包含了定子电阻 R_1、定子漏抗 X_1、转子折算电阻 R_2'、转子折算漏抗 X_2'、供电频率 f_1 和电机极对数 p。

3. 机械特性的实用表达式

机械特性的物理表达式和参数表达式适用于分析电磁转矩 T_{em} 与电动机参数间的关系。但是由于异步电动机的定子和转子参数 R_1、X_1、R_2'、X_2' 不能在产品目录中查到，在绘制电机的机械特性曲线时，这两种表达式不适用。将式(5-3)对 s 求导并令导数为 0，即

$$\frac{\mathrm{d}T_{em}}{\mathrm{d}s}=0$$

可求得产生最大电磁转矩时对应的转差率为

$$s_m=\pm\frac{R_2'}{\sqrt{R_1^2+(X_1+X_2')^2}} \tag{5-4}$$

s_m 称为临界转差率。代入式(5-3)可得最大电磁转矩为

$$T_m=\pm\frac{3pU_1^2}{4\pi f_1\left[\pm R_1+\sqrt{R_1^2+(X_1+X_2')^2}\right]} \tag{5-5}$$

用式(5-3)除以式(5-5)可得

$$\frac{T_{em}}{T_m}=\frac{2R_2'\left[R_1+\sqrt{R_1^2+(X_1+X_2')^2}\right]}{s\left[\left(R_1+\frac{R_2'}{s}\right)^2+(X_1+X_2')^2\right]} \tag{5-6}$$

由式(5-4)可得 $\frac{s_m}{R_2'}=\frac{1}{\sqrt{R_1^2+(X_1+X_2')^2}}$，并代入式(5-6)有

$$\begin{aligned}\frac{T_{em}}{T_m}&=\frac{2R_2'\left[R_1+\frac{R_2'}{s_m}\right]}{s\left[\left(R_1+\frac{R_2'}{s}\right)^2+(X_1+X_2')^2\right]}\\&=\frac{2R_2'\left[R_1+\frac{R_2'}{s_m}\right]}{s\left[R_1^2+2R_1\frac{R_2'}{s}+\left(\frac{R_2'}{s}\right)^2+(X_1+X_2')^2\right]}\end{aligned} \tag{5-7}$$

将 $\frac{s_m}{R_2'}=\frac{1}{\sqrt{R_1^2+(X_1+X_2')^2}}$，即 $(X_1+X_2')^2=(\frac{R_2'}{s_m})^2-R_1^2$，代入式(5-7)并化简得

$$\frac{T_{em}}{T_m}=\frac{2\frac{s_mR_1}{R_2'}+2}{\frac{2R_1s_m}{R_2'}+\frac{s_m}{s}+\frac{s}{s_m}} \tag{5-8}$$

式(5-8)中，由 $R_1\approx R_2'$，可得 $2\frac{s_mR_1}{R_2'}\approx 2s_m$，其中 s_m 为 0.1～0.2，因此有 $\frac{s_m}{s}+\frac{s}{s_m}\geqslant 2$，而 $2\frac{s_mR_1}{R_2'}<2$，对于式(5-8)，可忽略 $2\frac{s_mR_1}{R_2'}$。这样式(5-8)可简化为

$$\frac{T_{em}}{T_m}=\frac{2}{\frac{s_m}{s}+\frac{s}{s_m}} \tag{5-9}$$

即是三相异步电动机的机械特性实用公式。

从式(5-9)可知,必须先知道最大转矩 T_m 及临界转差率 s_m 才能得到 T_{em}-s 曲线,它们可通过电动机产品目录中的数据来求取。

从产品目录中查得 K_m、P_N、n_N / p、s_N 等参数,K_m 为过载倍数,$T_N = 9550\frac{P_N}{n_N}$ 为额定转矩公式,额定转矩和最大转矩之间的关系为

$$T_m = K_m T_N \tag{5-10}$$

将额定点数据代入式(5-9)得

$$\frac{T_N}{T_m} = \frac{2}{\frac{s_m}{s_N} + \frac{s_N}{s_m}} \tag{5-11}$$

将式(5-10)代入式(5-11),得

$$s_m = s_N(K_m + \sqrt{K_m^2 - 1}) \tag{5-12}$$

求出 T_m 和 s_m 后,式(5-9)只剩下 T_{em} 和 s 两个未知数,可方便地绘出异步电动机的机械特性曲线。

当三相异步电动机在额定负载范围内运行时,$0 < s < s_N(s_N = 0.01 \sim 0.05)$,可知 $\frac{s}{s_m} \ll \frac{s_m}{s}$,因此可忽略 $\frac{s}{s_m}$,式(5-9)可以简化为

$$T_{em} = \frac{2T_m}{s_m}s \tag{5-13}$$

经过简化,三相异步电动机的机械特性呈线性,使用起来更为方便。式(5-13)称为机械特性的近似表达式。把额定工作点的值代入式(5-13),得到对应于最大转矩的转差率 s_m 为

$$s_m = 2K_m s_N \tag{5-14}$$

【例 5.1】 一台三相绕线式异步电动机,已知额定功率 $P_N = 15$ kW,额定电压 $U_{1N} = 380$ V,额定频率 $f_1 = 50$ Hz,额定转速 $n_N = 960$ r/min,过载倍数 $K_m = 2.4$。求电动机的转差率 $s = 0.02$ 时的电磁转矩及拖动恒转矩负载 110 N·m 时电动机的转差率。

解　根据额定转速 n_N 可以判断出旋转磁场的转速 $n_1 = 1000$ r/min。则额定转差率为

$$s_N = \frac{n_1 - n}{n_1} = \frac{1000 - 960}{1000} = 0.04$$

临界转差率为

$$s_m = s_N(K_m + \sqrt{K_m^2 - 1}) = 0.04(2.4 + \sqrt{2.4^2 - 1}) = 0.183$$

额定转矩为

$$T_N = 9550\frac{P_N}{n_N} = 9550\frac{15}{960} = 149.2\ \text{N}\cdot\text{m}$$

当 $s = 0.02$ 时的电磁转矩为

$$T_{em} = \frac{2K_m T_N}{\frac{s_m}{s} + \frac{s}{s_m}} = \frac{2\times 2.4\times 149.2}{\frac{0.183}{0.02} + \frac{0.02}{0.183}}\ \text{N}\cdot\text{m} = 77.4\ \text{N}\cdot\text{m}$$

设电磁转矩为 110 N·m 时转差率为 s',由式(5-9)可得

$$T_{em}=\frac{2K_m T_N}{\frac{s_m}{s'}+\frac{s'}{s_m}}$$

代入数据得
$$110=\frac{2\times 2.4\times 149.2}{\frac{0.183}{s'}+\frac{s'}{0.183}}$$

解得 $s_1'=0.028$ ，$s_2'=1.162$。根据 T_{em}-s 曲线可知，当电动机负载转矩 110 N·m 小于额定转矩 $T_N=149.2$ N·m 时，需要满足转差率 $s'<s_N=0.04$。所以 $s_2'=1.162$ 不合题意，舍去。

5.1.2 固有机械特性和人为机械特性

当定子电压 U_1 和电源频率 f_1 固定时，可以将 $T_{em}=f(s)$ 之间的关系画成曲线，称为机械特性曲线，即 T_{em}-s 曲线，如图 5-1 所示。当 U_1 和 f_1 为额定值时，若是绕线式异步电动机，其转子电路不另外串接电阻或电抗，则此时的机械特性称为固有机械特性，否则称为人为机械特性。

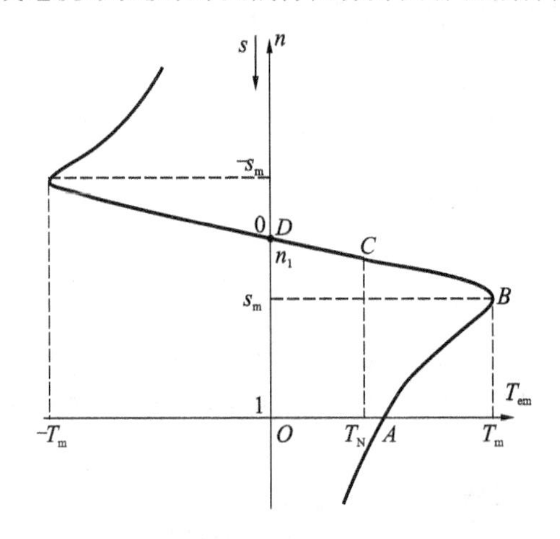

图 5-1 三相异步电动机的 T_{em}-s 曲线

1. 固有机械特性

如图 5-1 所示，固有机械特性的四个点 A、B、C、D 代表了电动机重要的四个工作状态。

1）启动点 A

启动点 A 的转速 $n=0$，转差率 $s=1$，启动电流为 I_{st}，$I_{st}=(5\sim 7)I_{1N}$，对应的电磁转矩 $T_{em}=T_{st}$，T_{st} 称为启动转矩。将 $s=1$ 代入式(5-3)，可得到异步电动机的启动转矩公式为

$$T_{st}=\frac{3pU_1^2R_2'}{2\pi f_1[(R_1+R_2')^2+(X_1+X_2')^2]} \tag{5-15}$$

由上式可知：当电源频率 f_1 和电动机的参数为常数时，启动转矩 T_{st} 与定子相电压的平方成正比；当电源电压较低时，启动转矩明显降低；加大转子回路的电阻 R_2'，可以加大启动转矩 T_{st}。启动转矩 T_{st} 的大小常用启动转矩倍数 K_{st} 表示，即

$$K_{st}=\frac{T_{st}}{T_N} \tag{5-16}$$

K_{st} 反映了电动机的启动能力，是笼式异步电动机的一个重要技术参数，可在产品目录中

查得。直接启动时，启动电流远大于额定电流，这是直接启动需要考虑的问题。同时启动时，只有启动转矩 T_{st} 大于负载转矩 T_L，拖动系统才能启动。

2)最大转矩点 B

最大转矩点 B 对应的电磁转矩为异步电动机电磁转矩的最大值 T_m，称为最大电磁转矩。最大电磁转矩 T_m 对应的转差率 s_m 称为临界转差率。该点也称为临界状态。

由式(5-4)可知，s_m 仅与电动机的参数有关，与电动机电压和转速无关，即与转子回路的电阻 R'_2 成正比，因此改变转子回路电阻时可以改变产生最大转矩时的转差率 s_m。当在绕线式异步电动机转子回路中串入电阻时，s_m 将变大。当 $s_m = 1$ 时，启动转矩 $T_{st} = T_m$，达到最大。

由式(5-5)知，异步电动机的最大转矩 T_m 与电源电压 U_1 的平方成正比，与电源频率 f_1 成反比，但与转子电阻 R'_2 无关。当在转子回路中串入电阻时，虽然 s_m 会变大，但 T_m 保持不变。在实际使用中，不允许负载转矩 T_L 大于 T_m，如果 $T_L > T_m$，拖动系统就会减速而停转。

3)额定工作点 C

当电动机的各项参数即电压、电流、功率、转速均为额定值时，异步电动机工作在额定点 C。此时 $n = n_N$，$s = s_N$，$T_{em} = T_N$，$I_1 = I_{1N}$。

4)同步转速点 D

D 点所对应的转速是理想空载转速，即同步转速 n_1。从机械特性曲线可见，D 点的特点是 $n = n_1\ (s = 0)$，电磁转矩 $T_{em} = 0$，转子电流 $I_2 = 0$，定子电流 $I_1 = I_{10}$。在实际运行中，没有外转矩拖动电动机，电动机转速是不能达到 n_1 点的，所以电动机的实际空载转速 $n < n_1$。

异步电动机的机械特性可分为以下两个区域来分析。

(1)转差率 $0 \sim s_m$ 区域。在此区域内转差率 s 比较小，式(5-3)可近似为

$$T_{em} = \frac{3pU_1^2 sR'_2}{2\pi f_1[(sR_1 + R'_2)^2 + [s(X_1 + X'_2)]^2]} \approx \frac{3pU_1^2 sR'_2}{2\pi f_1 R'^2_2} = \frac{3pU_1^2 s}{2\pi f_1} \propto s \tag{5-17}$$

从式(5-17)可见，T_{em} 与 s 近似为线性关系，该区域是异步电动机的稳定运行区域，一般情况下异步电动机要求运行在这一区域。只要负载转矩小于电动机的最大转矩，电动机就可以在该区域内稳定运行。

(2)转差率 $s_m \sim 1$ 区域。在此区域内可以认为转差率 $s \approx 1$，式(5-3)可以近似为

$$T_{em} = \frac{3pU_1^2 \dfrac{R'_2}{s}}{2\pi f_1\left[\left(R_1 + \dfrac{R'_2}{s}\right)^2 + (X_1 + X'_2)^2\right]} \approx \frac{3pU_1^2 \dfrac{R'_2}{s}}{2\pi f_1[(R_1 + R'_2)^2 + (X_1 + X'_2)^2]} \propto \frac{1}{s} \tag{5-18}$$

从式(5-18)可见，T_{em} 与 s 近似成反比关系，即 s 增大时，在该区域为异步电动机的不稳定区域。但拖动风机、泵类负载时，$T = T_L$ 处满足 $\frac{dT}{dn} > \frac{dT_L}{dn}$ 的条件，因此风机、泵类负载可以在此区域稳定运行。

异步电动机在三个不同象限的运行状态分别如下。

(1)第一象限,电动机转速为 $0<n<n_1$,转差率为 $0<s<1$ 时,电磁转矩 T_{em} 为正值,转子旋转方向与旋转磁场的旋转方向一致,电动机处于电动运行状态。

(2)第二象限,电动机转速 $n>n_1$,转差率 $s<0$,电磁转矩 T_{em} 为负值,转速为正,转子的旋转方向与旋转磁场的旋转方向一致,此时,电动机处于发电运行状态,也是一种制动状态。

(3)第四象限,电动机转速 $n<0$,转差率 $s>1$,电磁转矩 T_{em} 为正,转子的旋转方向与旋转磁场的旋转方向相反,电动机运行于制动状态。

2. 人为机械特性

三相异步电动机用于电力拖动时,固有的机械特性远远不能满足负载运行的要求,因此常常需要人为改变电动机的机械特性。人为改变异步电动机的电源电压 U_1、电源频率 f_1、定子极对数 p、定子回路的电阻 R_1、电抗 X_1 和转子回路电阻 R'_2、电抗 X'_2 这些参数中的 1~2 个时,异步电动机的机械特性就会发生变化,从而得到不同的人为机械特性。下面介绍几种常用的人为机械特性。

1)降低定子电压的人为机械特性

一般情况下,改变定子电压 U_1 是指降低定子电压,这是由于异步电动机的磁路在额定电压下已接近饱和以及受电动机绝缘的限制,不宜再升高电压。因此,下面只讨论降低定子端电压 U_1 时的人为机械特性。在降低定子电压时,电动机其他参数均不变。其有以下一些特点。

(1)异步电动机的同步转速 $n_1=\dfrac{60f_1}{p}$,与电压 U_1 无关。可见,不管 U_1 降至何值,n_1 的大小不会改变。这说明,不同电压 U_1 的人为机械特性,都通过同步转速点 n_1。

(2)异步电动机临界转差率 $s_m=\dfrac{R'_2}{\sqrt{R_1^2+(X_1+X'_2)^2}}$,与电压 U_1 无关,不同电压 U_1 的人为机械特性 s_m 相同。

(3)由式(5-3)可知,异步电动机的电磁转矩 $T_{em}\propto U_1^2$。由式(5-5)和式(5-15)可知,最大转矩 T_m 以及启动转矩 T_{st} 都会随 U_1 的降低而按 U_1^2 成比例减小。不同电压 U_1 的人为特性曲线如图 5-2 所示。

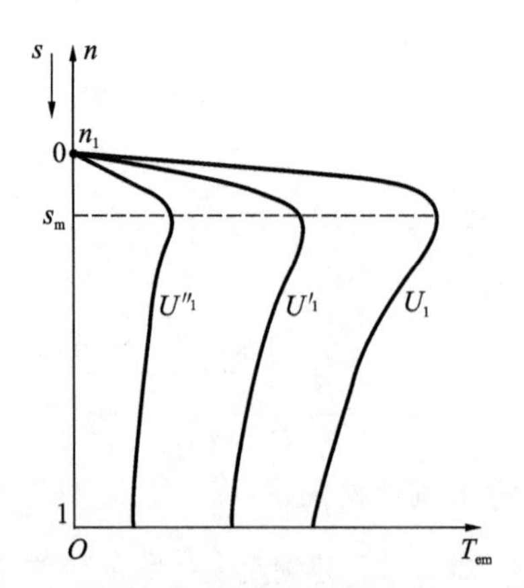

图 5-2　改变定子电压的人为机械特性

2)定子回路串接三相对称电阻的人为机械特性

在其他量不变的条件下,仅改变异步电动机定子回路电阻,如串入三相对称电阻 R_f,虽然不影响同步转速 n_1,但是从式(5-3)、式(5-4)、式(5-5)和式(5-15)可看出,电磁转矩 T_{em}、启动转矩 T_{st}、最大电磁转矩 T_m 和临界转差率 s_m 都会随着定子回路电阻值增大而减小。用与绘制固定机械特性曲线相同的方法,可以用曲线表示出定子串入三相对称电阻时的人为机械特性,如图 5-3 所示。

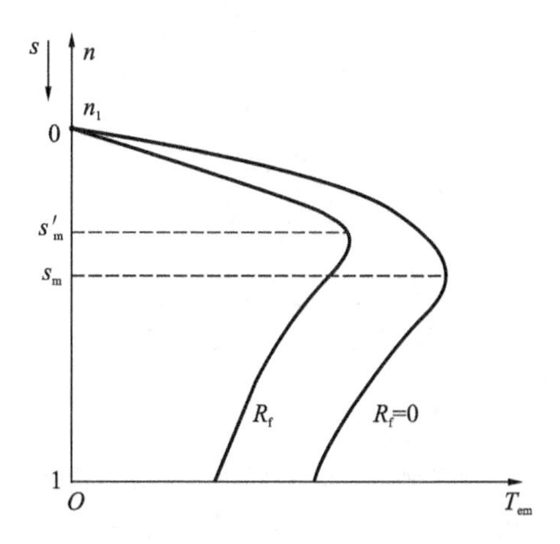

图 5-3　异步电动机定子回路串电阻的人为机械特性

3)定子回路串接三相对称电抗的人为机械特性

异步电动机定子回路串入三相对称电抗 X_c 时,n_1 不变,但是,由式(5-4)、式(5-5)、式(5-15)可知,T_{st}、s_m 及 T_m 均会减小,其人为机械特性曲线如图 5-4 所示。这种情况一般用于笼式异步电动机的降压启动。

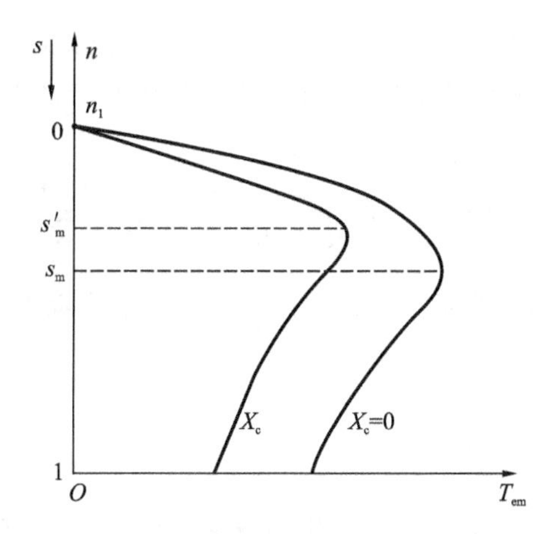

图 5-4　定子回路串入三相对称电抗时的人为机械特性

4)转子回路串入三相对称电阻的人为机械特性

绕线式三相异步电动机转子绕组可以串入三相对称电阻 R_Ω。串入三相对称电阻后 n_1 不变,由式(5-5)看出,最大电磁转矩与转子每相电阻值无关,即转子串入电阻后,T_m 不变。由式(5-4)看出,临界转差率 $s_m \propto R_2' \propto R_2$,这里 R_2 是包括串接电阻的总电阻。可见转子回路串入电阻后，只有 s_m 的值随电阻的增加而增加。由式(5-15)可知，T_{st} 也随转子回路电阻值的增加而增加。增大转子回路串入的三相对称电阻后的人为机械特性曲线如图 5-5 所示。

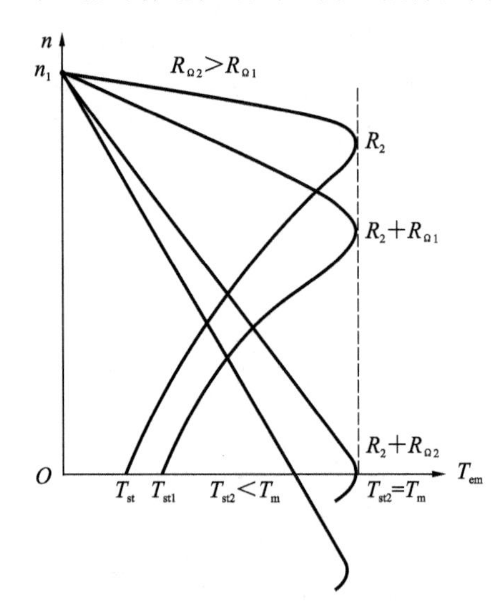

图 5-5　转子回路串三相对称电阻的人为机械特性

如果串入的电阻值合适，可以使 $s_m=1$，即启动转矩等于最大电磁转矩。但是如果串入转子回路的电阻继续增加，则 $s_m>1$，$T_{st}<T_m$。因此转子回路串入的电阻并非越大越好，而要有一个限度。

5.2　三相异步电动机的启动

三相异步电动机在额定电压下直接启动，启动电流和启动转矩可根据电动机的等效电路计算得出。启动时 $s=1$，$n=0$，因此在忽略励磁电流情况下，由简化等效电路得到定子启动电流为

$$I_{1st}\approx I'_{1st}=\frac{U_1}{\sqrt{(R_1+R'_2)^2+(X_1+X'_2)^2}} \tag{5-19}$$

启动时 $s=1$，$n=0$，与正常运行相比，$R'_2\ll\frac{R'_2}{s}$，所以启动电流很大，对于一般笼式异步电动机则有

$$I_{st}=K_I I_{1N}=(5\sim 7)I_{1N} \tag{5-20}$$

式中，K_I 为启动电流倍数，I_{st} 为启动时的线电流。

如果启动电流很大，一方面会限制电动机的启动频率，另一方面会对电网造成较大冲击，可能影响统一供电变压器的其他负载。

最初启动转子功率因数为

$$\cos\varphi_{2st}=\frac{R'_2}{\sqrt{R'^2_2+X'^2_2}} \tag{5-21}$$

由式(5-21)可知，启动瞬间，功率因数很小，电动机从电网吸收的无功功率较大，会导致电

源功率因数下降，电源电压降低。因为 $s=1$ 造成转子功率因数角 $\varphi_2=\arctan\frac{X_2'}{R_2'/s}$ 增大，$\cos\varphi_2$ 减小；同时由于 I_{1st} 增加，定子漏抗压降 $I_{1st}Z_1$ 很大，故电动势 $E_1=E_2'$ 减小，相应 Φ_0 值比正常运行时小很多，由 $T_{st}=C_T\Phi_0 I_2'\cos\varphi_2$ 可知，启动转矩 T_{st} 很小。

对于一般笼式异步电动机则有

$$T_{st}=K_{st}T_N=(0.9\sim1.3)T_N \tag{5-22}$$

式中：K_{st} 为启动转矩倍数。

因此，直接启动仅适用于相对电源变压器容量较小的电动机。对于功率较大的电动机，各地电力部门都有具体规定，例如，有的规定不经常启动的电动机的容量可达变压器容量的30%，经常启动的电动机的容量可达变压器容量的20%等。功率为7.5 kW以下的电动机一般都可以直接启动。

直接启动无需附加启动设备，操作简单、可靠，因此在条件允许的情况下，大多数中、小笼式异步电动机应尽量采用直接启动。对不满足直接启动条件的电动机，应采用降压启动，以将启动电流限制在允许范围内。

对于电动机拖动，在电动机启动时有以下几点要求需要注意。

(1)启动转矩要大于负载转矩，才能保证生产机械正常启动。

(2)启动电流要小。过大的启动电流会对电网和电动机本身造成冲击。电网电压会因为电动机启动产生线路压降，进而影响同一电源上的其他负载；电动机则会在大电流冲击下加速绕组绝缘老化，且会使绕组端部受电动力作用发生位移和变形，进而造成短路。

(3)启动过程要求平滑加速以减小对生产机械的冲击。

(4)启动结构要简单，方便操作。

(5)启动过程的功率损耗越小越好。

其中，(1)和(2)是衡量电动机启动性能的主要技术指标。为此，不同的场合应采用不同的启动方法。

5.2.1　三相笼式异步电动机的启动

三相笼式异步电动机启动有以下三种方式：直接启动、降压启动以及采用具有高启动性能的三相异步电动机启动。本书主要介绍降压启动。

当笼式异步电动机功率较大而启动负载转矩较小时，可以进行降压启动，通过降压来限制启动电流 I_{1st}。启动时 $n=0$，$s=1$，启动电流 I_{1st} 与定子绕组电压 U_1 成正比。根据异步电动机机械特性，异步电动机的启动转矩为

$$T_{st}=\frac{3pU_1^2R_2'}{2\pi f_1[(R_1+R_2')^2+(X_1+X_2')^2]}$$

从上式可知，启动时降低电压 U_1，启动转矩会与 U_1^2 成正比减小。所以，对于一个具体的拖动系统，一定要考虑到降压启动时是否有足够大的启动转矩。

1. 定子串电阻或电抗降压启动

电动机启动过程中，在定子电路中串联电阻或电抗，启动电流在电阻或电抗上产生压降，降低了定子绕组上的电压，启动电流也减小。由于大型电动机串接电阻启动能耗太大，多采用

串接电抗进行降压启动，如图 5-6 和图 5-7 所示，先闭合 KM_1，串入电阻或电抗启动，后闭合 KM_2 开始运行。

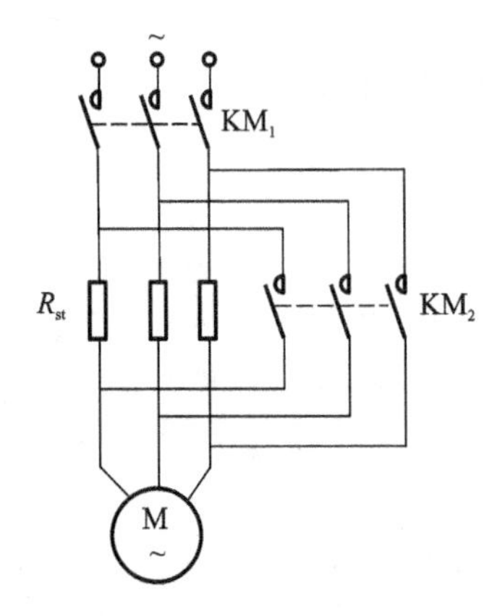

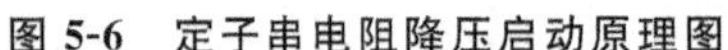

图 5-6　定子串电阻降压启动原理图

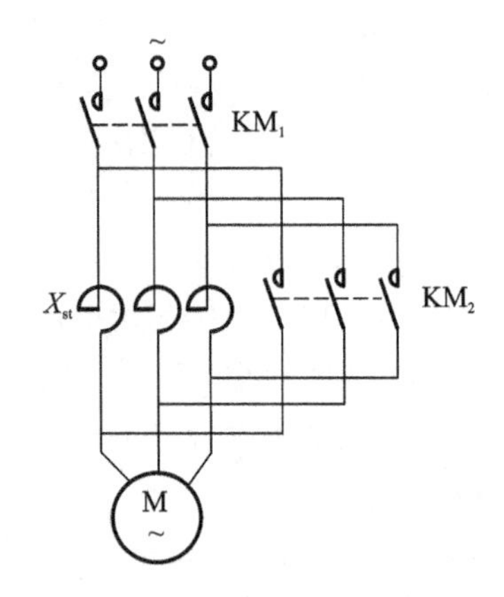

图 5-7　定子串电抗降压启动原理图

使用该方法时，I_{st} 与 U_1 成正比减小，但 T_{st} 与 $U_1{}^2$ 成正比减小。特点是设备简单，运行可靠，串接电抗时能量损耗小，串接电阻时转子电路功率因数较高，但 T_{st} 比 I_{st} 减小得更多。适用于空载或负载较小时启动的电动机，串接电阻用于小功率电动机，串接电抗用于较大功率的电动机。缺点是在启动过程中，电阻器消耗能量大，对于需要经常启动的电动机来说成本会增加，电抗器体积大且价格较高。

2. 自耦变压器降压启动（自耦补偿启动）

自耦变压器降压启动原理如图 5-8 所示。图中，U_1 和 I_1 分别为自耦变压器的一次侧相电压和相电流，U_2 和 I_2 分别是自耦变压器二次侧相电压和相电流，是加到三相电动机定子绕组的电压和电流。N_1 和 N_2 分别为自耦变压器一、二次侧绕组匝数，自耦变压器的变比为 $K_A = \dfrac{N_1}{N_2} > 1$。

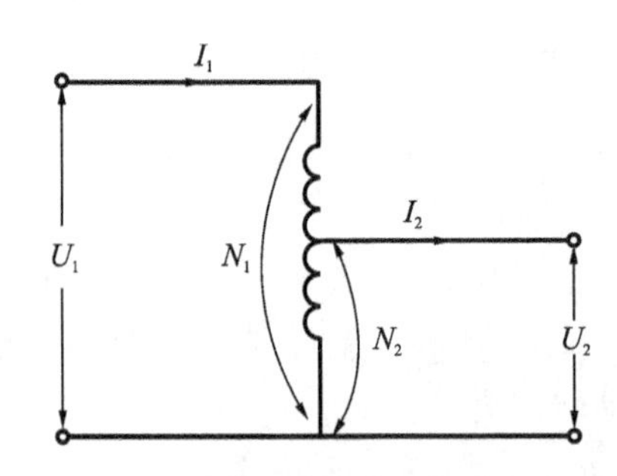

图 5-8　自耦变压器的降压启动原理图

由变压器的原理得

$$\frac{U_1}{U_2} = \frac{N_1}{N_2} = k_A \tag{5-23}$$

由于自耦变压器降压启动时，异步电动机的定子电压和启动电流与变压器二次侧相电压和相电流相等，分别为 U_2 和 I_2。设直接启动时异步电动机的定子绕组所加电压为 U_1 时，启动

电流为 I_{st}。根据式(5-23)，当使用自耦变压器降压时，加到异步电动机上的启动电压降为 U_2，且 $U_2 = \left(\frac{1}{k_A}\right)U_1$ 时，启动电流 I_2 降低到 $I_2 = \left(\frac{1}{k_A}\right)I_{st}$。由于自耦变压器一、二次侧相电流关系为 $I_1 = \left(\frac{1}{k_A}\right)I_2$，通过自耦变压器启动以后，自耦变压器从电网分流的电流 I_1 为

$$I_1 = \left(\frac{1}{k_A}\right)I_2 = \left(\frac{1}{k_A}\right)^2 I_{st} \tag{5-24}$$

另外根据式(5-3)，当使用自耦变压器启动时，电压降低到 $U_2 = \left(\frac{1}{k_A}\right)U_1$ 时，启动转矩降低到 $\left(\frac{1}{k_A}\right)^2 T_{st}$（$T_{st}$ 为 U_1 时的启动转矩），可见启动转矩与启动电流以同样比例减小，即

$$T'_{st} = \left(\frac{1}{k_A}\right)^2 T_{st}$$

用这种方法获得了较好的启动性能，启动电流和启动转矩减小了同样的倍数。

为了满足不同负载要求，自耦变压器二次侧一般有三个抽头，分别为一次侧电压的 40%，60%和 80%，供选择使用。抽头表示为

$$80\% = \frac{N_2}{N_1} \quad 或 \quad \frac{N_2}{N_1} = \frac{1}{k_A} = 80\%$$

异步电动机串自耦变压器启动原理线路，由三相自耦变压器和接触器加上适当的控制线路组成，如图 5-9 所示。

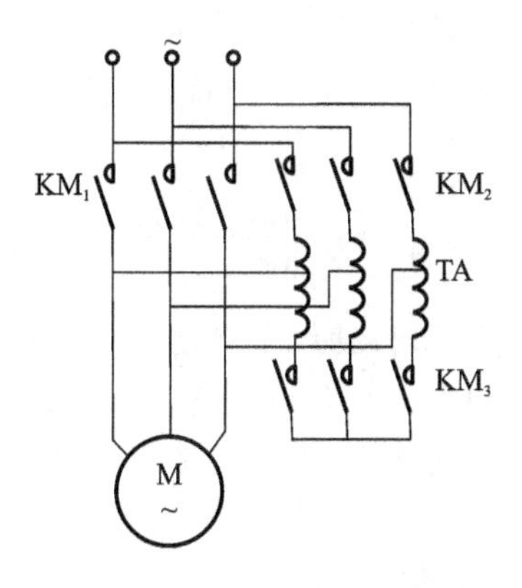

图 5-9　异步电动机串自耦变压器启动原理图

启动时，先闭合接触器 KM_2 和 KM_3，使自耦变压器的一次侧加全电压 U_1，降压后的二次侧电压 U_2 加到电动机的定子绕组上，转速上升到一定值后，将 KM_2 和 KM_3 断开，KM_1 闭合，则异步电动机在全压下运行，自耦变压器断开，启动结束。

串自耦变压器降压启动方法适用于容量较大的低压电动机降压启动，应用广泛，可以采用手动或自动控制。其优点是电压抽头可供不同负载选择，缺点是体积大、质量大、价格高、需要维修。

3. 星形/三角形(Y/△)降压启动

Y/△形降压启动，是利用三相定子绕组的不同联结实现降压启动的一种方法，适用于正常运行时定子绕组为△形联结的异步电动机，其接线原理如图 5-10 所示。启动时，使接触器触头 KM_1 和 KM_3 闭合，定子绕组接成 Y 形，这时加在定子每相绕组上的电压为额定电压的

$1/\sqrt{3}$,电动机降压启动;当转速上升到接近额定转速时,断开 KM_3,合上 KM_2,定子绕组改接成△形,电动机全压运行。

电动机直接启动时,定子绕组是△形联结,每相绕组上的电压为 U_N,设每相启动电流为 $I_{st\Delta}$。采用 Y/△形降压启动,启动时定子绕组 Y 形联结,每相绕组上的启动电压为 $U_N/\sqrt{3}$,设这时每相启动电流为 I_{stY},则 I_{stY} 与 $I_{st\Delta}$ 的关系为

$$\frac{I_{stY}}{I_{st\Delta}}=\frac{U_N/\sqrt{3}}{U_N}=\frac{1}{\sqrt{3}}$$

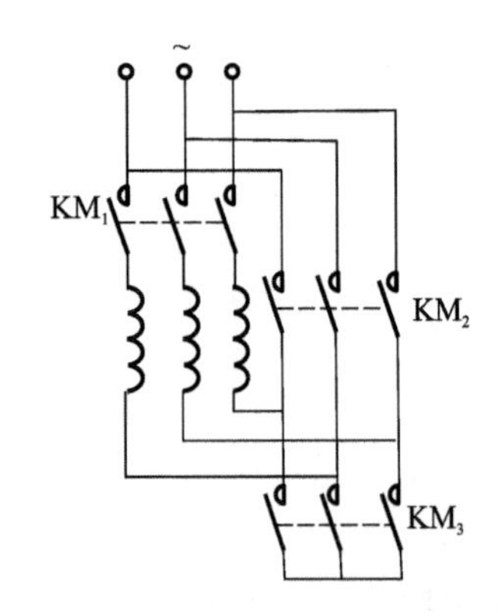

图 5-10 Y/△形启动时的接线图

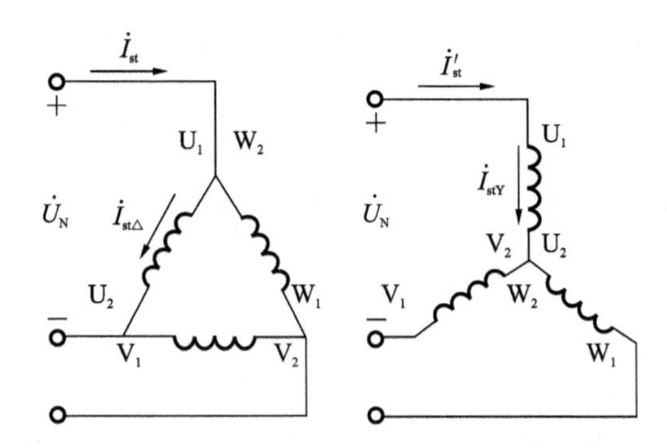

图 5-11 直接启动和 Y/△形启动时的电压和电流关系

电动机直接启动和 Y/△形启动时的电压和电流关系如图 5-11 所示。由图 5-11 可以看出,电动机直接启动时,线电流即启动电流 $I_{st}=\sqrt{3}I_{st\Delta}$;而 Y/△形降压启动时,启动电流 $I'_{st}=I_{stY}$,所以

$$\frac{I'_{st}}{I_{st}}=\frac{I_{stY}}{\sqrt{3}I_{st\triangle}}=\frac{1}{3}\tag{5-25}$$

根据以上分析,采用 Y/△形降压启动时,不但相电压和相电流比直接启动的减小 $1/\sqrt{3}$,而且对供电变压器造成的线电流冲击也降低到直接启动的 1/3。

根据式(5-25),直接启动时的启动转矩 $T_{st\Delta}$ 与 Y/△形降压启动时的启动转矩 T_{stY} 的关系为

$$T_{stY}=\frac{1}{3}T_{st\triangle}\tag{5-26}$$

上式表明,Y/△形降压启动时电动机的启动转矩减小为直接启动时的 1/3,因此这种启动方法适用于小容量异步电动机的空载或轻载启动。

4. 软启动

上文介绍的三种降压启动方法都是有级启动的方法,所以平滑性不高。随着控制技术的发展,先进的电子软启动器已经逐步取代了老式的磁控式启动器,有效提高了电动机的启动性能。

下面简单介绍几种电子式软启动器的启动方法。

(1)限流或恒流启动方法,用电子软启动器实现启动时限制电动机启动电流或保持恒定的启动电流,主要用于轻载软启动。

(2)斜坡电压启动法,用电子软启动器实现电动机启动时定子电压由小到大斜坡线性上

升，主要用于重载软启动。

(3)转矩控制启动法，用电子软启动器实现电动机启动时启动转矩由小到大线性上升，启动的平滑性好，能够降低启动时对电网的冲击，是较好的重载软启动方法。

(4)电压控制启动法，用电子软启动器控制电压以保证电动机启动时产生较大的启动转矩，是较好的轻载软启动方法。

5.2.2　三相绕线转子异步电动机的启动

三相绕线转子异步电动机的转子回路可以外串三相对称电阻，以增大电动机的启动转矩。启动结束后，可以除去外串电阻，电动机的效率不受影响。三相绕线转子异步电动机可以应用在重载和频繁启动的生产机械上。这种启动方法不仅可以减小启动电流，还可以增加启动转矩，使启动性能大为改善，这是笼式异步电动机所不具有的特点。

三相绕线转子异步电动机主要有以下两种串电阻的启动方法：转子回路串电阻启动和转子串频敏变阻器启动。

1. 转子回路串电阻启动

转子串电阻分级启动是指在绕线式异步电动机转子回路中串接多级电阻，启动时逐级切除转子串接电阻的启动过程，如图 5-12 所示。

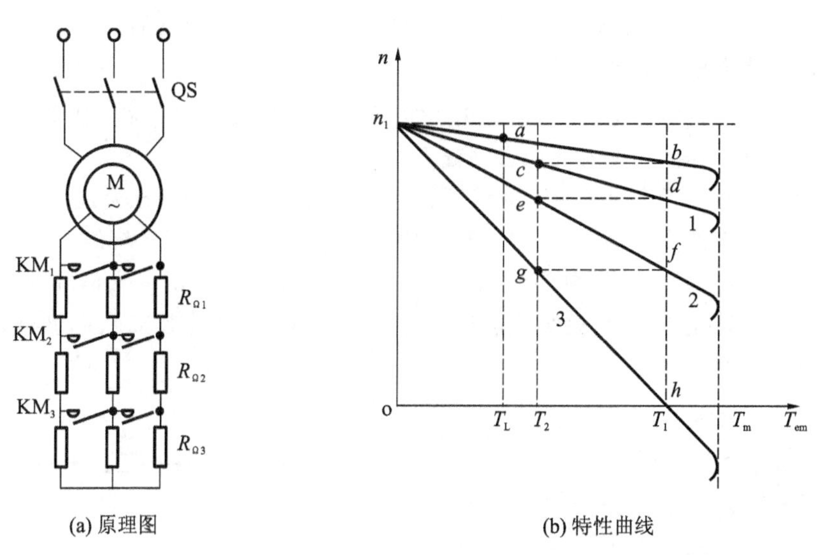

(a) 原理图　　(b) 特性曲线

图 5-12　绕线式异步电动机转子串接电阻启动

(1)接触器触点 KM_1，KM_2，KM_3 断开，绕线式异步电动机定子接额定电压，转子每相串入启动电阻($R_{\Omega1}$、$R_{\Omega2}$、$R_{\Omega3}$)，电动机开始启动。启动点为机械特性曲线 3 的 h 点，启动转矩 $T_1 < T_m$。

(2)转速上升，到达 g 点时，$T = T_2(> T_L)$，为了加大电磁转矩加速启动过程，接触器触点 KM_3 闭合，切除启动电阻 $R_{\Omega3}$。忽略异步电动机的电磁惯性，只计拖动系统的机械惯性，则电动机运行点从 g 点变到机械特性曲线 2 的 f 点，该点电动机电磁转矩 $T = T_1$。

(3)转速继续上升，到达 e 点，$T = T_2$ 时，接触器触点 KM_2 闭合，切除启动电阻 $R_{\Omega2}$。电动机运行点从 e 点变到机械特性曲线 1 的 d 点，该点电磁转矩 $T = T_1$。

(4)转速继续上升，到达 c 点，$T = T_2$，接触器触点 KM_1 闭合，切除启动电阻 $R_{\Omega1}$，运行点

从 c 点变为固有机械特性曲线的 b 点，该点 $T = T_1$。

(5)转速继续上升，最后稳定运行在 a 点。

上述启动过程中，转子回路外串电阻分三级切除，故称为三级启动。T_1 为最大启动转矩，T_2 为最小启动转矩或切换转矩。

从图 5-12(b)所示的特性曲线可知，改变转子回路串入电阻值，可以改变 T_{em}-s（即 T_{em}-n）曲线，显然当异步电动机转子回路的串入电阻归算值 R'_c 满足

$$s_m = \frac{R'_2 + R'_c}{\sqrt{R_1^2 + (X_1 + X'_2)^2}} = 1$$

且 $n = 0$ 时，异步电动机启动转矩达到了最大转矩。

转子回路串入电阻可以得到最大的启动转矩，由于转子回路没有串入电抗，所以启动时功率因数比转子串入频敏变阻器的高，而且启动电阻也可以作为调速电阻。转子串入多级电阻启动，可以增大启动转矩。但是异步电动机功率较大时，转子电流很大，当切除一级电阻时，会产生较大转矩冲击，如 $g \rightarrow f$ 的转矩变化。如要在启动过程中始终保持较小的转矩冲击，使启动过程平稳，就要增加启动级数，使启动设备变得更复杂。

采用这种方式不但能使 I_{st} 减小，而且能使 T_{st} 增大。特点是绕线式电动机结构复杂，启动电流 I_{st} 小，启动转矩 T_{st} 大，由图 5-12 分析可知，和直流电动机启动相似，启动电阻段数较多，控制线路较复杂，但启动性能较好。适用于功率较大的重载电动机的启动。

2. 转子串频敏变阻器启动

对于容量较大的绕线式电动机，常采用频敏变阻器来替代启动电阻。因为频敏变阻器的等效电阻随着启动过程的转速升高而自动减小。

频敏变阻器实际上是一个三相铁芯线圈，它的铁芯是由钢板或铁板叠成，其厚度大约是普通变压器硅钢片厚度的 100 倍，三个铁芯柱上绕着连接成 Y 形的三个绕组，像一个没有二次侧绕组的三相变压器，其结构如图 5-13(a)所示。与变压器空载时的一次侧等效电路类似，频敏变阻器的等效电路是由一个线圈电阻 R_1、一个电抗 X_m 和一个反映铁芯铁耗的等效电阻 R_m 串联而成的，如图 5-13(b)所示。

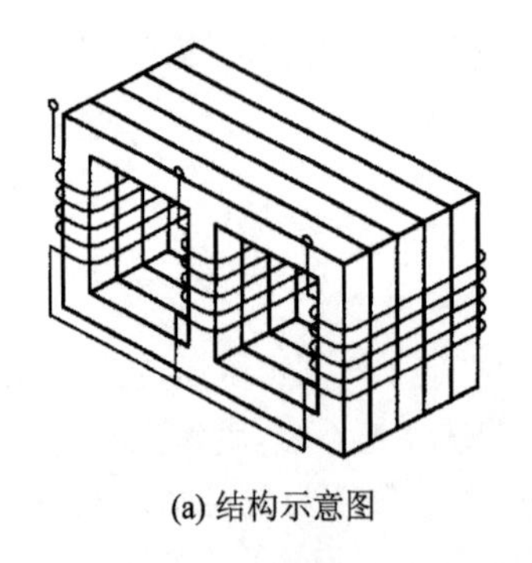

(a) 结构示意图

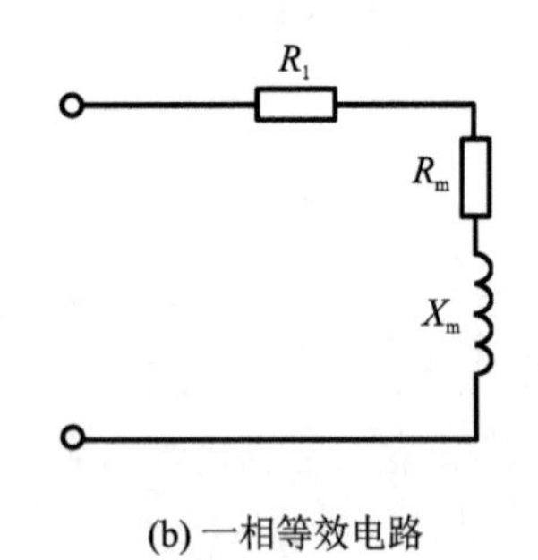

(b) 一相等效电路

图 5-13　频敏变阻器

由于频敏变阻器铁芯钢板很厚，所以反映铁芯铁耗的等效电阻 R_m 比一般电抗器的要大，并且铁芯等效电阻 R_m 与铁芯绕组电流频率的平方成正比。当频敏变阻器铁芯线圈中电流频率增加时，涡流损耗将随之急剧增大，铁芯等效电阻 R_m 也显著增加，反之亦然。

如果把频敏变阻器接入电动机转子绕组回路，用来启动绕线式异步电动机，可以获得无级

启动的效果。图 5-14 所示的为绕线式三相异步电动机串频敏变阻器启动原理线路。

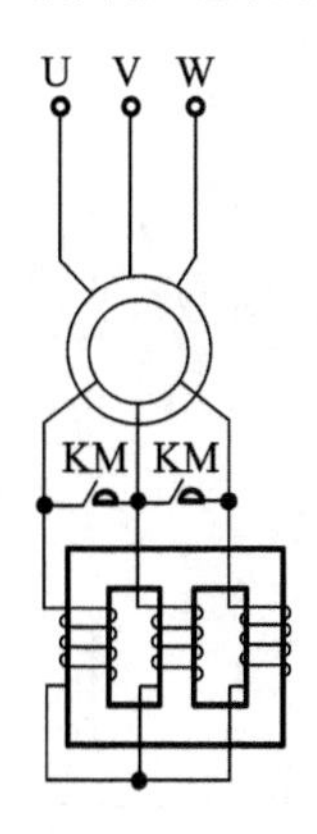

图 5-14　绕线式三相异步电动机串频敏变阻器启动原理

启动开始，KM 断开，敏变阻器串入转子回路，由于 $n=0$，$s=1$，三相转子电流频率 $f_2=sf_1=50\text{Hz}$ 最大，其等效电阻 R_m 也最大，所以可以有效地限制启动电流，提高启动转矩。在启动过程中随着转速 n 的上升，s 下降，转子电流频率 $f_2=sf_1$ 逐渐下降，R_m 值自动逐渐减小，启动电流和启动转矩平滑变化。为了不影响电动机正常工作性能，启动结束后，KM 闭合，频敏变阻器被短接。

5.3　三相异步电动机的调速

异步电动机的转速为

$$n=n_1(1-s)=\frac{60f_1}{p}(1-s)$$

由此可知，三相异步电动机的调速方法有，改变频率 f_1（变频调速）、改变极对数 p（变极调速）和改变 s（变转差率调速）等三种。

5.3.1　变频调速

异步电动机正常运行时，定子每相相电压和频率、主磁通之间的关系为

$$U_1\approx E_1=4.44f_1N_1k_{w1}\Phi_0$$

如果降低电源频率时还保持电源电压为额定值，则随着 f_1 下降，气隙每极磁通 Φ_0 会增加。若电动机磁路刚进入饱和状态，则 Φ_0 增加会使磁路过饱和，励磁电流会急剧增加，这是不允许的。因此，降低电源频率时，必须同时降低电源电压，就要保持 $\frac{U_1}{f}$ 为定值，即改变 f_1 的同时按比例改变 U_1，这时电动机允许输出的转矩不变，为恒转矩调速方式。一般从额定频率往下调时，采取这种调速方式。但从额定频率往上调时，电压不允许按比例上升而只能保持额定，此时 f_1 越高，Φ_0 越小，允许输出的转矩越小，而输出转速越高，这时的调速方式称为恒功率调速方式。

5.3.2　变极调速

变极调速方式即为改变定子绕组接法，将每相定子绕组分成两个半相绕组，改变它们之间

的接法，使其中一个半相绕组中的电流反向，极对数就成倍改变。如图 5-15(a)所示的为 4 极，图 5-15(b)和(c)所示的为 2 极，三相绕组同时改接。但要注意，极数成倍变化时，必须同时改变出线端的相序，例如极对数由 p 变为 $2p$ 时，V 相绕组与 U 相的相位差变为 240°，W 相与 U 相差 2×240°，相当于 120°，所以如果不改变电源相序，电动机将反转。另外，由于绕线式转子绕组不易改变极对数而笼式转子绕组的极对数总与定子绕组的极对数相同，所以变极调速只能用于笼式异步电动机。

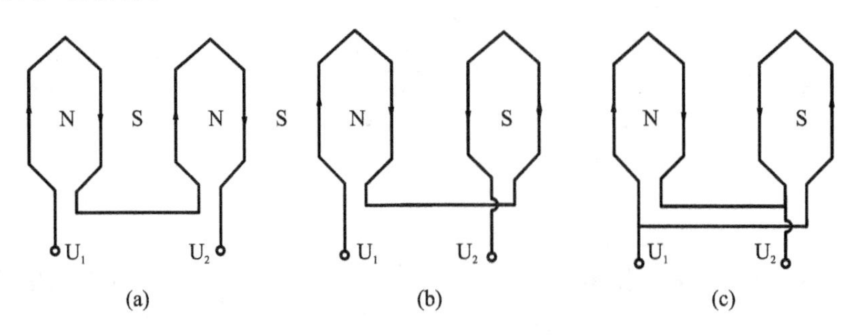

图 5-15 改变定子绕组连接方法以改变定子极对数

5.3.3 变转差率调速

改变转差率调速的方式有三种：转子回路串电阻调速、调压调速和串级调速。

1. 转子回路串电阻调速

绕线转子异步电动机在电压和频率不变时，转子回路串入对称电阻，由于转子电流较大，所以电阻级数较少，调节所串接的电阻 R_Ω 即可调节转速，转子串接电阻调速时的机械特性曲线如图 5-16 所示。下面分析负载为恒转矩负载时的情况。

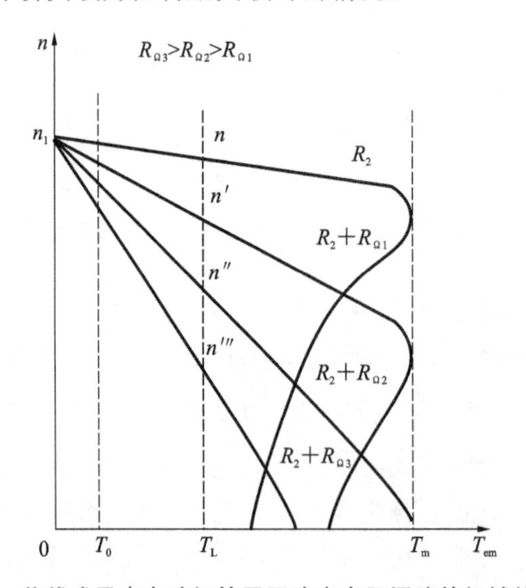

图 5-16 绕线式异步电动机转子回路串电阻调速的机械特性曲线

负载转矩 T_L 不变时，增加每相串接的附加电阻 R_Ω，使运行转速降低，转差率增加。忽略空载转矩，则电磁转矩和电磁功率不变。设串入电阻前后的转差率分别为 s_N 和 s，则由机械特

性公式，可得

$$\frac{R_2}{s_N}=\frac{R_2+R_\Omega}{s} \tag{5-27}$$

由式(5-27)可求得当转差率从 s_N 增大到 s 时所需要串接的电阻。串入电阻 R_Ω 前后，T 形等值电路中的转子回路的功率因数不变，即

$$\varphi_2=\arctan\frac{X_2'}{(R_2'+R_\Omega')/s}=\arctan\frac{X_2'}{R_2'/s_N}=\varphi_{2N} \tag{5-28}$$

串入电阻前后，电磁功率 P_{em}、主磁通 Φ_0 和定转子电流 I_1、I_2 不变，输入功率 P_1 也不变。串入电阻后，转差率增大，因此机械功率 P_{MEC} 和输出功率 P_2 减小，消耗在转子回路电阻 R_2+R_Ω 上的功率即转子铜耗 P_{Cu2} 增加，转速越低，转差率越大，转子铜耗也就越大，效率也就越低。因此，它主要用于起重机械的中、小功率异步电动机的调速。

2. 调压调速

改变异步电动机定子电压时的机械特性曲线如图 5-17 所示。在不同定子电压时，电动机的同步转速 n_1 是不变的，临界转差率 s_m 也保持不变，随着电压的降低，电动机的最大转矩按 U_1^2 比例减小。

由图 5-17 可知，如果负载转矩为通风机负载，则改变定子电压可以获得较低的稳定运行速度，如图 5-17(a)特性 1 所示。如果负载为恒转矩，如图 5-17(a)特性 2 所示，则其调速范围只能在 $0<s<s_m$ 区域内，因此较窄调速范围往往不能满足生产机械对调速的要求。

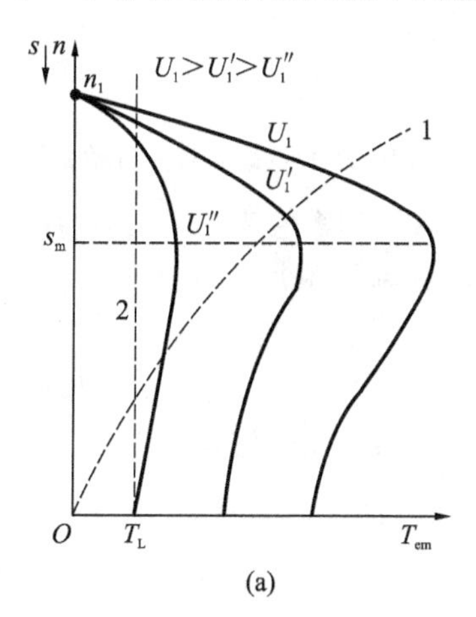

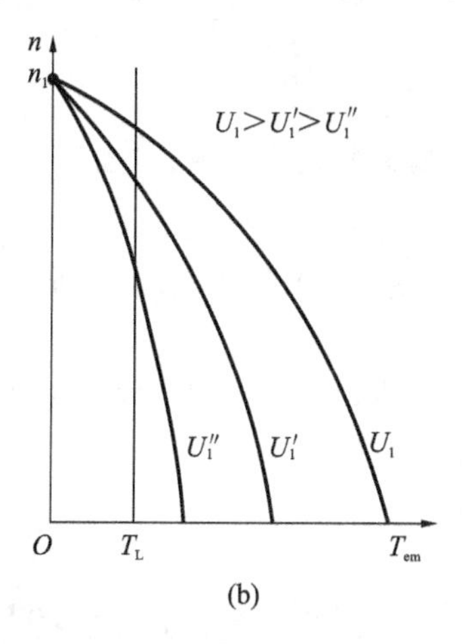

图 5-17　改变定子电压时的机械特性曲线

为了扩大在恒转矩负载时调速范围，需要采用转子电阻较大，机械特性曲线比较平缓的高转差率电动机，该电动机在不同定子电压时的机械特性如图 5-17(b)所示，显然，其转差率、运行稳定性不能达到生产工艺的要求。由此可见，单纯改变定子电压调速的方式很不理想。为了克服这缺点，现代的调压调速系统通常采用了转速反馈闭环控制来达到调速的目的。

3. 串级调速

若采用转子电路串入电阻调速方式，则能量损耗大，不经济。转子电路的铜损耗 sP_{em} 称为转差功率损耗。为使调速时转差功率能回收利用，可采用串级调速方法。所谓串级调速，就是在绕线式异步电动机转子电路中串入一个与 $\dot{E}_{2s}$ 频率相同而相位相同或相反的附加电动势

$\dot{E}_f$，通过改变 $\dot{E}_f$ 的大小来实现调速，其原理如下所述。

当 $E_f = 0$ 时，转子电流大小为

$$I_2 = \frac{sE_2}{\sqrt{R_2^2 + (sX_2)^2}}$$

当 $\dot{E}_f$ 与 $s\dot{E}_2$ 相位相反时，转子电流大小为

$$I_2 = \frac{sE_2 - E_f}{\sqrt{R_2^2 + (sX_2)^2}}$$

若转子电流 I_2 减小，电磁转矩 $T_{em} = C_T\Phi_0 I_2 \cos\varphi_2$ 也减小，$T_{em} < T_L$，n，s，sE_2 和 I_2 会增大，T_{em} 回升至 T_L 时稳定运行，n 已调低，称为低同步串级调速。

$\dot{E}_f$ 与 $s\dot{E}_2$ 相位相同时，同样分析方法可知转速可以上调，称为超同步串级调速，由于实现起来比较困难，一般只采用低同步串级调速。

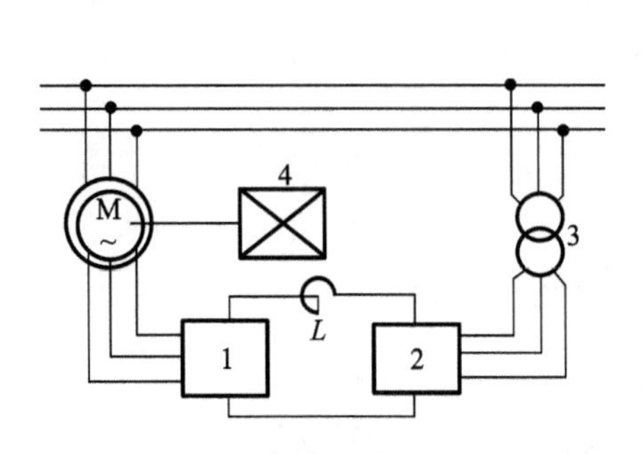

图 5-18　晶闸管串级调速原理线路图

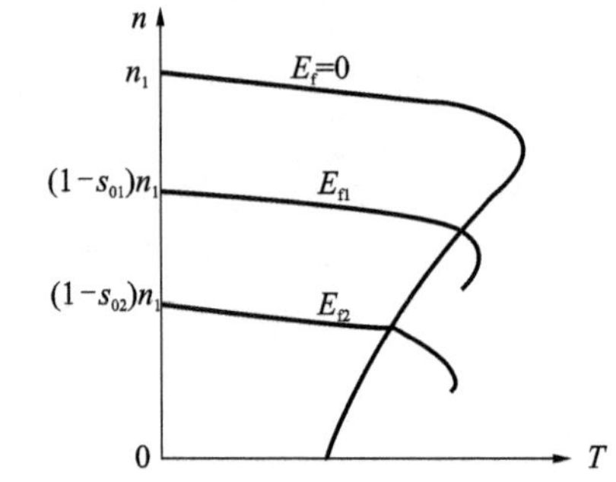

图 5-19　串级调速时异步电动机的机械特性曲线

由于电力电子技术的发展，近代大都采用晶闸管串级调速系统来调速，其原理线路图如图 5-18 所示，机械特性曲线如图 5-19 所示，其中 S_{01} 和 S_{02} 分别指附加电动势为 E_{f1} 和 E_{f2} 时对应的转差率。

串级调速的效率高、平滑性好，使用的设备比变频调速方式使用的简单，特别是调速范围较小时使用串级调速方式更为经济；缺点是，功率因数较低；适用于容量较大、对调速范围要求不高的场合。

5.4　三相异步电动机的制动

三相异步电动机和直流电动机一样，也有三种制动方式：能耗制动、反接制动和回馈制动。不同制动方式的共同点是，电动机的转矩与转速相反以实现制动，此时电动机从轴上吸收机械能，并转换成电能。

5.4.1　能耗制动

异步电动机的电源反接制动用于准确停车有一定难度，因为它容易造成反转，而且电能损耗比较大；回馈制动虽然比较经济，但它只能在高于同步转速下使用，而能耗制动却是比较常见的准确停车方法。

能耗制动的原理如图 5-20 所示，三相异步电动机处于电动运转状态时的转速为 n，如果突然切断电动机的三相交流电源，同时把直流电流 I 通入它的定子绕组，例如，将开关 KM_1 打开，KM_2 闭合，在电源切换后的瞬间，三相异步电动机内形成一个在空间固定的磁通势，最大幅度为 F，磁通势用矢量 $\dot{F}$ 表示。

在切换电源后的瞬间，由于机械惯性，电动机转速不能突变，继续保持原逆时针方向旋转。这样一来，空间固定不转的磁通势 $\dot{F}$ 相对于旋转的转子来说，变成了一个旋转磁通势，旋转方向为顺时针，转速大小为 n，正如三相异步电动机运行于电动状态下一样，转子与空间磁通势 $\dot{F}$ 有相对运动，转子绕组则感应出电动势 $\dot{E}_2$，产生电流 $\dot{I}_2$，进而转子受到电磁转矩 T_{em} 作用，其方向与磁通势 $\dot{F}$ 相对于转子的旋转方向一致。

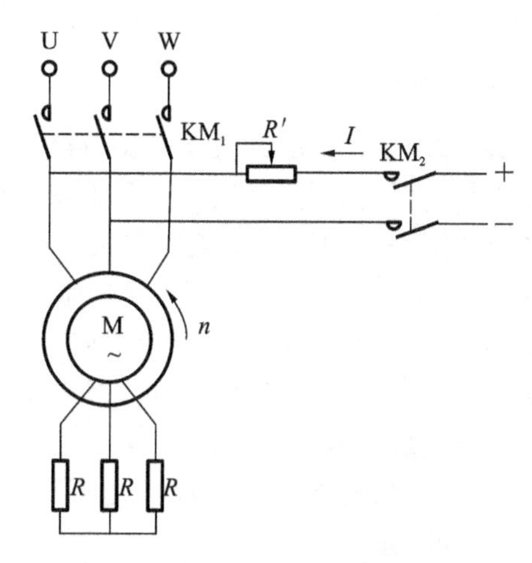

图 5-20　能耗制动的原理示意图

转子转向为逆时针方向，受到的转矩方向为顺时针方向，显然 T_{em} 与 n 反向，电动机处于制动运行状态，T_{em} 为制动性的转矩。如果电动机拖动的负载为反抗性恒转矩负载，在此转矩作用下，电动机减速运行直到停止。由于上述制动停车过程中，转动部分储存的动能转换为电能消耗在转子回路中，故这种制动方式称为能耗制动。

5.4.2　反接制动

1. 定子两相反接的反接制动

以绕线式转子异步电动机为例，定子两相反接的电路与机械特性如图 5-21 所示。设异步电动机制动前稳定运行于固有特性的 A 点，如图 5-21(a)所示，为了迅速停车或反向，可将定子两相反接，同时在转子电路中串入电阻 R_f，如图 5-21(b)所示。定子相序改变，旋转的磁场方向也将发生改变，但是由于机械惯性，转速不能产生突变，工作点由 A 点平移至人为特性的 B 点，电磁转矩由正变为负，则转子将在电磁转矩和负载转矩的共同作用下迅速减速；从 B 点移动到 C 点，此时 $n=0$，应当迅速切断电源，否则电动机将反向加速，进入反向的电动状态(对应于特性 CD 段)；加速到 D 点时，电动机将稳定运行。

2. 倒拉反转的反接制动

仍以绕线式转子异步电动机为例，倒拉反转的反接制动出现在位能负载转矩超过电磁转

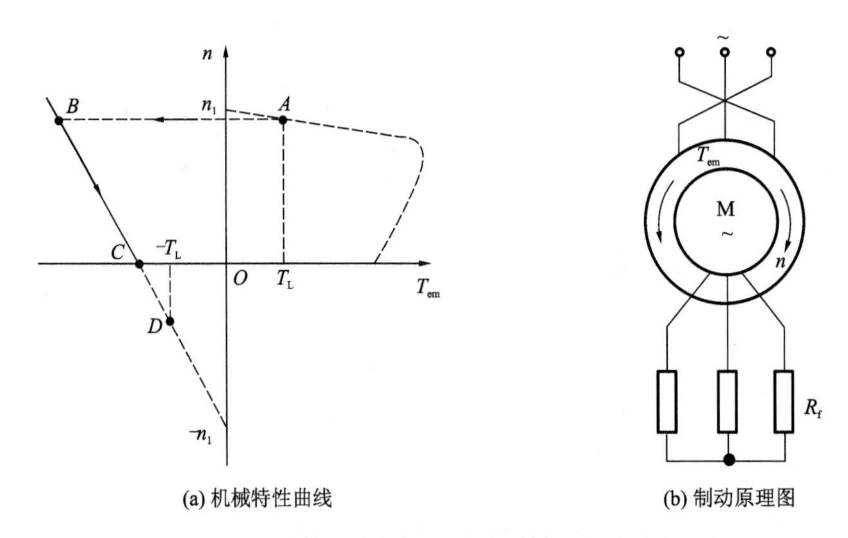

(a) 机械特性曲线　　(b) 制动原理图

图 5-21　绕线式转子异步电动机定子两相反接的反接制动

矩的时候。例如,起重机下放重物,为了使下降速度不至于太快,就需要工作在倒拉反转制动状态,其机械特性和制动原理图如图 5-22 所示。若起重机提升重物时稳定运行在固有机械特性的 A 点,欲使重物下降就需要在转子电路内串入较大的附加电阻 R_f,此时由于电流骤然降低,系统运行点将从 A 点转移到人为特性的 B 点;由于负载转矩大于电磁转矩 T_{em},电动机减速到 C 点停止;由于电磁转矩 T_{em} 依然小于负载转矩 T_L,重物将迫使电动机反向旋转,重物被下放,即电动机转速变向,进入反接制动状态。随着下放速度的增加,电磁转矩随之增加,直到系统进入一个平衡状态,重物以 n_D 匀速下放。可见,与电源反接的过渡制动不同,倒拉反转制动状态是一种能稳定运转的制动状态。

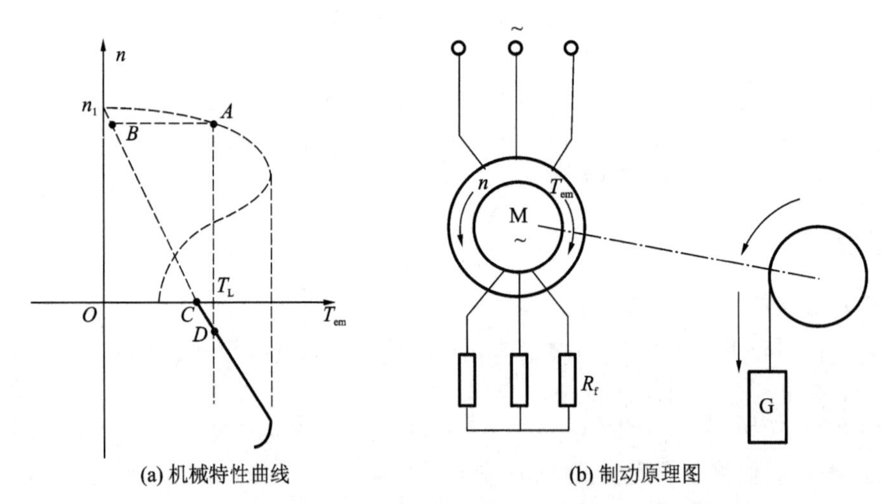

(a) 机械特性曲线　　(b) 制动原理图

图 5-22　绕线式转子异步电动机倒拉反转的反接制动

5.4.3　回馈制动

当某种原因导致异步电动机的运行速度高于其同步速度,即 $n > n_1$, $s = (n - n_1)/n_1$ 时,异步电动机就进入发电状态。显然,这时转子导体切割旋转磁场的方向就与电动时的方向相反，电流 I_2 改变了方向，电磁转矩 $T_{em}=C_T\Phi_0 I_2'\cos\varphi_2$ 也随之改变了方向，即 T_{em} 的方向与 n 的相反，T_{em} 起到制动作用。回馈制动时，电动机从轴上吸收功率后，小部分转为转子铜耗，大部分则通过空气隙进入定子，并在供给定子铜耗和铁耗后，反馈给电网，所以回馈制动又称为发电制动。这时异步电动机实际是一台与电网并联运行的异步发电机。由于 T_{em} 为负值，$s<0$，所以回馈制动的机械特性曲线是电动状态机械特性曲线向第二象限的延伸的曲线，如图 5-23 所示。

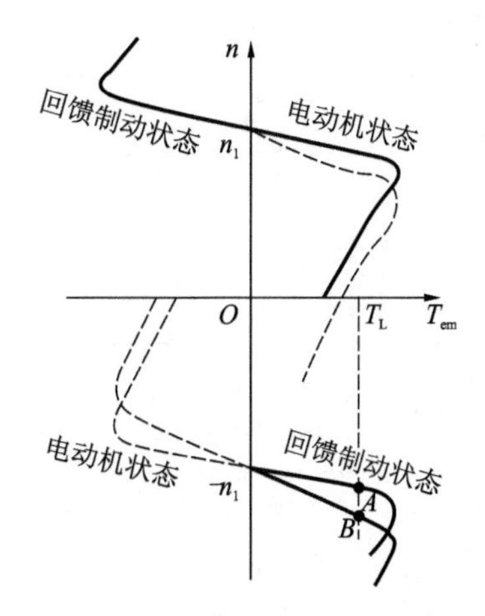

图 5-23　反馈制动异步电动机的机械特性图

异步电动机的回馈制动运行状态有两种情况。一种是负载转矩为位能性转矩的起重机械在下放重物时的回馈制动状态，例如，桥式吊车，电动机反转下放重物。开始时在反转电动状态下工作，电磁转矩和负载转矩方向相同，重物快速下降，直到 $|-n|>|-n_1|$，即电动机的实际转速超过同步转速后，电磁转矩变成制动转矩。当 $T=T_L$ 时，达到稳定状态，重物匀速下降，电动机运行在 A 点。改变转子电路内的串入电阻，可以调节重物下降的稳定运行速度，电动机运行在 B 点。转子电阻越大，电动机转速越高，但是为了不因电动机转速太高而造成运行事故，转子附加电阻的值不允许太大。

思考题与习题

5.1　为什么通常把三相异步电动机机械特性的直线段认为是稳定运行段，而把机械特性的曲线段认为是不稳定运行段？曲线段是否有稳定运行点？

5.2　何谓三相异步电动机的固有机械特性和人为机械特性？

5.3　三相异步电动机的定子电压、转子电阻及定、转子漏电抗对最大转矩、临界转差率及启动转矩有何影响？

5.4　三相异步电动机在额定负载下运行，如果电源电压低于其额定电压，则电动机的转速、主磁通及定、转子电流将如何变化？

5.5　三相异步电动机，当降低定子电压、转子串接对称电阻时，人为机械特性各有什么特点？

5.6　绕线式三相异步电动机转子回路串电阻启动，为什么启动电流不大但启动转矩却很大？

5.7　什么是三相异步电动机的 Y/△形降压启动？它与直接启动相比，启动转矩和启动电流有何变化？

5.8　三相绕线式转子异步电动机转子回路串接适当的电阻时，为什么启动电流减小，而启动转矩增大？如果串接电抗器，会有同样的结果吗？为什么？

5.9　三相异步电动机运行于反向回馈制动状态时，是否可以把电动机定子出线端从接在电源上改变为接在负载（用电器）上？

5.10　一台三相异步电动机的额定数据为 $P_N=7.5$ kW，$f_N=50$ Hz，$n_N=1440$ r/min，$K_m=2.2$，求：(1)临界转差率 s_m；(2)机械特性实用表达式；(3)电磁转矩为多大时电动机的转速为 1300 r/min；(4)绘制出电动机的固有机械特性曲线。

5.11　一台三相笼式异步电动机的数据为 $P_N=30$ kW，$U_N=380$ V，$n_N=1440$ r/min，$\eta_N=87\%$，$\cos\varphi_N=0.85$，$K_I=7$，$K_{st}=1.2$；定子绕组为三角形联结。供电变压器允许启动电流为 150 A，能否在下列情况下用 Y-△降压启动？

(1)负载转矩为 $0.35T_N$；(2)负载转矩为 $0.5T_N$。

5.12　某三相异步电动机的额定数据如下：

P_N	n_N	U_N	I_N	K_I	K_{st}	K_m
45 kW	1480 r/min	380 V	84.2 A	7	1.9	2.2

求：(1)额定状态下的转差率 s_N，额定转矩 T_N，最大电磁转矩 T_{min}；(2)采用 Y/△形换接启动时的启动电流和启动转矩；(3)负载转矩为 80% T_N 时，如采用 Y/△形换接启动，电动机能否启动？

5.13　绕线式三相异步电动机转子回路串接电抗器能否起到调速的作用？为什么不采用串电抗的调速方法？

5.14　绕线式三相异步电动机拖动恒转矩负载运行，当转子回路串入不同电阻时，电动机转速不同，转子的功率因素及电流是否变化？定子边的电流及功率因素是否变化？

5.15　一台三相笼式异步电动机的数据为 $P_N=11$ kW，$U_N=380$ V，$f_N=50$ Hz，$n_N=1460$ r/min，$K_m=2$。如采用变频调速，当负载转矩为 $0.8T_N$ 时，要使 $n=1000$ r/min，则 f_1 及 U_1 应为多少？

5.16　某绕线式三相异步电动机，技术数据为 $P_N=22$ kW，$n_N=723$ r/min，$E_{2N}=197$ V，$I_{2N}=70.5$ A，$K_m=3$。该电动机拖动起重机主钩，当提升重物时电动机负载转矩 $T_L=100$ N·m。(1)试求电动机工作在固有机械特性上提升该重物时，电动机的转速。(2)不考虑提升机构传动损耗，如果改变电源相序，下放该重物，下放速度是多少？(3)要使下放速度为 $n=-758$ r/min，不改变电源相序，转子回路应串入多大电阻？

第 6 章　同步电动机

和感应电机一样，同步电机也是一种常用的交流电机。同步电机的特点是，在稳态运行时，转子的转速和电网频率之间有不变的关系，即 $n = n_1 = 60f/p$，其中，f 为电网频率，p 为电机极对数，n_1 称为同步转速。若电网的频率不变，则稳态时同步电机的转速恒为常数，与负载的大小无关，即转子的转速恒等于定子的转速，同步电机因此得名。同步电机分为同步电动机和同步发电机，本章主要讲述同步电动机。

6.1　同步电动机的基本结构与工作原理

1. 同步电动机的基本结构

同步电动机由定子、转子两大部分组成。按结构形式，同步电动机可分为旋转电枢式同步电动机和旋转磁极式同步电动机等两类。旋转电枢式同步电动机的电枢装在转子上，主磁极装在定子上，一般在小容量同步电动机中得到广泛的应用。旋转磁极式同步电动机的电枢装在定子上，主磁极装在转子上。由于旋转磁极式具有转子重量轻、制造工艺简单等优点，大中容量的同步电动机多采用旋转磁极式结构。如图 6-1 所示的为旋转磁极式同步电动机的定子结构图。

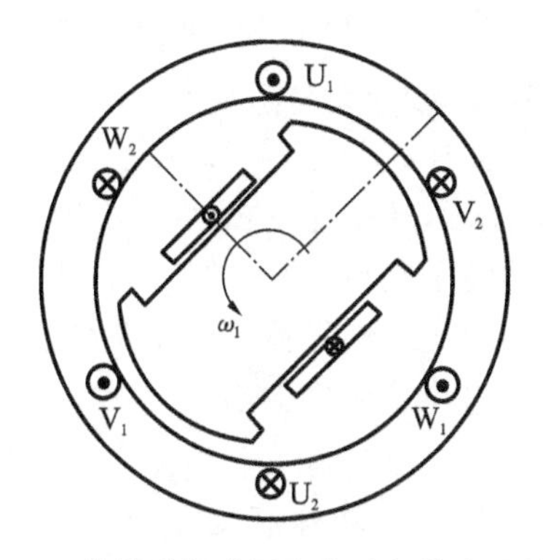

图 6-1　旋转磁极式同步电动机的定子结构

旋转磁极式同步电动机转子按磁极形状，又可分为隐极式同步电动机和凸极式同步电动机等两种，如图 6-2 所示。

同步电动机的定子结构和异步电动机的相同，即在定子铁芯内均匀分布三相对称绕组。同步电动机转子与异步电动机转子不同。凸极式转子有凸出的磁极，气隙为不均匀的磁极的形状，磁极上集中装有励磁绕组；隐极式转子一般做成圆柱形，气隙为均匀的磁极形状，在圆柱圆周 2/3 部分有槽和齿，槽中有励磁绕组。

由于隐极式同步电动机的励磁绕组分布在转子表面槽内，转子力学强度与励磁绕组固定得较牢，所以一般高速的同步电动机采用此结构。凸极式同步电动机制造简单，励磁绕组集中

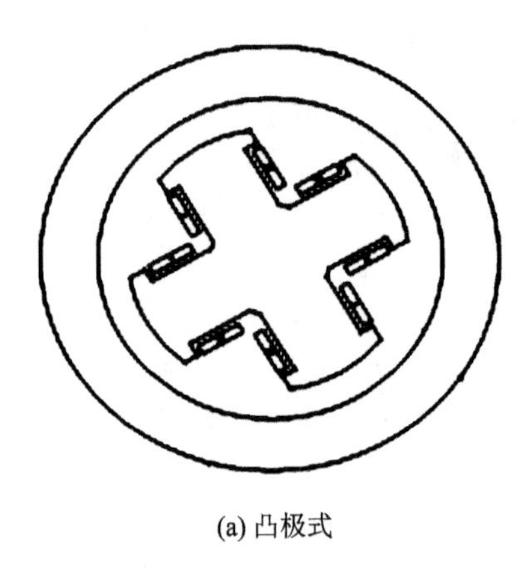
(a) 凸极式

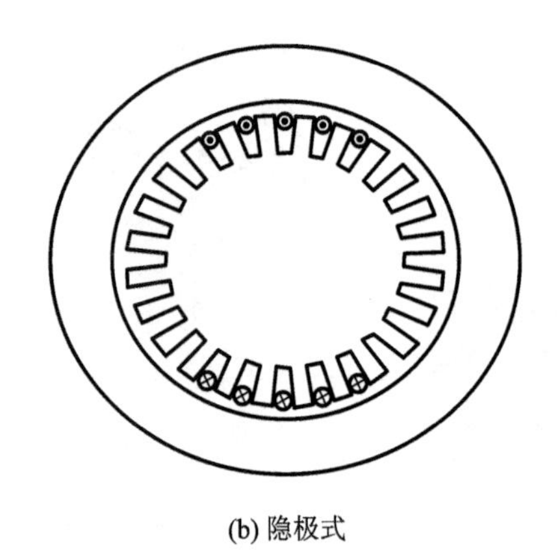
(b) 隐极式

图 6-2　旋转磁极式同步电动机的转子结构

安放，一般低速的同步电动机采用此结构。

2. 同步电动机的基本工作原理

如图 6-1 所示，同步电动机定子铁芯均匀分布三相对称绕组，工作时三相定子绕组通入三相对称电流，定子产生旋转磁场，旋转磁场的转速称为同步转速，用 n_1 表示。在转子励磁绕组中通以直流励磁电流后，转子建立极性相间的励磁磁场，转子磁极显示出固定极性。此时，旋转磁场的磁极对转子的异性磁极相吸引产生磁场力，牵引转子与旋转磁场同速旋转，带动负载沿磁场的方向以相同的转速旋转，这就是同步电动机的工作原理。转子的转速为

$$n = n_1 = \frac{60f}{p}$$

式中：p 为电动机的极对数；n 为转子每分钟转数；f 为交流电源频率。我国电力系统的标准频率为 50 Hz，电动机的磁极对数为整数，所以同步电动机的转速为固定值。

根据电机可逆原理知，只要改变外界条件，就可以把同步电动机作为同步发电机运行。在转子励磁绕组中通以直流励磁电流后，转子建立极性相间的励磁磁场，转子磁极显示出固定极性，即建立起主磁场。原动机拖动转子旋转（给电动机输入机械能），极性相间的励磁磁场旋转切割定子的各相绕组，或者说相当于绕组的导体反向切割励磁磁场。这样，由于电枢绕组与主磁场之间的相对切割运动，电枢绕组将感应出大小和方向按周期性变化的三相对称交变电势，通过引出线，即可提供交流电源。

如果同步电动机在异步下运行，转子转速和旋转磁场转速之间存在一定的转速差，则定子、转子磁极的相对位置就会不断变化，在一段时间内定子、转子磁极为异性相吸，转子受磁场拉力作用，在转过 180°后定子、转子磁极同性排斥，转子受磁场推力作用，这样交替进行，转子受到的平均力矩为 0，电动机不能运行。因此，同步电动机正常工作时转子转速必须与旋转磁场转速相等。

3. 同步电动机的额定数据

同步电动机的额定数据如下。

额定功率 P_N，指电动机轴上输出的机械功率，单位为 kW。

额定电压 U_N，指额定运行时加在定子绕组上的线电压，单位为 V 或 kV。

额定电流 I_N，指额定运行时定子输入的线电流，单位为 A。

额定功率因数 $\cos\varphi_N$，指额定运行时电动机的功率因数。

额定效率 η_N，指电动机额定运行时的效率。

额定频率 f_N，指额定运行时电动机电枢输出端电能的频率，我国标准工业频率规定为 50 Hz。

额定转速 n_N，指同步转速，单位为 r/min。

除上述额定值外，同步电动机铭牌上还常列出一些其他的运行数据，例如，额定负载时的温升 T_N、励磁容量 P_{fN} 和励磁电压 U_{fN} 等。

6.2 同步电动机的电磁关系

1. 同步电动机的磁通和磁动势

与异步电动机的磁通一样，同步电动机的磁通也包括主磁通和漏磁通两部分。主磁通为通过定子、转子绕组和气隙的磁通，其路径为主磁路；漏磁通为只通过定子绕组不通过转子绕组的磁通。

在分析同步电动机的电磁关系时有如下规定，如图 6-3 所示，规定转子 N 极和 S 极的中心线为直轴或纵轴，简称 d 轴；与直轴相距 90°空间电角度的方向称为交轴或横轴，简称 q 轴。由直流励磁电流 I_f 产生的磁动势称为励磁磁动势，用 $\dot{F}_f$ 表示。当转子励磁磁动势 $\dot{F}_f$ 单独在电动机主磁场中产生磁通时，励磁磁通方向总是位于直轴方向，用 Φ_f 表示，Φ_f 随转子一同旋转，如图 6-4 所示。

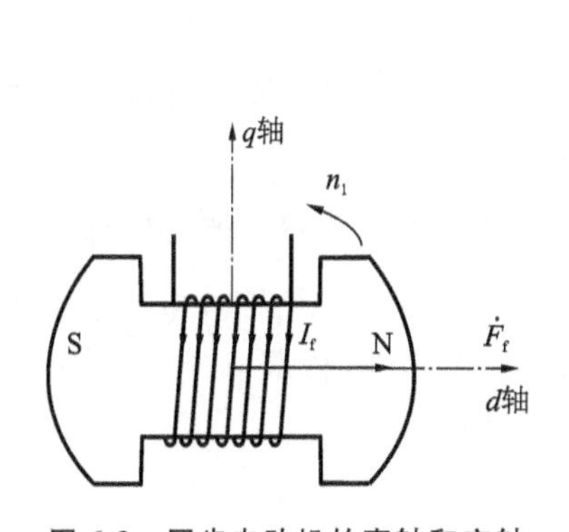

图 6-3　同步电动机的直轴和交轴

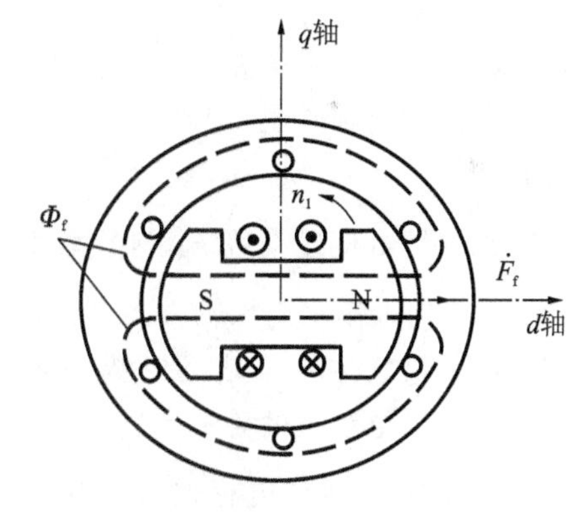

图 6-4　励磁磁动势

当同步电动机的定子三相对称绕组连接到三相对称电源上时，三相对称绕组将产生三相合成旋转磁动势，简称电枢磁动势，用 $\dot{F}_a$ 表示。电枢磁动势的转速为同步转速，设方向为逆时针。在同步电动机负载运行时，其转子也逆时针方向以同步转速旋转。此时，作用在同步电动机的主磁路上一共有两个磁动势：电枢磁动势 $\dot{F}_a$ 和励磁磁动势 $\dot{F}_f$，都以同步转速顺时针方向旋转，即所谓同步旋转，但二者在空间却不一定位置相同。只要 $\dot{F}_a$ 和 $\dot{F}_f$ 位置不同，它们的作用方向就不同。对于凸极式同步电动机来说，由于凸极式转子有凸出的磁极，气隙为不均匀的磁极的形状，极面下的气隙较小，而两极之间的气隙较大，这样导致无法求出磁通，所以下面介绍凸极式同步电动机的双反应原理。

2. 双反应原理

如图 6-5 所示，为电枢反应磁动势和磁通关系图。

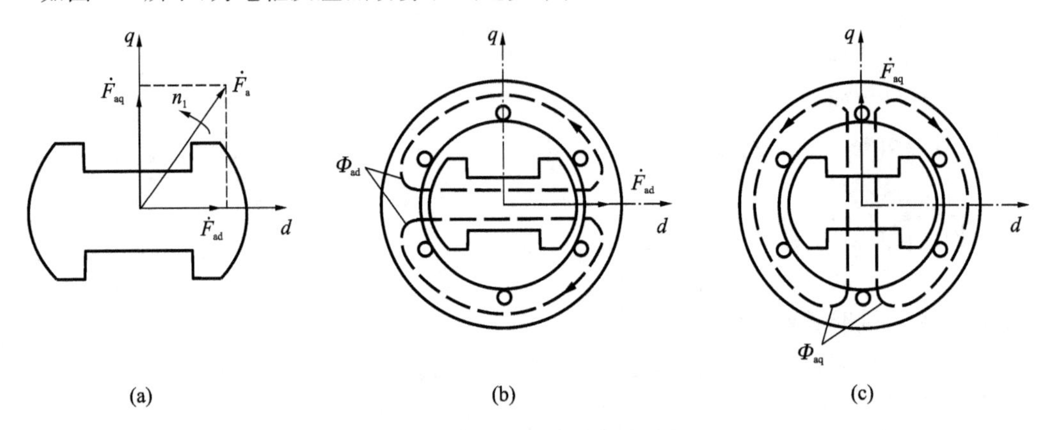

图 6-5　电枢反应磁动势及磁通

假设电枢磁动势 $\dot{F}_a$ 与励磁磁动势 $\dot{F}_f$ 相对位置已给定，如图 6-3 和图 6-5(a)所示。由于电枢磁动势 $\dot{F}_a$ 与转子一同旋转，即二者之间没有相对运动，把电枢磁动势 $\dot{F}_a$ 分成两个正交的分量：一个分量为纵轴（直轴）电枢磁动势，用 $\dot{F}_{ad}$ 表示；一个分量为横轴（交轴）电枢磁动势，用 $\dot{F}_{aq}$ 表示。$\dot{F}_a$、$\dot{F}_{ad}$ 和 $\dot{F}_{aq}$ 三者的相量关系为

$$\dot{F}_a = \dot{F}_{ad} + \dot{F}_{aq} \tag{6-1}$$

直轴电枢磁动势产生的磁通称为直轴磁通，用 Φ_{ad} 表示，如图 6-5(b)所示；交轴电枢磁动势产生的磁通称为交轴磁通，用 Φ_{aq} 表示，如图 6-5(c)所示。直轴磁通和交轴磁通都以同步转速逆时针旋转。

分别考虑纵轴电枢磁动势 $\dot{F}_{ad}$ 和横轴电枢磁动势 $\dot{F}_{aq}$ 单独在主磁路中产生的磁通。纵轴电枢磁动势 $\dot{F}_{ad}$ 永远作用于纵轴方向，而横轴电枢磁动势 $\dot{F}_{aq}$ 永远作用于横轴方向，尽管对于凸极式同步电动机气隙不均匀，但对纵轴或横轴来说，都分别为对称磁路，这样就可以很方便地分析凸极式同步电动机的磁通。这种方法称为双反应原理。

由定子电流 $\dot{I}_s$ 产生的电枢磁动势为

$$\dot{F}_a = 1.35\frac{N_1 k_{w1}}{n_p}\dot{I}_s \tag{6-2}$$

同理，把定子电流 $\dot{I}_s$ 也分解成两个分量，直轴分量 $\dot{I}_d$ 和交轴分量 $\dot{I}_q$，则由直轴电枢电流 $\dot{I}_d$ 产生的直轴电枢磁动势和由交轴电枢电流 $\dot{I}_q$ 产生的交轴电枢磁动势分别为

$$\left.\begin{aligned}\dot{F}_{ad} &= 1.35\frac{N_1 k_{w1}}{n_p}\dot{I}_d\\ \dot{F}_{aq} &= 1.35\frac{N_1 k_{w1}}{n_p}\dot{I}_q\end{aligned}\right\} \tag{6-3}$$

3. 凸极式同步电动机电压平衡方程及相量图

1)凸极式同步电动机电压平衡方程

励磁磁通 Φ_f、直轴磁通 Φ_{ad} 和交轴磁通 Φ_{aq} 都是以同步转速逆时针旋转的,它们都要在定子绕组中产生相应的感应电动势。由图 6-6 规定的同步电动机定子绕组各电量正方向,可以列出 U 相回路的电压方程为

$$\dot{U}_s = \dot{E}_0 + \dot{E}_{ad} + \dot{E}_{aq} + \dot{I}_s(r_1 + jX_1) \tag{6-4}$$

式中:$\dot{E}_0$ 为励磁磁通 Φ_f 在定子绕组感应电动势;$\dot{E}_{ad}$ 和 $\dot{E}_{aq}$ 分别为直轴和交轴电枢磁通在定子绕组感应电动势;r_1 为定子一相绕组的电阻;X_1 为定子一相绕组的漏电抗。

直轴和交轴电枢磁通在定子绕组感应的电动势 $\dot{E}_{ad}$ 和 $\dot{E}_{aq}$ 分别为

$$\dot{E}_{ad} = j\dot{I}_d X_{ad} \tag{6-5}$$

$$\dot{E}_{aq} = j\dot{I}_q X_{aq} \tag{6-6}$$

式中:X_{ad} 为直轴电枢反应电抗;X_{aq} 为交轴电枢反应电抗。

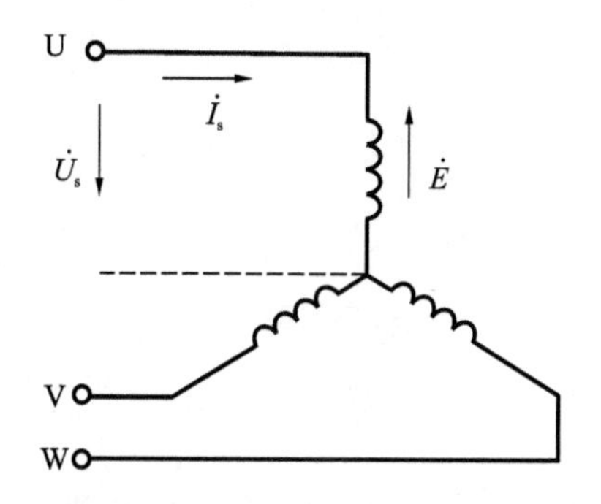

图 6-6　同步电动机各电量正方向

将式(6-5)和式(6-6)代入式(6-4),得

$$\dot{U}_s = \dot{E}_0 + j\dot{I}_d X_{ad} + j\dot{I}_q X_{aq} + \dot{I}_s(r_1 + jX_1) \tag{6-7}$$

将 $\dot{I}_s = \dot{I}_d + \dot{I}_q$ 代入上式,得

$$\dot{U}_s = \dot{E}_0 + j\dot{I}_d(X_{ad} + X_1) + j\dot{I}_q(X_{aq} + X_1) + (\dot{I}_d + \dot{I}_q)r_1 \tag{6-8}$$

当同步电动机容量较大时,电阻 r_1 可以忽略。令 $X_d = X_{ad} + X_1$,称为直轴电抗;$X_q = X_{aq} + X_1$,称为交轴电抗。则式(6-8)可简写成

$$\dot{U}_s = \dot{E}_0 + j\dot{I}_d X_d + j\dot{I}_q X_q \tag{6-9}$$

对于同一台电机,X_d、X_q 为常数,可以用计算或试验的方法求得。

2)凸极式同步电动机相量图

同步电机作为电动机运行时,电源须向电机的定子绕组输入有功功率 P_1,表达式为

$$P_1 = 3U_s I_s \cos\varphi_1 \tag{6-10}$$

由于 $P_1 > 0$,由图 6-6 所规定的正方向可知,式(6-10)中定子相电流的有功分量 $I_s\cos\varphi_1$ 应与相电压 $\dot{U}_s$ 相位相同,即相电压 $\dot{U}_s$ 和相电流 $\dot{I}_s$ 之间的功率因数角必须小于 90°。由凸极式同步电动机电压平衡方程式(6-9)可得相量图,如图 6-7 所示。

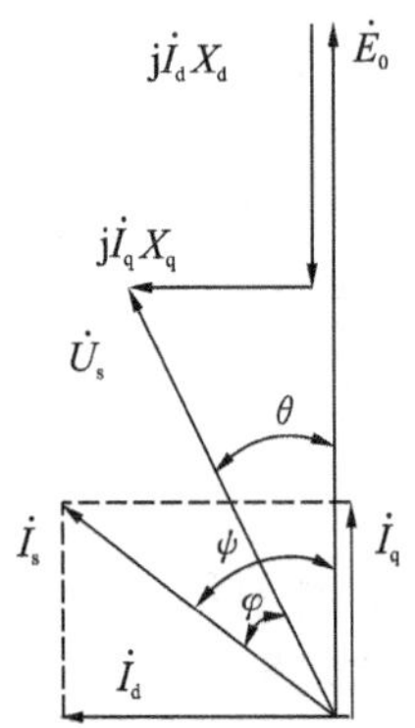

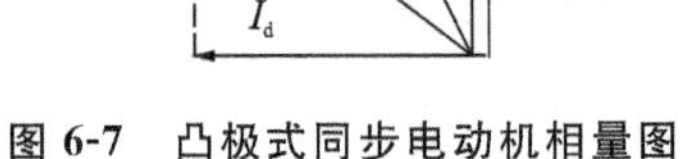

图 6-7　凸极式同步电动机相量图

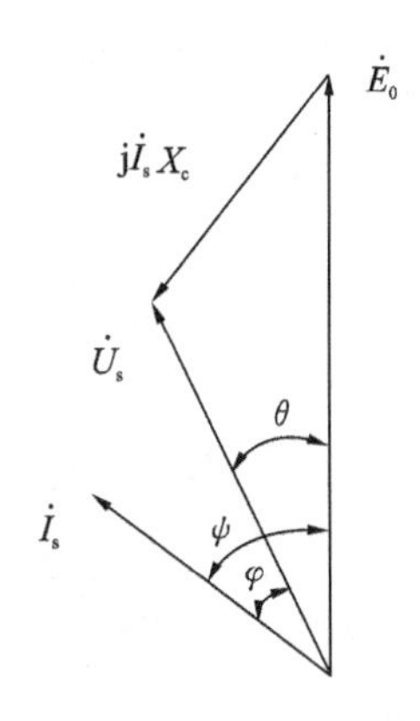

图 6-8　隐极式同步电动机相量图

图中 φ 为 $\dot{U}_s$ 与 $\dot{I}_s$ 之间的夹角，称为功率因数角；θ 为 $\dot{E}_0$ 与 $\dot{U}_s$ 之间的夹角；ψ 称为功率角，为 $\dot{E}_0$ 与 $\dot{I}_s$ 之间的夹角。

由图 6-7 可知，

$$\left.\begin{aligned} I_d &= I_s \sin\psi \\ I_q &= I_s \cos\psi \end{aligned}\right\} \tag{6-11a}$$

$$\left.\begin{aligned} I_d X_d &= E_0 - U_s \cos\theta \\ I_q X_q &= U_s \sin\theta \end{aligned}\right\} \tag{6-11b}$$

4. 隐极式同步电动机电压平衡方程及相量图

由于隐极式同步电动机的气隙是均匀的，所以其直轴和交轴电抗在数值上彼此相等，即有

$$X_d = X_q$$

设同步电抗为 X_c，则隐极式同步电动机电压平衡方程为

$$\dot{U} = \dot{E}_0 + j\dot{I}_d X_d + j\dot{I}_q X_q = \dot{E}_0 + j\dot{I}_s X_c \tag{6-12}$$

隐极式同步电动机相量图如图 6-8 所示。

6.3　同步电动机的功率关系及功角特性与矩角特性

6.3.1　功率关系

同步电机作为电动机运行时，电源向定子绕组输入有功功率 P_1，即

$$P_1 = 3U_s I_s \cos\varphi_1 \tag{6-13}$$

定子绕组的铜损耗为

$$P_{Cu1} = 3I_s^2 r_1 \tag{6-14}$$

输入的有功功率 P_1 扣除定子绕组的铜损耗后，剩下的转变为电磁功率 P_{em}，即

$$P_{em} = P_1 - P_{Cu1} \tag{6-15}$$

从电磁功率 P_{em} 中再扣除铁损耗 P_{Fe} 和机械摩擦损耗 P_{mec} 后，得到输出给负载的机械功率 P_2，即

$$P_2 = P_{em} - P_{Fe} - P_{mec} \tag{6-16}$$

式中：铁损耗 P_{Fe} 与机械摩擦损耗 P_{mec} 之和称为空载损耗 P_0，即

$$P_0 = P_{Fe} + P_{mec} \tag{6-17}$$

根据以上分析，画出同步电动机的功率流程图，如图 6-9 所示。

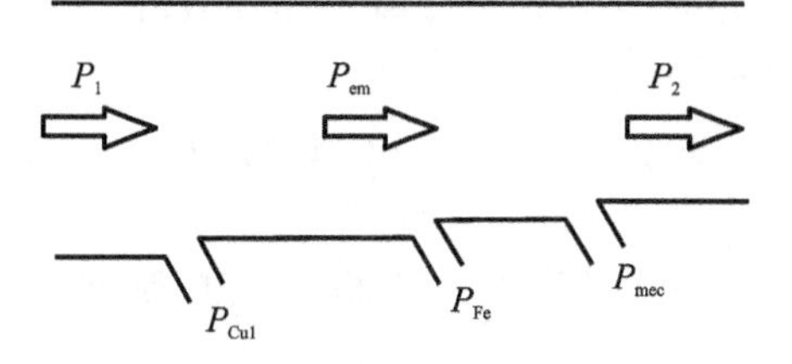

图 6-9　同步电动机功率流程图

已知电磁功率 P_{em}，很容易得到电磁转矩 T_{em} 的表达式为

$$T_{em} = \frac{P_{em}}{\Omega}$$

式中：$\Omega = \dfrac{2\pi n}{60}$ 为电动机的同步角速度。

【例 6.1】　已知一台 6 极同步电动机，$P_N = 250$ kW，$U_N = 380$ V，$\eta = 0.88$，$\cos\varphi_N = 0.8$，定子电枢等效电阻为 0.03 Ω，定子绕组为 Y 形连接。求：

(1)额定运行时的输入功率 P_1；

(2)额定电流 I_N；

(3)额定运行时的电磁功率 P_{em}；

(4)额定电磁转矩 T_{em}。

解　(1)额定运行时的输入功率为

$$P_1 = \frac{P_N}{\eta} = \frac{250}{0.88}\ \text{kW} = 284\ \text{kW}$$

(2)额定电流为

$$I_N = \frac{P_1}{\sqrt{3}U_N\cos\varphi_N} = \frac{284\times10^3}{\sqrt{3}\times380\times0.8}\ \text{A} = 539.4\ \text{A}$$

(3)额定电磁功率为

$$P_{em} = P_1 - P_{Cu1} = P_1 - m_1 I_N^2 r_1 = (284\times10^3 - 3\times539.4^2\times0.03)\ \text{kW} = 257.8\ \text{kW}$$

(4)因为 $p = 3$，所以同步转速 $n_1 = \dfrac{60f}{p} = \dfrac{60\times50}{3}\ \text{r/min} = 1000\ \text{r/min}$

额定电磁功率为

$$T_N = 9.55\frac{P_{em}}{n_1} = 9.55\times\frac{257.8\times10^3}{1000}\ \text{N}\cdot\text{m} = 2462\ \text{N}\cdot\text{m}$$

6.3.2　功角特性与矩角特性

1. 功角特性

对于凸极式同步电动机，当忽略定子绕组电阻 r_1 时，电磁功率为

$$P_{em} = P_1 - P_{Cu1} \approx 3U_s I_s \cos\varphi_1 \tag{6-18}$$

由凸极式同步电动机的相量图可知，$\varphi_1 = \psi - \theta$，将其代入式(6-17)，得

$$P_{em} = 3U_s I_s \cos\psi \cos\theta + 3U_s I_s \sin\psi \sin\theta \tag{6-19}$$

将式(6-11a)代入式(6-19)，得

$$P_{em} = 3U_s I_q \cos\theta + 3U_s I_d \sin\theta \tag{6-20}$$

将式(6-11b)代入式(6-20)，得

$$\begin{aligned} P_{em} &= \frac{3U_s I_q X_q \cos\theta}{X_q} + \frac{3U_s I_d X_d \sin\theta}{X_d} \\ &= \frac{3U_s^2 \sin\theta \cos\theta}{X_q} + \frac{3(E_0 - U_s \cos\theta)\sin\theta}{X_d} \end{aligned} \tag{6-21}$$

整理得

$$P_{em} = \frac{3E_0 U_s}{X_d}\sin\theta + 3U_s^2\left(\frac{1}{X_q} - \frac{1}{X_d}\right)\cos\theta\sin\theta$$

即

$$P_{em} = \frac{3E_0 U_s}{X_d}\sin\theta + \frac{3U_s^2(X_d - X_q)}{2X_d X_q}\sin 2\theta \tag{6-22}$$

当同步电动机三相对称绕组接入电网时，电源电压 U_s 和电源频率 f 均为常数；如果保持电动机的励磁电流 I_f 不变，那么对应的励磁电动势 E_0 的大小也是常数；选定的电动机参数 X_d、X_q 也是已知数。由此可知，在式(6-22)中，电磁功率 P_{em} 仅和功率角 θ 有关，我们把电磁功率 P_{em} 和功率角 θ 之间的函数关系称为同步电动机的攻角特性。由式(6-22)可绘制出功角特性曲线，如图 6-10 曲线 3 所示。

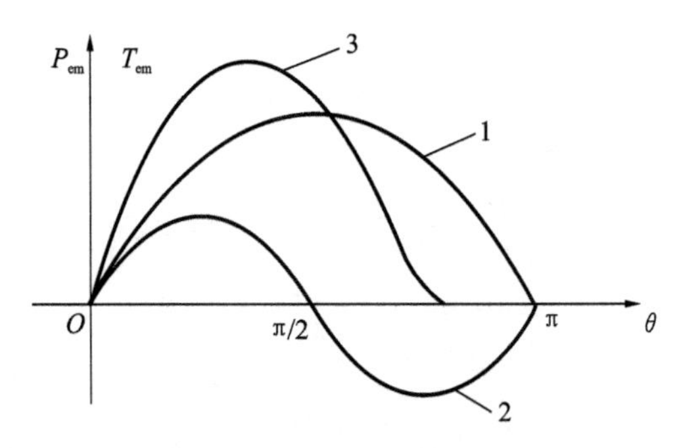

图 6-10　凸极式同步电动机的功角(矩角)特性曲线

把式(6-22)分成两部分考虑，第一项与励磁电动势 E_0 成正比，即与励磁电流 I_f 的大小有关，称为励磁电磁功率 P_{em1}。由式(6-22)得

$$P_{em1} = \frac{3E_0 U_s}{X_d}\sin\theta \tag{6-23}$$

由式(6-23)可以绘制如图 6-10 所示的曲线 1。

第二项与励磁电动势 E_0 无关，即与励磁电流 I_f 的大小无关，是由参数 $X_d \neq X_q$ 引起的，也就是因电动机的转子是凸极式的而引起的(隐极式同步电动机 $X_d = X_q$，所以不存在此项)，称为凸极电磁功率 P_{em2}。由式(6-22)得

$$P_{em2} = \frac{3U_s^2(X_d - X_q)}{2X_d X_q}\sin 2\theta \tag{6-24}$$

由式(6-24)可以绘制如图 6-10 所示的曲线 2。

由图 6-10 所示曲线 1 和曲线 2 可知，当功率角等于 90°时励磁电磁功率最大，当功率角等于 45°时凸极电磁功率最大，当功率角小于 90°时总的电磁功率最大。

2. 矩角特性

把式(6-22)等号两边同除以机械角速度 Ω，得到电磁转矩表达式为

$$T_{em}=\frac{3E_0U_s}{\Omega X_d}\sin\theta+\frac{3U_s^2(X_d-X_q)}{2\Omega X_dX_q}\sin 2\theta \tag{6-25}$$

功角特性表达式与矩角特性表达式之间仅相差一个常数 Ω，电磁转矩 T_{em} 的变化曲线也画在图 6-10 中，称为凸极式同步电动机的矩角特性曲线。

若为隐极式同步电动 机，$X_d=X_q=X_c$，其电磁功率和电磁转矩分别为

$$\left.\begin{aligned}P_{em}&=\frac{3E_0U_s}{X_c}\sin\theta\\T_{em}&=\frac{3E_0U_s}{\Omega X_c}\sin\theta\end{aligned}\right\} \tag{6-26}$$

由此可得图 6-11 所示的隐极式同步电动机的功角(矩角)特性曲线。

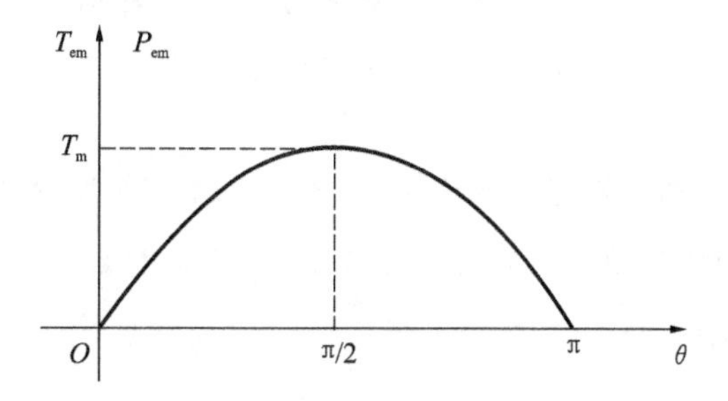

图 6-11　隐极式同步电动机的功角(矩角)特性曲线

6.4　同步电动机的功率因数调节

同步电动机接在交流电源上，可以认为电源的电压 U_s 以及频率 f_1 都保持不变。另外，假设同步电动机拖动的负载转矩也保持不变，那么仅改变同步电动机的励磁电流 I_f，就能调节同步电动机的功率因数。

为了分析问题简便，以隐极式同步电动机来进行分析。在分析过程中，不计电动机的各种损耗，假设同步电动机的负载不变。

由式(6-26)可知，隐极式同步电动机的电磁转矩为

$$T_{em}=\frac{3E_0U_s}{\Omega X_c}\sin\theta=\text{常数} \tag{6-27}$$

由于电源的电压以及频率都保持不变，电动机的同步电抗也为常数，由此可知式(6-27)中，$E_0\sin\theta$ 为常数。改变励磁电流 I_f 时，励磁电动势 E_0 的大小也发生变化；为了保证 $E_0\sin\theta$ 不变，功率角 θ 也随之变化。

当负载转矩不变时，也认为电动机的输入功率 P_1 不变(因忽略了电机的各种损耗)，于是

$$P_1 = 3U_s I_s \cos\varphi_1 = 常数 \tag{6-28}$$

由于电源的电压 U_s 不变，则上式中 $I_s\cos\varphi_1$ 为常数，即同步电动机定子绕组中电流的有功分量保持不变。

根据以上条件可画出隐极式同步电动机在三种不同励磁电流 I_f、I'_f、I''_f 时对应的电动势 E_0、E'_0、E''_0 的电动势相量图，如图 6-12 所示。其中

$$I''_f < I_f < I'_f$$

所以

$$E''_0 < E_0 < E'_0$$

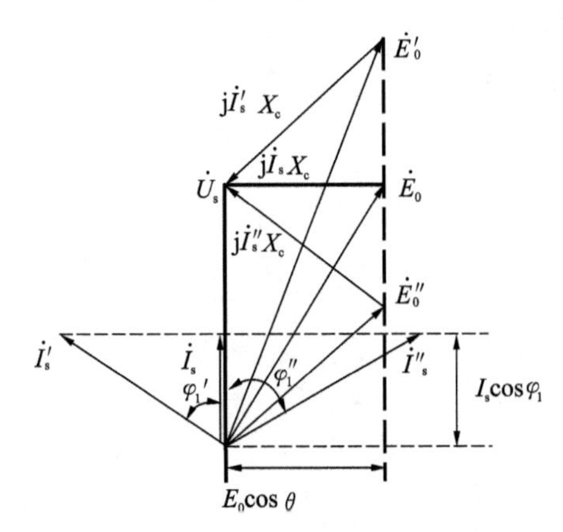

图 6-12　同步电动机仅改变励磁电流时电动势相量图(负载不变)

由图 6-12 可知，无论怎样改变励磁电流的大小，为了满足 $I_s\cos\varphi_1$ 为常数，电流 $\dot{I}_s$ 的轨迹总是在与电压 $\dot{U}_s$ 垂直的虚线上。同样为了满足 $E_0\sin\theta$ 为常数，电动势 $\dot{E}_0$ 的轨迹总是在与电压 $\dot{U}_s$ 平行的虚线上。

从图 6-12 看出，当改变励磁电流 I_f 时，同步电动机功率因数变化的规律可以分为三种情况，即正常励磁状态、欠励状态和过励状态。

(1)当励磁电流为 I_f 时，定子电流 $\dot{I}_s$ 与电压 $\dot{U}_s$ 同相，称为正常励磁状态。这种情况下同步电动机只从电网吸收有功功率，不吸收任何无功功率，即这种情况下运行的同步电动机与纯电阻负载类似，功率因数 $\cos\varphi = 1$。

(2)当励磁电流为 I''_f 时，比正常励磁电流 I_f 小，称为欠励状态。这时感应电动势 $E''_0 < U_s$，定子电流 $\dot{I}_s$ 落后电压 $\dot{U}_s$ 一个 φ'' 角。此时，同步电动机除了从电网吸收有功功率外，还要从电网吸收落后的无功功率。这种情况下运行的同步电动机与电阻电感负载类似。

(3)当励磁电流为 I'_f 时，比正常励磁电流 I_f 大，称为过励状态。这时感应电动势 $E'_0 > U_s$，定子电流 $\dot{I}_s$ 领先电压 $\dot{U}_s$ 一个 φ' 角。此时，同步电动机除了从电网吸收有功功率外，还要从电网吸收领先性的无功功率。这种情况下运行的同步电动机与电阻电容负载类似。

对于欠励状态的同步电动机，需要落后性的无功功率，这加重了电网的负担，所以同步电动机很少工作在欠励状态。过励状态下同步电动机对改善电网的功率因数有很大的好处。总之，改变同步电动机励磁电流，可以改变它的功率因数。这是异步电动机所不具备的特点。

思考题与习题

6.1　同步电动机带额定负载时，$\cos\varphi = 1$，若保持励磁电流不变，而负载减为零时，功率因数是否会变化？

6.2　一台同步电动机拖动恒转矩负载运行，忽略定子电阻，在功率因数未超前的情况下，若减小励磁电流，电枢电流将如何变化？

6.3　一台凸极式同步电动机，定子绕组为 Y 形联结，额定电压 $U_N = 380$ V，额定电流 $I_N = 25$ A，额定转速 $n_N = 1000$ r/min，频率 $f = 50$ Hz，直轴同步电抗 $X_d = 6$ Ω，交轴同步电抗 $X_q = 3.5$ Ω。额定运行时每相感应电动势 $E_0 = 250$ V，功率角为 30°，不计定子电阻，求电磁功率和电磁转矩。

6.4　在凸极式同步电动机中为什么要把电枢反应磁动势分成直轴和交轴分量？

6.5　一台凸极式同步电动机转子若不加励磁电流，它的功角特性和矩角特性是什么样的？

6.6　为什么大容量同步电动机采用磁极旋转式而不采用电枢旋转式？

6.7　同步电动机电源频率为 50 Hz 和 60 Hz 时，8 极同步电动机的转速分别为多少？

6.8　隐极式同步电动机的电磁功率与功率角有什么关系？

6.9　已知一台隐极式同步电动机的数据为：额定电压 $U_N = 400$ V，额定电流 $I_N = 23$ A，额定功率因数 $\cos\varphi_N = 0.8$，定子绕组为 Y 形联结，同步电抗 $X_c = 10.4$ Ω。不计定子电阻，当这台电动机在额定运行时，求功率角和电磁功率。

第 7 章　电动机的选择

电力拖动系统中，为使系统经济可靠地运行，必须根据生产机械的工艺要求及使用环境，综合考虑电动机的种类、结构类型、额定电压、额定转速、额定功率等几个方面的选择。

7.1　电动机的发热和冷却

电流流过电动机的定子绕组时会产生一定的铜损耗，磁通在铁芯内变化时会产生一定的铁损耗，轴承摩擦会产生一定的机械损耗及附加损耗等。这些在电动机工作过程中产生的损耗会转化成热量导致电动机的温度升高。但电动机的耐热性一般较差，过高的温度将导致电动机的绝缘材料容易老化、变脆，甚至失去绝缘性，从而缩短电动机的使用寿命。

通常把电动机温度与周围环境之间的温度之差，称为温升。为了限制电动机的温升，需要对其进行冷却，即电动机产生的热量首先通过传导传送到电动机的外表面，然后通过辐射和对流作用将热量从电动机的外表面散发到周围冷却介质中去，从而提高其传热和散热的能力。因此，电动机的发热和冷却是选择电动机容量时最基本的因素。

电动机容量的选择，实际上就是校验电动机运行时温度(或温升)是否超过绝缘材料允许值，如果小于国家标准规定的限值，则说明选择的容量是合理的。下面介绍的电动机的热过程动态方程式描述了电动机的发热和冷却过程。

1. 电动机热平衡方程

电动机运行时产生的各种损耗将转换成热能，这些热能使电动机的温度升高。当电动机的温度高于周围冷却介质时，电动机会通过辐射和对流向周围冷却介质散发热量。温度越高，散热越快。当单位时间内电动机产生的热量等于单位时间内电动机散发的热量时，电动机的温度不再升高而达到稳定值不变，即电动机处于热平衡状态。

由于电动机的组成材料有很多种，同时在电动机中存在绕组、铁芯等物理性质不同的热源，所以电动机的发热过程非常复杂。因此，为了简化问题有如下假设。

(1)把电动机看成是一个各部分温度相同的均匀整体；各部分的热容量相等；表面各部分的散热系数相等，且为常数。

(2)周围环境温度不变时，电动机的散热量与温升(电动机与周围介质温度之差)成正比；

(3)电动机长期运行，负载不变，总损耗不变。

电动机工作时产生的热量可以分成两部分，一部分散发到周围介质中去，另一部分存储在电动机内部，使电动机的温度升高。根据能量守恒原理，可写出电动机的热平衡方程为

$$Q\mathrm{d}t = C\mathrm{d}\tau + A\tau\mathrm{d}t \tag{7-1}$$

式中：Q 为电动机在单位时间内产生的热量(J/s)；C 为电动机的热容量(J/℃)，表示电动机温度每升高 1℃时所需要的热量；A 为电动机的散热系数，表示电动机温度每升高 1℃时单位时间内向周围环境散发的热量；τ 为电动机的温升(℃)，即电动机的温度与周围环境温度之差。

2. 电动机的发热过程分析

电动机的发热过程，即当电动机从空载运行到负载运行时，电动机产生的损耗增加，电动机的温度随之升高，稳定后电动机的温度比开始运行时温度高。

将式(7-1)两边同时除以 $A\mathrm{d}t$，得

$$\frac{Q}{A}=\frac{C}{A}\frac{\mathrm{d}\tau}{\mathrm{d}t}+\tau \tag{7-2}$$

令 $T=\frac{C}{A}$ 称为发热时间常数，$\tau_{\mathrm{s}}=\frac{Q}{A}$ 称为稳态温升，将其代入式(7-2)，得

$$T\frac{\mathrm{d}\tau}{\mathrm{d}t}+\tau=\tau_{\mathrm{s}} \tag{7-3}$$

式(7-3)为一阶微分方程。当 $t=0$，$\tau=\tau_0$ 时，微分方程的特解为

$$\begin{aligned}\tau&=\tau_{\mathrm{s}}(1-\mathrm{e}^{-t/T})+\tau_0\mathrm{e}^{-t/T}\\&=\tau_{\mathrm{s}}+(\tau_0-\tau_{\mathrm{s}})\mathrm{e}^{-t/T}\end{aligned} \tag{7-4}$$

由上式可知，电动机发热过渡过程中温升包括两个分量：一个为过渡过程结束时的稳态值 τ_{s}，是强制分量；另一个为自由分量 $(\tau_0-\tau_{\mathrm{s}})\mathrm{e}^{-t/T}$，它按指数规律衰减至零。

由式(7-4)可以画出电动机发热过程温升曲线，如图7-1所示。

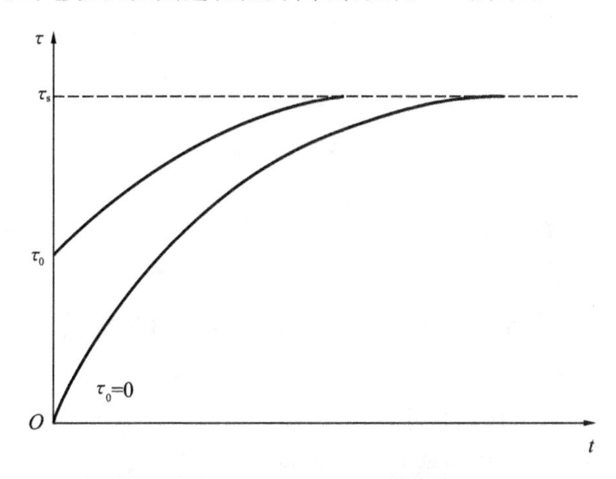

图7-1 电动机的发热曲线

由图7-1可知，电动机发热时期温度呈指数规律上升。发热过程开始时，温度较低，电动机产生的大部分热量被电动机本身吸收，使电动机的温度迅速升高，散热较少；随着电动机温度升高，散热逐渐增多，电动机吸收的热量减少，温度升高的速度变慢。当发热量和散发量相等时，电动机的温度达到稳定值。实际上当 $t=4T$ 时，即可认为电动机温度达到稳定。

根据以上对电动机发热过程的分析，得出如下结论。

(1)电动机发热过程中，温升随时间变化按指数规律变化。

(2)电动机最后的稳定温度与电动机单位产生的热量以及散热系统有关，而与电动机的热容量无关。

(3)发热时间常数反映了热惯性对温度变化的影响。

(4)增大散热面积，可降低温升，所以很多电动机采用风扇冷却，机壳带散热筋的结构形式。

3. 电动机的冷却过程分析

电动机的冷却过程包括两种情况：一种是电动机停止运行时，电动机的损耗为零，内部不再产生热量，此时电动机的温度逐渐降低，最后冷却到与周围环境温度相同；另外一种情况是电动机在运行中，在温度升高后减小其负载，电动机产生的热量减小，本身的热平衡状态被破坏，发热少于散热，电动机的温升降低。

和发热过程微分方程一样，冷却过程微分方程为

$$\tau = \tau_s' + (\tau_0' - \tau_s')e^{-t/T'} \tag{7-5}$$

由式(7-5)可以画出电动机冷却过程的温升曲线，如图 7-2 所示。

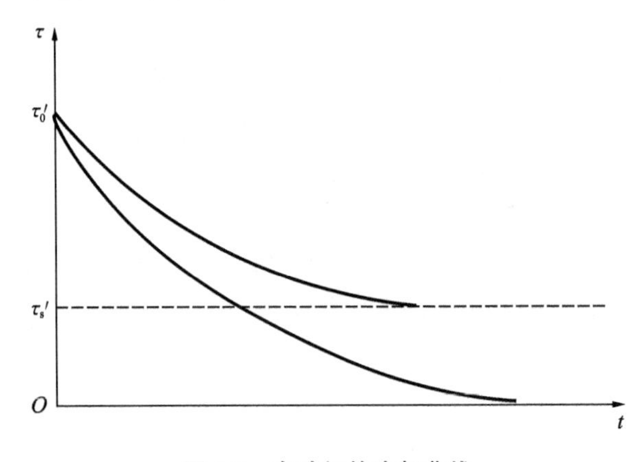

图 7-2　电动机的冷却曲线

7.2　电动机的工作制

电动机有三种工作制，即连续工作制、短时工作制和周期性断续工作制。

1. 电动机的连续工作制

连续工作制是指电动机在拖动恒定负载下持续运行的工作方式，电动机工作时间 $t_W >$ $(3 \sim 4)T$ 足以使电动机的温升达到稳态值而不超过允许值。连续工作制又称为长期工作制，当电动机铭牌没有说明其工作方式时，都是采用连续工作制。这种工作状态下一般负载类型是恒定的，如水泵、造纸机等，如图 7-3 所示为连续工作制电动机的典型负载图和温升曲线图。

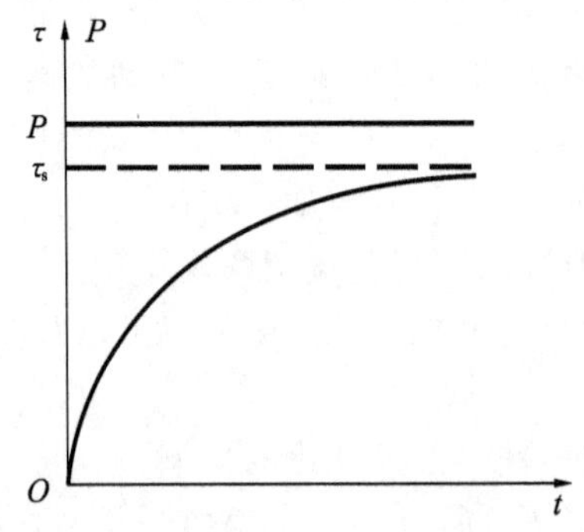

图 7-3　连续工作制电动机的典型负载图和温升曲线图

由图 7-3 可知，对于连续工作制的电动机，稳定温升 τ_s 恰好等于允许的最高温升值，把达到最高温升时输出的功率作为额定功率。

2. 电动机的短时工作制

短时工作制是指电动机拖动恒定负载时电动机的工作时间 $t_w < (3 \sim 4)T$，该运行时间不足以使电动机达到稳定温升，温升还没有达到稳定值电动机就断电停转，在停转时间内电动机冷却到周围介质温度。这种工作制常用于水闸启闭机、冶金用的电动机、起重机中的电动机等。短时工作制电动机的典型负载图和温升曲线图如图 7-4 所示。

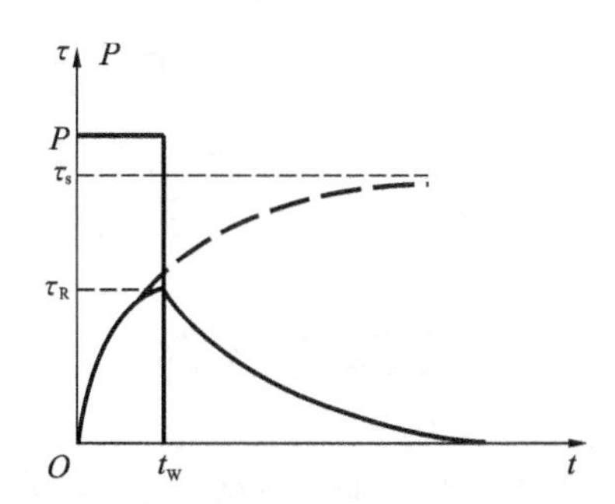

图 7-4　短时工作制电动机的典型负载图和温升曲线图

由图 7-4 可知，短时工作制电动机额定温升 τ_R 远小于稳定温升 τ_s，这样如果电动机超过规定的时间运行，电动机温升将超过额定温升，如图 7-4 中虚线所示，导致电动机过热，有可能被烧坏。所以，短时工作制的电动机拖动负载时，不允许连续运行。我国规定的短时工作制的标准时间为 15、30、60 和 90 min。

为了充分利用电动机，用于短时工作制的电动机在规定的运行时间内应达到允许温升，并按照这个原则规定电动机的额定功率，即按照电动机拖动恒定负载运行，取在规定的运行时间内实际达到的最高温升恰好等于容许最高温升时的输出功率，作为电动机的额定功率。

3. 电动机的周期性断续工作制

周期性断续工作制是指电动机在恒定负载下按相同的工作周期运行，每个周期中工作和停歇交替进行，但时间都比较短。在工作时间，电动机的温升达不到稳定温升，而在停歇时间，电动机的温升也不会降为零。周期性断续工作制电动机的典型负载图和温升曲线图如图 7-5 所示。

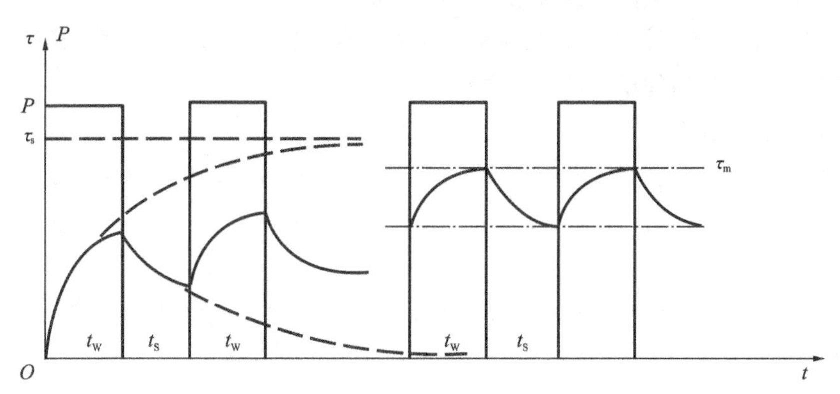

图 7-5　周期性断续工作制电动机的典型负载图和温升曲线图

电动机按一系列相同的工作周期运行，周期时间一般不大于10min。如图7-5所示，每一周期中有一段恒定负载运行时间 t_W，一段断电停机时间 t_S，但 t_W 及 t_S 都较短，在 t_W 时间内电动机不能达到稳定温升，而在 t_S 时间内温升也未下降到零，下一工作周期即已开始。这样，每经过一个周期 $t_W + t_S$，温升便有所上升，经过若干周期后，电动机的温升即在一个稳定的小范围内波动。

在周期性断续工作制中，工作时间与周期之比称为负载持续率，也称暂载率，用 R_{FS} 表示为

$$FS\% = \frac{t_W}{t_W + t_S} \times 100\% \tag{7-6}$$

上式表明工作时间占周期的百分数。对于同一台电机，FS%越大，工作时间内允许的负载功率则越大。我国规定的标准负载暂载率有15%、25%、40%和60%几种。

7.3 电动机类型、电压和转速的选择

电动机的选择包括电动机额定容量选择，电动机类型、形式、额定电压和额定转速的选择。

7.3.1 电动机的类型选择

在满足生产机械对拖动系统静态和动态特性要求的前提下，选择电动机种类时要力求结构简单、运行可靠、维护方便、价格低廉。

1. 电动机的主要类型

（1）异步电动机。结构简单、运行可靠、维护方便和价格低廉。鼠笼式异步电动机的启动和调速性能差，功率因数低，常用于不要求调速而且对启动性能要求不高的生产机械，如通风机、电扇、洗衣机等。绕线式异步电动机通过在转子回路串联电阻限制启动电流、增大启动转矩和改变转速，常用于启动制动频繁的生产机械，如电梯、起重机等。

（2）同步电动机。可以通过调节励磁电流来调节功率因数，对电网进行无功补偿。对于功率较大而且不需要调速的生产机械常采用同步电动机拖动。

（3）直流电动机。启动性能和调速性能优异，但其结构复杂、成本高、存在换向问题。

2. 电动机类型选择时需要考虑的主要特点与性能

1）电动机的机械特性

生产机械具有不同的转速和转矩特性，要求电动机的机械特性与之相适应。如要求负载变化时转速恒定不变，就要选择同步电动机。

2）电动机的调速性能

电动机的调速性能指标包括调速范围、平滑性、调速系统的经济性、调速静差率等，其应该满足生产机械的要求，如调速范围要求较大的要选用异步电动机。

3）电动机的启动性能

对于启动转矩要求不高的，如机床，可以选用鼠笼式异步电动机；对启动要求频繁的，要选

用绕线式异步电动机。

4)经济性

在满足生产机械对于电动机启动、调速、制动等运行性能的要求前提下,优先考虑结构简单、价格便宜的电动机。

7.3.2　电动机的形式选择

按安装方式,电动机可分为立式和卧式两种,一般情况下采用卧式的,因为立式的价格较贵,只有在特殊场合才使用。

按电动机轴伸出端个数,电动机可分为单轴伸出端和双轴伸出端两种,大多数情况下用单轴伸出端的,特殊情况下用双轴伸出端的。

按防护方式,电动机可分为开启式、防护式、封闭式、密封式和防爆式等几种。

(1)开启式。这种电动机的定子两侧和端盖有很大的通风口,所以开启式电动机的散热好。但容易浸入灰尘、水汽、油污和铁屑等,只能在清洁、干燥的环境中使用。

(2)防护式。这种电动机的机座下有通风口,所以通风条件较好,同时可以防止外界物体从上面落入电动机内部,可以防滴、防溅水及防雨,但不能防止潮气和灰尘浸入电动机内部。适合在比较干燥、没有腐蚀性和爆炸性气体的环境使用。

(3)封闭式。这种电动机的机座和端盖都没有通风口,是完全封闭的。封闭式电动机又分为自扇冷式、他扇式和密封式等三种。前两种可用于在潮湿、多腐蚀性灰尘、易受风雨侵蚀的环境中;第三种因为密封,水和潮气不能侵入电动机,一般用于浸入水中的机械(如潜水泵电动机)。

(4)防爆式。这种电动机在封闭的基础上制成隔爆形式,机壳有足够的强度。这种电动机应用于存在有爆炸危险的环境,如油库、煤气站等。

7.3.3　电动机的额定电压选择

电动机的额定电压的等级、相数、频率选择应依据与电网电压一致的原则。

一般工厂企业的低压电网为380 V,因此中小型电动机都是低压的,采用星形连接时额定电压为380 V,采用三角形连接时额定电压为220 V。

当电动机的功率较大,且供电电压为6000 V及10000 V时,可选用6000 V甚至10000 V的高压电动机。

当直流电动机由单独的直流电源供电时,电动机额定电压常用110 V或220 V;大功率的电动机可提高到600 V或800 V,甚至1000 V。当直流电动机由晶闸管整流电源供电时,则应配合不同的整流电路。

7.3.4　电动机的额定转速选择

额定功率相同的电动机,额定转速高时,其体积小、价格低,由于生产机械对转速有一定的要求,电动机转速越高,传动机构的传动比就越大,导致传动机构复杂,增加了设备成本和维修费用。因此,应综合考虑电动机和生产机械两方面的各种因素后,再确定较为合理的电动机额定转速。

对于很少启动、制动或反转的连续运转的生产机械,可从设备初投资、占地面积和运行维护费用等方面考虑，确定几个不同的额定转速，进行比较，最后选定合适的传动比和电动机的额定转速。

电动机经常启动、制动和反转，但过渡过程持续时间对生产率影响不大的生产机械，主要根据过渡过程所需能量最小的条件来选择电动机的额定转速。

电动机经常启动、制动和反转，且过渡过程持续时间对生产率影响较大的生产机械，则主要根据过渡过程时间最短的条件来选择电动机的额定转速。

7.4 电动机额定功率的选择

电动机额定功率是电动机使用的限度，电动机的额定功率应根据生产机械所需要的功率来选择，尽量使电动机在额定负载下运行，同时还要考虑经济效益。选择时应注意以下两点。

(1)如果电动机功率选得过小，就会出现“小马拉大车”现象，造成电动机长期过载，其绝缘会因发热而损坏，甚至导致电动机被烧毁。

(2)如果电动机功率选得过大，就会出现“大马拉小车”现象。其输出机械功率不能得到充分利用，功率因数和效率都不高，不但对用户和电网不利，而且还会造成电能浪费。确定电动机额定功率的最基本的方法是，依据机械负载变化的规律，绘制电动机的负载图，然后根据电动机的负载图计算电动机的发热和温升曲线，从而确定电动机的额定功率。所谓负载图，是指功率或转矩与时间的关系图。

电动机额定功率选择的一般步骤如下所示。

(1)计算负载功率，若负载为周期性变动负载，还需要作出负载图 $P_L = f(t)$。

(2)根据负载功率，预选电动机的额定功率及其他。

(3)校核预选电动机，包括发热温升校核、过载能力的校核以及启动能力的校核，其中主要是发热温升校核。

电动机的负载，按其负载的大小是否变化可分为两类。一类为恒值负载，即在运行中，负载的大小基本是恒定的；另一类为变化的负载，即在运行中，负载的大小变化较大，但在大多数具有周期性变化的规律。

7.4.1 连续工作制电动机额定功率的选择

1. 带恒定负载时额定功率的选择

如图 7-3 所示，在选择连续恒定负载的电动机额定功率时，按设计手册计算出负载所需功率 P_L，选择额定功率 P_N 略大于或等于 P_L。因为连续工作制电动机的启动转矩和最大转矩都大于额定转矩，所以除电动机重载外，不用校验启动能力和过载能力。计算过程如下。

(1)求出电动机的负载功率 P_L，即

$$P_L = \frac{P_m}{\eta_m \eta_t} \tag{7-7}$$

式中：P_m 为生产机械的输出功率；η_m 为生产机械的效率；η_t 为电动机与生产机械之间传动机构的效率。

(2)选择 $P_N = P_L$ 或略大于 P_L 的电动机。

2. 带周期性变化负载时额定功率的选择

当电动机拖动周期性变化负载时，其温升也必然做周期性的波动。在变化负载下，可以根据负载预选一台电动机，然后给出电动机拖动该负载运行时的发热曲线，并校验温升最大值是否超过电动机温升允许值。如图 7-6 所示的为周期性变化负载图。

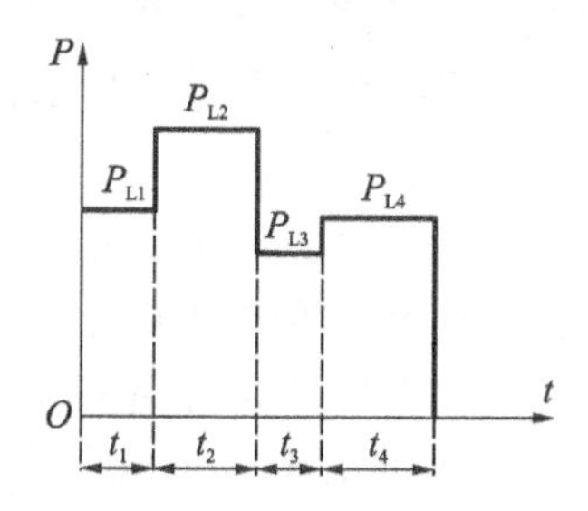

图 7-6　周期变化负载图

计算过程如下。

（1）求出平均负载功率，即

$$P_L = \frac{\sum_{i=1}^{n} P_{Li} t_i}{\sum_{i=1}^{n} t_i} \tag{7-8}$$

式中：P_{Li} 是第 i 段的负载功率；t_i 是第 i 段的时间。

（2）根据经验预选电动机的 P_N，即

$$P_N = (1.1 \sim 1.6) P_L \tag{7-9}$$

（3）发热校验。

发热校验常用方法如下。

①平均损耗法。

电动机的平均功率损耗为

$$P_{alL} = \frac{\sum_{i=1}^{n} P_{alLi} t_i}{\sum_{i=1}^{n} t_i} \tag{7-10}$$

式中：P_{alLi} 是第 i 段的功率损耗。

电动机的额定功率损耗为

$$P_{alN} = \frac{P_N}{\eta_N} - P_N \tag{7-11}$$

如果 $P_{alL} \leqslant P_{alN}$，发热校验合格。否则需加大电动机的 P_N，再做发热校验。

②等效电流法。

适用于电动机的空载损耗 P_0 和电阻不变的情况。电动机的平均铜损耗为

$$P_{CuL} = \frac{\sum_{i=1}^{n} R I_{Li}^2 t_i}{\sum_{i=1}^{n} t_i} = R I_L^2 \tag{7-12}$$

式中：I_{Li} 是第 i 段的负载电流；I_L 是产生该平均铜损耗相当的等效电流，

$$I_L = \sqrt{\frac{\sum_{i=1}^{n} I_{Li}^2 t_i}{\sum_{i=1}^{n} t_i}} \tag{7-13}$$

当 $I_L \leqslant I_N$，发热校验合格。否则需加大电动机的 P_N，再做发热校验。

③等效转矩法。

直流电动机的电磁转矩 $T_{em} = C_T \Phi I_a$，交流异步电动机的电磁转矩 $T_{em} = C_T \Phi_0 I_2' \cos\varphi_2$。若直流电动机的每极磁通不变，交流异步电动机的每极磁通和 $\cos\varphi_2$ 都不变，则电动机的电磁转矩与电流成正比。这样，可以用电磁转矩代替电流，用等效转矩法对电动机进行发热校验。

设电动机第 i 段的电磁转矩为 T_i，则等效电磁转矩 T_{dx} 为

$$T_{dx} = \sqrt{\frac{\sum_{i=1}^{n} T_i^2 t_i}{\sum_{i=1}^{n} t_i}} \tag{7-14}$$

只要 $T_{dx} \leqslant T_N$，发热校验合格。

④等效功率法。

当 n 不变时，输出功率与转矩成正比，所以可以由等效转矩法引导出等效功率法。设电动机在第 i 段的输出功率为 P_{Li}，则等效功率 P_{dx} 为

$$P_{dx} = \sqrt{\frac{\sum_{i=1}^{n} P_{Li}^2 t_i}{\sum_{i=1}^{n} t_i}} \tag{7-15}$$

只要 $P_{dx} \leqslant P_N$，发热校验合格。

(4)过载能力校验。

校验过载能力时需考虑如下因素。

对于交流电动机，$T_{Lmax} \leqslant T_m = K_m T_N$。

对于直流电动机，$I_{Lmax} \leqslant I_{amax} = (1.5 \sim 2) I_{aN}$。

(5)启动能力的校验。

启动能力的校验需满足对 T_{st} 和 I_{st} 的要求。

【例 7.1】 某生产机械拟用一台转速为 1000 r/min 左右的笼式三相异步电动机拖动。负载曲线如图 7-6 所示。其中，$P_{L1} = 18$ kW，$t_1 = 40$ s，$P_{L2} = 24$ kW，$t_2 = 80$ s，$P_{L3} = 14$ kW，$t_3 = 60$ s，$P_{L4} = 16$ kW，$t_4 = 70$ s。启动时的负载转矩 $T_{Lst} = 300$ N·m，采用直接启动，启动电流的影响可不考虑。试选择电动机的额定功率。

解 (1) 计算平均负载功率，有

$$P_L = \frac{\sum_{i=1}^{4} P_{Li} t_i}{\sum_{i=1}^{4} t_i} = \frac{18 \times 40 + 24 \times 80 + 14 \times 60 + 16 \times 70}{40 + 80 + 60 + 70} \text{ kW} = 18.4 \text{ kW}$$

(2)查手册根据经验预选 Y200L$_2$-6 型三相异步电动机，该电动机参数为 $P_N = 22$ kW，$n_N = 970$ r/min，$K_{st} = 1.8$，$K_m = 2.0$。

(3)进行发热校验(用等效功率法)，即

$$P_{dx} = \sqrt{\frac{\sum_{i=1}^{n} P_{Li}^2 t_i}{\sum_{i=1}^{n} t_i}} = \sqrt{\frac{18^2 \times 40 + 24^2 \times 80 + 14^2 \times 60 + 16^2 \times 70}{40 + 80 + 60 + 70}} \text{ kW} = 18.84 \text{ kW}$$

由于 $P_{dx} < P_N$，发热校验合格。

(4)校验过载能力。

由于 n 基本不变，$P \propto T$，因此直接用电动机能提供的最大功率 P_M 为

$$P_M = K_M P_N = 2.0 \times 22 \text{ kW} = 44 \text{ kW}$$

由图 7-6 知，负载最大功率为

$$P_{Lmax} = P_{L2} = 24 \text{ kW}$$

因为 $P_M > P_{Lmax}$，负载能力合格。

(5)校验启动能力。

额定转矩为

$$T_N = 9.55 \frac{P_N}{n_N} = 9.55 \times \frac{22 \times 10^3}{970} \text{ N} \cdot \text{m} = 216.7 \text{ N} \cdot \text{m}$$

启动转矩为

$$T_{st} = K_{st} T_N = 1.8 \times 216.7 \text{ N} \cdot \text{m} = 390 \text{ N} \cdot \text{m}$$

因为要求

$$T_{st} > (1.1 \sim 1.2) T_{Lst} = (1.1 \sim 1.2) \times 300 \text{ N} \cdot \text{m} = (330 \sim 360) \text{ N} \cdot \text{m}$$

所以启动能力校验合格。

7.4.2　短时工作制电动机额定功率的选择

短时工作制的特点是工作时间很短，在工作时间内电动机的温升达不到稳定值，而停歇时间很长，电动机的温度降为零。

短时工作制的负载，应选用专用的短时工作制电动机。在没有专用电动机的情况下，也可以选用连续工作制电动机或断续周期工作制电动机。

1. 选用连续工作制电动机

短时工作的生产机械，也可选用连续工作制的电动机。这时，从发热的观点上看，电动机的输出功率可以提高。为了充分利用电动机，选择电动机额定功率的原则应是在短时工作时间 t_W 内达到的温升恰好等于电动机连续运行并输出额定功率时的稳定温升，即电动机绝缘材料允许的最高温升。计算过程如下。

(1)求出电动机的负载功率 P_L。

(2)将短时工作制负载功率 P_L 折算成连续工作制时的负载功率 P_{LN}，即

$$P_{LN} = P_L \sqrt{\frac{1 - e^{-t_W/T}}{1 + \alpha e^{-t_W/T}}} \tag{7-16}$$

式中：α 是电动机在额定负载下的不变损耗与可变损耗之比，即 $\alpha = P_0/P_{Cu}$。

(3)选择 $P_N \geqslant P_{LN}$ 的电动机。

(4)校验启动能力。

(5)校验过载能力。

2. 选用短时工作制电动机

短时工作制电动机的额定功率是与铭牌上给出的标准工作时间(10、30、60、90 min)相应的，如果短时工作制的负载功率恒定，并且工作时间与标准工作时间一致，这时只需选择具有相同标准工作时间的短时工作制电动机，并使电动机的额定功率稍大于负载功率即可。对于变化的负载，可用等效法算出工作时间内的等效功率来选择电动机，同时还应进行过载能力与启动能力的校验。

当工作时间与标准工作时间不一致时，负载功率需要进行折算，即将负载功率 P_L 折算成标准运行时间的负载功率 P_{LN}，有

$$P_{LN} = P_L\sqrt{\frac{t_{WN}}{t_W} - \alpha\left(\frac{t_{WN}}{t_W} - 1\right)} \tag{7-17}$$

式中：t_{WN} 为连续工作制运行时间。

当 $t_W \approx t_{WN}$ 时，上式可简化为

$$P_{LN} = P_L\sqrt{\frac{t_{WN}}{t_W}} \tag{7-18}$$

由于折算是通过发热与温升等效原则进行的，因此折算后预选电动机不再需要进行校验。

7.4.3 周期性断续工作制电动机额定功率的选择

周期性断续工作制工作周期短，启动、制动频繁，因此一般应选用电动机厂家专门设计的断续工作制电动机。断续周期工作制的电动机，其额定功率是与铭牌上标出的负载持续率相应的。

如果负载图中的实际负载持续率 FS% 与标准负载持续率 FSN% (15%，25%，40%，60%)接近，且负载恒定时，可直接按产品样本选择合适的电动机。

当 FS% 与 FSN% 相差较大时，则需将生产机械实际负载功率转换成标准的负载功率。预选电动机容量应满足

$$P_N \geqslant P_L\sqrt{\frac{FS\%}{FSN\%}} \tag{7-19}$$

若 FS% $<$10%时，选短时工作制电动机；FS% $>$ 70% 时，选连续工作制电机。

【例 7.2】 有一断续周期工作的生产机械，运行时间 $t_W = 90$ s，停机时间 $t_S = 240$ s，需要转速 $n = 700$ r/min 左右的三相绕线式异步电动机拖动，电动机的负载转矩 $T_L = 275$ N·m。试选择电动机的额定功率。

解 (1)电动机的实际负载持续率为

$$FS\% = \frac{t_W}{t_W + t_S} \times 100\% = \frac{90}{90+120} \times 100\% = 27.27\%$$

(2)选择 FSN% = 25% 的周期性断续工作制绕线式异步电动机。

(3)电动机的负载功率为

$$P_{L}=\frac{2\pi n}{60}T_{L}=\frac{2\times 3.14\times 700}{60}\times 275\ \text{kW}=20.15\ \text{kW}$$

(4)换算到标准负载持续率时的负载功率为

$$P_{LN}=P_{L}\sqrt{\frac{FS\%}{FSN\%}}=20.15\times\sqrt{\frac{0.2727}{0.25}}\ \text{kW}=21\ \text{kW}$$

(5)选择电动机的额定功率，$P_N \geqslant 21$ kW。

思考题与习题

7.1　电机运行时温度按什么规律变化？两台同样的电动机，在下列条件下拖动负载运行时，它们的温度是否相同？发热时间常数是否相同？

7.2　电动机的温度只要受哪些因素影响？可以采取哪些措施来降低电动机的温升。

7.3　电动机的额定功率为何主要受温度所限制？同一台电动机当分别在连续工作制、短时工作制和周期性断续工作制工作方式下，它的额定功率相同吗？哪一种工作方式下电动机的额定功率最小？

7.4　一台连续工作方式的电动机额定功率为 P_N，如果在短时工作方式下运行时额定功率应该怎样变化？

7.5　电动机运行时热量来源是什么？

7.6　一台电动机周期性的工作 15 min，停机 85 min，它的负载持续率为 15%，对吗？它应属于哪一种工作方式？

7.7　需要一台电动机来拖动短时工作时间为 5 min 的负载，其功率 $P_L=18$ kW，空载启动。现有两台鼠笼电动机供选择，它们是，(1) $P_N=10$ kW，$n_N=1460$ r/min，$K_m=2.1$，$K_I=2$；(2) $P_N=14$ kW，$n_N=1460$ r/min，$K_m=1.8$，$K_I=1.2$。该如何选择？

部分习题参考答案

第1章

1.5 $I_N = 106.8$ A；$P_{1N} = 23.5$ kW

1.6 $I_N = 43.5$ A；$P_{1N} = 12.1$ kW

1.7 (1)该电机运行在电动机状态；(2) $T_{em} = 96.4$ N·m；(3) $P_1 = 16288.8$ W，$P_2 = 14648.6$ W，$\eta = 89.9\%$

1.8 (1) $P_1 = 17600$ W，$P_2 = 14960$ W；(2)$P_{\Sigma}=2640$ W；(3) $P_{Cua} = 480.5$ W，$P_{Cuf} = 543.75$ W；(4) $P_0 = 1615.75$ W

1.9 (1) $I_a = 89.5$ A，$E_a = 212.84$ V；(2) $P_{em} = 19049.18$ W，$T_{em} = 121.3$ N·m，$\eta = 84\%$

1.10 (1) $I_f = 4.4$ A，$I_L = 55$ A；(2) $I_a = 59.4$ A，$E_a = 231.88$ V；(3) $P_2 = 13068$ W；$P_{em} = 13773.672$ W

第2章

2.8 $n_{min} = 179$ r/min，$\delta_{min} = 28.4\%$；$n_{max} = 1363$ r/min，$\delta_{max} = 9.13\%$

2.9 (1) $n = 1529$ r/min；(2) $I_a = 94.12$ A，$n = 1740$ r/min；(3) $R_B = 2.47\ \Omega$

2.10 (1) $R_B = 5.92\ \Omega$；(2) $R_B = 0.77\ \Omega$

2.11 (1) $T_{em} = -80.95$ N·m；(2) $T_{em} = -42.4$ N·m；(3)不能反转

2.12 (1) $R_B = 0.75\ \Omega$；(2)能反转，$n = -115$ r/min，电动机工作在反向电动状态。

2.13 (1) $n = -1189$ r/min；(2) $R_B = 13.087\ \Omega$

第3章

3.12 $I_{1N} = 4.76$ A，$I_{2N} = 217.39$ A

3.13 (1) $U_{1N} = 10$ kV，$U_{2N} = 6.3$ kV，$I_{1N} = 288.7$ A，$I_{2N} = 458.2$ A
(2) $U_{1NP} = 5.773$ kV，$U_{2NP} = 6.3$ kV，$I_{1NP} = 288.7$ A，$I_{2NP} = 264.5$ A

3.14 原匝数 $N_1 = 630$，新匝数 $N'_1 = 1000$

3.15 $\varphi_2 = -7.3°$，负载呈容性

第4章

4.10 $P_{em} = 59$ kW，$P_{MEC} = 57.23$ kW，$P_{Cu2} = 1.77$ kW

4.11 $n = 1456$ r/min，$T_{em} = 67.4$ N·m

4.12 (1) $n_N = 1455$ r/min；(2) $T_0 = 1.82$ N·m；(3) $T_{em} = 67.45$ N·m；
(4) $T_2 = 65.63$ N·m

4.13 (1) $s_N = 0.05$；(2) $P_{em} = 106.3$ kW；(3) $P_{Cu2} = 5.3$ kW；(4) $T_2 = 1005.2$ N·m

第5章

5.10 (1) $s_m = 0.166$；(2) $T_{em} = \dfrac{218.86}{\dfrac{s}{0.166} + \dfrac{0.166}{s}}$；(3) $T_{em} = 106.9$ N·m

5.11　(1)可以启动;(2)不能启动

5.12　(1) $s_N = 0.013$，$T_N = 290.4\ N \cdot m$，$T_{max} = 638.9\ N \cdot m$;(2) $I_{stY} = 196.5\ A$，$T_{stY} = 183.9\ N \cdot m$;(3)不能启动

5.15　$f_1 = 34\ Hz$, $U_1 = 261.4\ V$

5.16　(1) $n = 741\ r/min$; (2) $n = -759\ r/min$; (3) $R_f = 9.66\ \Omega$

第 6 章

6.3　$P_{em} = 24.4\ kW$，$T_{em} = 17.35\ N \cdot m$

6.7　750 r/min，900 r/min

6.9　$\theta_N = 31.6°$，$P_{em} = 5622.8\ W$

第 7 章

7.6　不对,短时工作方式

7.7　选择第二台电动机

参考文献

[1] 许晓峰.电机与拖动[M].北京:高等教育出版社,2009.
[2] 许建国.电机与拖动基础[M].北京:高等教育出版社,2009.
[3] 刘振兴,李新华,吴雨川.电机与拖动[M].武汉:华中科技大学出版社,2008.
[4] 戴文进,陈瑛,等.电机与拖动[M].北京:清华大学出版社,2008.
[5] 顾绳谷.电机与拖动基础[M].北京:机械工业出版社,2007.
[6] 许实章.电机学[M].北京:机械工业出版社,1995.
[7] 许实章.电机学习题集[M].北京:机械工业出版社,1983.
[8] 吕宗枢.电机学[M].北京:高等教育出版社,2008.
[9] 唐介.电机与拖动[M].北京:高等教育出版社,2003.
[10] 汤天浩.电机与拖动基础[M].北京:机械工业出版社,2005.
[11] 李发海,王岩.电机与拖动基础[M].北京:清华大学出版社,1994.